高职高专"工作过程导向"新理念教材　计算机系列

C语言程序设计与项目实践（第2版）

陈建国　主　编

易永红　马宁　靳光明　副主编

U0360639

清華大學出版社

北 京

内 容 简 介

本书作为学习 C 语言编程的入门教材,强化项目实践,重在提高编程能力。本书按照 CDIO 模式编写,即按照构思(分析)、设计、实现、运行的结构来构建项目模块。本书将"学生成绩管理系统"项目贯穿到全书的每章内容中,项目基于工作任务,工作任务基于教学案例,项目任务中融入基础知识。本书内容包括 C 语言概述、基本数据类型及运算、顺序程序设计、分支程序设计、循环程序设计、模块化程序设计、简单构造类型、复杂构造类型、指针、文件组织与使用、C 语言的高级应用。

本书可以作为计算机及相关专业程序设计课程的入门教材,也可作为参加计算机等级考试和计算机编程人员的参考书。

图书在版编目(CIP)数据

C 语言程序设计与项目实践/陈建国主编. —2 版. —北京:清华大学出版社,2021.10(2024.9 重印)
高职高专"工作过程导向"新理念教材. 计算机系列
ISBN 978-7-302-58326-4

Ⅰ. ①C… Ⅱ. ①陈… Ⅲ. ①C 语言－程序设计－高等职业教育－教材 Ⅳ. ①TP312.8

中国版本图书馆 CIP 数据核字(2021)第 113820 号

责任编辑:孟毅新
封面设计:傅瑞学
责任校对:李 梅
责任印制:曹婉颖

出版发行:清华大学出版社
网　　　址:https://www.tup.com.cn,https://www.wqxuetang.com
地　　　址:北京清华大学学研大厦 A 座　　　　　　　邮　　编:100084
社 总 机:010-83470000　　　　　　　　　　　　　　邮　　购:010-62786544
投稿与读者服务:010-62776969,c-service@tup.tsinghua.edu.cn
质量反馈:010-62772015,zhiliang@tup.tsinghua.edu.cn
课件下载:https://www.tup.com.cn,010-83470410
印 装 者:三河市铭诚印务有限公司
经　　销:全国新华书店
开　　本:185mm×260mm　　　　印　张:27.5　　　字　　数:632 千字
版　　次:2013 年 1 月第 1 版　　2021 年 12 月第 2 版　　印　次:2024 年 9 月第 3 次印刷
定　　价:79.00 元

产品编号:085387-01

前　言

　　本书作为高职高专学生学习 C 语言编程的入门教材,着重讲述 C 语言程序设计的基础知识、基本算法和结构化程序设计的基本方法。本书力求帮助学生打好程序设计的基础,强化项目实践,重在提高学生的编程能力。本书具有以下特色。

　　(1) 知识体系层次分明。本书在结构方面针对高职高专学生自身的特点与培养目标,从高职高专学生的思维方式、理解能力以及在后续课程中的应用等诸多方面出发。在编排顺序方面较其他教材也有较大的改变,框架结构分为三个部分:第一部分是 C 语言基础,包括第 1～6 章,内容有 C 语言概述、基本数据类型及运算、顺序程序设计、分支程序设计、循环程序设计、模块化程序设计;第二部分是 C 语言应用编程,包括第 7～10 章,内容有简单构造类型、复杂构造类型、指针、文件组织与使用;第三部分是第 11 章,介绍 C 语言的高级编程技术,包括位运算及应用、高级语言与汇编语言的混合编程、C51 程序设计。

　　(2) 零起点、循序渐进,系统学习。在内容体系上,本书做到了循序渐进、系统学习、广泛实践,便于学生接受。通过第一部分的学习,学生可以基本掌握利用 C 语言进行结构化程序设计的方法。在学习程序的三种基本结构后,紧接着学习模块化程序设计技术(函数),从而帮助学生接受结构化编程的思想。在第二部分,逐步引入工程项目的实际例子,以提高学生分析问题和解决问题的能力。第二部分中先介绍数组,利用经典的案例,让学生学会如何利用 C 语言实现数据的处理,如信息系统设计中增加、删除、修改、查找等基本操作,为后面的项目实践打下基础。然后通过对结构体、共用体、枚举类型的介绍,让学生掌握如何运用计算机描述现实生活中的实体对象,如何解决实际问题的方法。指针是 C 语言的精彩部分,通过前面的学习,学生已经具备一定的编程能力,将指针与数组、函数、结构等结合起来,便能利用指针编写出效率更高的程序。最后介绍如何利用 C 语言的文件处理功能真正实现对数据的管理,结合前面的项目,使学生能够完成一个完整项目的设计。第三部分为选学部分,主要是引导学生学习,为学生在工作中利用 C 语言实现实时控制的编程打下基础。

（3）案例教学、任务驱动、项目实践。本书采用任务驱动、项目实践的教学思想,全书共10个项目,34个任务,每个任务围绕学生成绩管理系统进行,并将该管理系统贯穿到全书的每个项目中,每个项目的完成又基于每个工作任务,每个工作任务基于各个章节的案例,各个项目既有一定的独立性,又相互关联,如项目8～项目10,其任务基本相同,但采用的方法和手段不同。充分考虑程序的共享性、可维护性的工程实践的基本思想,大量采用模块化编程、多人协作编程等技术,使用N-S算法描述工具,程序中很多代码是通用的。每个模块的代码量较小,学生很容易实现。采用以上方式,让学生在学完这门课程后,能够掌握程序开发的基本方法,并养成良好的编程习惯。

（4）讲练结合、自主学习。为避免现在的职业教育中学生只能"抄程序"而不能"写程序"的弊病,必须让学生掌握一定C语言的基础知识。本书将工作任务分解成提出问题、分析问题、讲解问题所需要的基本知识、任务实施、拓展训练等几个教学阶段。每个知识点结合大量案例,这些案例为解决任务而精心编写。教学上采用"讲练结合"的方式,让学生在实践中学习。学生通过相关案例的学习以及拓展训练,可以在教师的指导下完成相关工作任务,并利用课余时间完成项目实践。采用这种方法引导和帮助学生解决实际问题,可以提高学生解决具体问题及自我学习的能力。

（5）重点突出,层次分明。本书的知识体系按照高级语言程序设计本身教学特征的要求,分为三条线索,即数据类型(基本数据类型、简单结构类型、复杂结构类型、指针)、程序设计的基本方法(顺序程序设计、分支程序设计、循环程序设计、模块化程序设计)、常用算法(算法及描述、数据处理、迭代、穷举、数据文件存储与管理)。本书采用Visual C++ 2010编程环境,适当引入C++的部分内容,如常量的声明、输入/输出流、引用变量等。每章有关键词和小结,部分习题为全国等级考试的精选题目,从多角度帮助学生掌握基础知识。通过知识体系的学习,让学生不但具有一定的实践能力,还具有相应的专业理论基础,为提高学生的专业素质奠定良好的基础。

本书内容翔实、层次分明、结构紧凑,叙述深入浅出,通俗易懂。适合作为高职高专及各类院校的教材,也可作为参加计算机等级考试和其他计算机编程的人员的参考书。

编著者

2021年10月

目　录

第1章 C语言概述

【技能目标】 熟悉C语言的编程环境,掌握程序调试的基本方法。

【知识目标】 C语言是什么？如何编写C语言的程序？C语言程序又如何执行？通过本章的学习来回答这些问题。本章涉及以下知识点。

(1) C语言的编程环境。

(2) 算法及其描述。

通过本章的学习,达到以下的目标。

(1) 了解C语言的特点。

(2) 熟悉C语言的开发环境。

(3) 掌握算法的基本概念及表示方法。

【关键词】 编辑(edit),编码(coded),连接(link),编译(compile),解释(interpretation),目标程序(object program),模块化(modular),结构化(structured),流程图(flow chart),高级语言(higher language),汇编语言(assembly),机器语言(machine language),调试(debug)。

【项目任务】 分析并描述一个简单的成绩管理系统。

【项目解析】 为完成本次项目的要求,必须熟悉算法的描述方法,逐步提高分析问题与解决问题能力。要注意几个方面：①了解成绩管理系统的目标任务；②选择合适的算法描述工具；③掌握模块化、结构化的概念。

1.1 程序设计语言与C语言

在开始学习程序设计时,初学者首先想到的问题可能是"什么是程序""什么是程序设计语言"。本章首先讨论这方面的问题,以帮助读者在比较直观的基础上建立起对程序、程序设计、程序设计语言的基本认识。而后将简单介绍本书讨论的程序设计语言——C语言,并通过一个简单实例介绍C语言程序的一些基本情况和有关概念。

1.1.1 程序设计语言

程序一词源自生活,通常指完成某些事务的一种既定方式和过程。从表述方面看,可以将程序看成对一系列动作的执行过程的描述。日常生活中也可以找到许多"程序"实

例。例如,一个学生早上起床后的行为可以描述如下:

①起床;②刷牙;③洗脸;④吃饭;⑤早自习。

日常生活中程序性活动的情况与计算机中的程序执行很相似,为了与计算机交流,同样需要有与之交流的方式,需要一种意义清晰、计算机也能处理的描述方式。也就是说,需要有描述程序的合适语言。这种可供编写程序使用的语言就是程序设计语言,它是一种人造语言,也常被称为编程语言。

语言是一套具有语法、词法规则的系统。计算机程序设计语言是计算机可以识别的语言,用于描述解决问题的方法,供计算机阅读和执行。

要完成各种复杂的工作,计算机既要有强大的硬件系统,也要有相应的软件系统。软件包含了使计算机运行所需的各种程序及其文档。计算机的工作是通过程序来控制的,计算机按照规定的程序要求运行。程序是指令的集合。编写程序就是将解决问题的方法编写成由一条条指令组成的程序,输入计算机中,计算机执行这一指令序列,就完成了规定的任务。

指令就是计算机可以识别的命令。不同的计算机硬件系统有不同的指令集合,一台计算机硬件系统能识别的所有指令的集合,称为它的指令系统。

程序设计语言按语言级别分为机器语言、汇编语言和高级语言。

1. 机器语言

由计算机硬件系统可以识别的二进制指令组成的语言称为机器语言。它是面向机器的语言,不同类型的机器其指令系统不同,机器语言也不同,程序具有不可移植性,代码可读性差,编写程序复杂,但其执行的速度快。

2. 汇编语言

汇编语言可将机器指令用人们能读得懂的助记符来表示,如 ADD AX,BX、SUB AX,BX、MOV AX,5 等。每条指令对应于一条机器语言指令,由于采用了助记的符号名,这样,每条指令的意义较机器语言都更容易理解和把握了。汇编语言是面向机器的语言,程序的可移植性差。汇编语言必须编译成机器语言后才能执行。汇编语言的翻译软件称为汇编程序。

3. 高级语言

高级语言是面向问题的语言,其特点是在一定程度上与具体机器无关,程序中可以采用具有一定含义的数据名和容易理解的执行语句,这使编写程序变得易学、易用、易维护。高级语言程序翻译成机器语言后才能执行。如何将高级语言翻译成机器语言呢?有以下两种方式。

(1)编译方式。将编写好的源程序经编译软件进行编译、链接后,生成可执行文件,然后执行。这种方式的交互性差,程序执行的效率高,如 C 语言、FORTRAN、Pascal 语言等。

(2)解释方式。程序的运行是一边通过程序解释软件"翻译",一边运行的。这种方式的交互性好，但执行效率低，如早期的 BASIC 语言、FoxBASE 等。

1.1.2　C 语言的发展与特点

1. C 语言的发展

C 语言的原型是 ALGOL 60 语言（也称 A 语言）。

1963 年，剑桥大学将 ALGOL 60 语言发展成为 CPL（combined programming language）语言。

1967 年，剑桥大学的 Matin Richards 对 CPL 语言进行了简化，于是产生了 BCPL 语言。

1970 年，美国贝尔实验室的 Ken Thompson 将 BCPL 进行了修改，并为它起了一个有趣的名字"B 语言"。并且他用 B 语言写了第一个 UNIX 操作系统。

而在 1973 年，美国贝尔实验室的 Dennis M Ritchie 在 B 语言的基础上设计出了一种新的语言，他取了 BCPL 的第二个字母作为这种语言的名字，这就是 C 语言。

为了推广 UNIX 操作系统，1977 年 Dennis M Ritchie 发表了不依赖于具体机器系统的 C 语言编译文本《可移植的 C 语言编译程序》。

1978 年，Brian W Kernighian 和 Dennis M Ritchie 出版了名著 *The C Programming Language*。他们二人通常简称为 K&R，因此也有人称该书为 K&R 标准。但是，K&R 并没有定义一个完整的标准 C 语言，许多开发机构推出了自己的 C 语言版本，这些版本之间的微小差别不时引起兼容性上的问题。后来，由美国国家标准学会 ANSI（American national standard institute）在各种 C 语言版本的基础上制定了一个 C 语言标准，于 1983 年发表，通常称为 ANSI C。1987 年 ANSI 又公布了新标准——87 ANSI C。目前广泛流行的各种 C 编译系统都是以它为基础的。

1983 年，贝尔实验室的 Bjarne Stroustrup 推出了 C++语言。C++语言进一步扩充和完善了 C 语言，成为一种面向对象的程序设计语言。

2. C 语言的特点

C 语言是一种通用、灵活、结构化、标准化、使用广泛的编程语言，能完成用户的各种任务，特别适合进行系统程序设计和对硬件进行操作的场合。它具有如下的特征。

（1）简洁紧凑、灵活方便。C 语言一共只有 32 个关键字，9 种控制语句，程序书写自由，主要用小写字母表示。它把高级语言的基本结构和语句与低级语言的实用性结合起来。C 语言可以像汇编语言一样对位、字节和地址进行操作，而这三者是计算机最基本的工作单元。

（2）运算符丰富。C 语言的运算符包含的范围很广泛，共有 34 个运算符。C 语言把括号、赋值、强制类型转换等都作为运算符处理。从而使 C 语言的运算类型极其丰富，表达式类型多样化，灵活使用各种运算符可以实现在其他高级语言中难以实现的运算。

（3）数据结构丰富。C 语言的数据类型有整型、实型、字符型、数组类型、指针类型、

3

结构体类型、共用体类型等,能用来实现各种复杂的数据类型的运算,并引入了指针概念,使程序效率更高。另外,C语言具有强大的图形功能,支持多种显示器和驱动器,且计算功能、逻辑判断功能强大。

(4) 结构化编程。结构化编程的显著特点是代码及数据分离,即程序的各个部分除了必要的信息交流外彼此独立。这种方式可使程序层次清晰,便于使用、维护以及调试。C语言的函数可方便地调用,并具有多种循环、条件语句控制程序流向,从而使程序完全结构化。

(5) 语法限制不太严格、程序设计自由度大。一般的高级语言语法检查比较严,能够检查出几乎所有的语法错误,而C语言允许程序编写者有较大的自由度。

(6) 允许直接访问物理地址,直接操作硬件。这个特点使C语言既具有高级语言的功能,又具有低级语言的许多功能,因此可以用来编写系统软件。

(7) 程序执行效率高。C语言的目标代码一般只比汇编程序生成的目标代码效率低10%~20%。

(8) 可移植性好。C语言有一个突出的优点就是适合于多种操作系统,如DOS、UNIX,也适用于多种机型。

当然,C语言也有自身的不足,例如,C语言的语法限制不太严格,对变量的类型约束不严格,影响程序的安全性,对数的下标越界不做检查等。从应用的角度看,C语言比其他高级语言较难掌握。

1.1.3 C程序的上机调试步骤和方法

1. 编制并运行程序的步骤

C程序在计算机上的实现与其他高级语言程序一样,一般要经过编辑、编译、链接、运行4个步骤,如图1-1所示。其基本步骤如下。

(1) 编辑。编辑就是建立、修改C源程序并把它输入计算机的过程。C程序的源文件以文本文件的形式保存,它的扩展名为.c,如果是C++则扩展名为.cpp。

源文件的编辑可以用任何文字处理软件完成,一般用编译器本身集成的编辑器进行编辑。

(2) 编译(成目标程序文件.obj)。C语言是以编译方式实现的高级语言,C程序的实现必须经过编译程序对源文件进行编译,生成目标代码文件,它的扩展名为.obj。编译前一般先要进行预处理,如进行宏代换,包含其他文件,等等。

编译程序把一个源程序翻译成目标程序的工作过程分为5个阶段:词法分析、语法分析、语义检查和中间代码生成、代码优化和目标代码生成。该阶段主要进行词法分析和语法分析,又称源程序分析,分析过程中发现有语法错误,给出提示信息。

(3) 链接(成可执行程序文件.exe)。编译形成的目标代码还不能在计算机上直接运行,必须将其与库文件进行链接,这个过程由链接程序自动进行,链接后生成可执行文件,它的扩展名为.exe。如果链接出错同样需要返回到编辑步骤修改源程序,直至正确为止。

图 1-1   C 程序的实现过程

（4）运行（可执行程序文件）。链接成功后即可运行程序。

上述步骤中，第一步的编辑工作是最繁杂而又必须细致地由人工在计算机上完成，其他步骤则相对简单，基本上由计算机自动完成。

程序运行后，可以根据运行结果判断程序是否还存在其他方面的错误。编译时产生的错误属于语法错误，而运行时出现的错误一般是逻辑错误。出现逻辑错误时需要修改原有算法，重新进行编辑、编译和链接，再运行程序。

2. Visual C++ 2010 上机运行 C 语言程序步骤

Visual C++ 2010 不能单独编译.cpp 或者.c 文件，这些文件必须依赖于某一个项目，因此必须创建一个项目。

有很多种方法都可以创建项目，可以选择"文件"→"新建"→"项目"命令，也可以在工具栏中单击"新建项目"按钮。这里在起始页上新建项目，如图 1-2 所示。

1）标题栏

Visual C++ 2010 主窗口的第一行就是标题栏。

标题栏的左边显示当前文件的文件名以及版本信息。

2）菜单栏

标题栏下面依次是菜单栏和工具栏。各菜单的功能如下。

（1）文件：用来创建、打开、保存项目文件，创建项目文件是必须做的第一步。

（2）编辑：用来编辑文件。

（3）视图：用来查看代码，显示其他窗口，打开或关闭工具栏。

（4）项目：用来添加类、新项和设置启动项（注意，该项只有在新建项目或打开项目

5

图 1-2　Visual C++ 2010 起始页

时才会出现）。

（5）调试：用来设置项目的各项配置，编译、创建和执行应用程序，调试程序。

（6）工具：用来对工具栏、菜单以及集成开发环境进行定制。

（7）窗口：用来新建、拆分窗口和进行窗口布局。

（8）帮助：给出相关的帮助。

3）工具栏

工具栏和菜单栏的作用是一样的，只不过工具栏是把菜单栏中经常用到的功能选出来并用图形表示，方便操作。Visual C++ 2010 有多个工具栏，常用的有标准工具栏和文本编辑器工具栏。图 1-3 所示的是标准工具栏。

图 1-3　标准工具栏

标准工具栏中的各个按钮从左到右功能分别如下。

（1）创建一个新项目。

（2）添加新项。

（3）打开一个已经保存的文件。

（4）保存当前文件。

（5）保存所有文件。

（6）剪切选定内容到剪贴板。

（7）复制选定内容到剪贴板。

（8）在当前位置粘贴剪贴板中的内容。

（9）撤销上一次的操作。

（10）重做被撤销的操作。

（11）启动调试程序。

（12）配置解决方案。

（13）设置解决方案平台。

（14）在文件中查找。

文本编辑器工具栏按钮从左到右功能分别如下。

（1）显示对象成员列表。

（2）显示参数信息。

（3）显示快速信息。

（4）显示文字自动完成。

（5）注释选中行。

（6）取消对选中行的注释。

单击"新建项目"按钮后进入新建项目向导，界面如图 1-4 所示。

图 1-4　"新建项目"对话框

选择"Win32 控制台应用程序"选项，输入项目名称 hello，单击"浏览"按钮，选择项目文件保存的位置，输入解决方案名称，单击"确定"按钮。是否为解决方案创建目录可暂时不管，其主要区别在于解决方案是否和项目文件在同一目录。一个解决方案中可以有多个项目。

接下来进入创建界面，如图 1-5 所示，在 Win32 应用程序向导的第一个界面直接单击

"下一步"按钮即可。

图 1-5　Win32 控制台程序创建界面

在下个界面中勾选"空项目"复选框,这里不需要预编译头文件,如图 1-6 所示。单击"完成"按钮,显示如图 1-7 所示的工作区,界面中的左窗格为"解决方案资源管理器"窗格。

图 1-6　Win32 控制台程序设置

图 1-7　工作区

解决方案资源管理器包含外部依赖项、头文件、源文件和资源文件。

（1）展开"外部依赖项"选项，可以查看项目所包含的所有外部依赖项。

（2）展开"头文件"选项，可查看本项目包含的所有头文件，也可添加、删除头文件。

（3）展开"源文件"选项，可查看或编写源文件，也可添加、删除源文件。

（4）展开"资源文件"选项，可查看本项目所包含的资源文件，也可添加、删除资源文件。

选择项目 hello 中的"源文件"选项，右击，选择"添加"→"新建项"命令，如图 1-8 所示。

图 1-8　添加新建项

在向导中选择"代码"→"C++文件(.cpp)"选项，在"名称"对话框中输入 Main，单击"添加"按钮，如图 1-9 所示。

这时已经成功添加了一个 Main 文件，如图 1-10 所示，该窗格的主要功能是供用户进行源代码的编辑。

9

图 1-9　创建 C++源程序文件

图 1-10　编写 C 程序的源代码

源代码编辑窗格可以供用户编辑、修改源代码和文本文件,可以为文件中的关键字、注释代码等不同文字赋以不同的颜色,使程序一目了然;还能够自动缩进和对齐;可以在用户输入一个函数名后,自动显示函数相应的参数和变量等。

然后编译程序,选择要编译的源程序 Main 或直接调试运行,如图 1-11 所示。

主界面下方的窗格为输出窗格,显示程序运行状态,如图 1-12 所示。其作用是在编译、链接时显示编译、链接信息。

10

图 1-11　编译并运行程序

图 1-12　编译结果

3. 调试 C 语言程序

1) 修复编译错误

在 main.cpp 中，删除最后一行中的分号，使代码如下所示。

```
return 0
```

在菜单栏上，选择"生成"→"生成解决方案"命令，"错误列表"窗格中的消息表示生成项目过程中出现了错误。该声明如下。

```
error C2143: syntax error : missing ';' before '}'
```

若要查看有关此错误的帮助信息,可在"错误列表"窗格中将其选中,然后按 F1 键。将分号重新添加到导致语法错误的行的末尾:

```
return 0;
```

在菜单栏上,选择"生成"→"生成解决方案"命令,"输出"窗口中将显示一条消息,指示项目已成功编译。

2) 以调试模式运行程序

按 Ctrl+F5 键或者单击"启动调试"按钮,其程序运行结果如图 1-13 所示。

图 1-13　运行结果

按 F10 键,逐过程(单步)执行,或按 F11 键,逐语句(跟踪)执行,如图 1-14 所示。当前运行行会显示为黄色,无论是一条语句,还是一个函数,都会直接执行完毕得到结果。

图 1-14　动态观察变量的值

12

可以在变量名上右击，选择"添加监视"命令，如图 1-15 所示，会自动将其放到"监视1"窗格中，也可以直接在"监视 1"窗格中手动输入变量名，按 Enter 键之后就可以得到当前的数据。右击监视项，可进行监视，如图 1-16 所示。

图 1-15　"添加监视"命令

图 1-16　编辑监视

相比之下,单步执行更加详细。直接按 F11 键,当执行到具体函数时会跟踪到函数的内部,一行一行地执行。可以将 F10 和 F11 键交替使用。当需要忽略一个函数执行的具体过程时,可以使用 F10 键,不能忽略时使用 F11 键。

为了提高效率,可以直接在指定行的前面设置断点,程序在没有调试的状态下,通过单击在任意行设置或取消断点,当程序行出现一个红色的圆点,表示断点设置完成。可以按 F9 键来设置或取消断点。直接按 F5 键运行程序,当程序执行到断点处,就会暂停运行,此时再按 F10 键或者 F11 键实现单步调试,如图 1-17 所示。

图 1-17　断点设置

1.1.4　任务 1-1　C 程序的编程环境

1. 任务分析

本次任务编写一个简单的 C 程序,实现人与计算机的交互,掌握 C 程序设计编程环境 Visual C++ 2010,掌握运行 C 程序的基本步骤,包括编辑、编译、链接和运行。

掌握 C 程序设计的基本框架,能够编写简单的 C 程序。

2. 任务实施

按照如下的步骤实施。

(1) 启动 Visual C++ 2010,编写如下代码。

```
#include <stdio.h>
void main()
{
    char name[20];
    printf("你是谁?");
    gets(name);
```

```
    printf("%s,欢迎你进入 VC 精彩世界\n",name);
}
```

（2）编译并运行,结果如下:

```
你是谁?张三
张三,欢迎你进入UC精彩世界
```

3. 程序说明

（1）scanf 和 printf 是标准输入输出函数,其头文件为 stdio.h,在主函数前用 include 命令包含 stdio.h 文件。

（2）main 是主函数的函数名,表示这是一个主函数。每一个 C 源程序都必须有,且只能有一个主函数（main 函数）。

（3）printf 函数的功能是把要输出的内容送到显示器。printf 函数是一个由系统定义的标准函数,可在程序中直接调用。

（4）gets 函数的功能是等待从键盘上按指定的格式输入数据,赋值给变量。

4. 拓展训练

熟悉 Visual C++ 2010 的开发环境。了解 C 语言的其他开发平台。

1.2　算法及其描述

什么是程序?如何编写程序?如何编写高效率的程序?这是初学计算机编程的人常常要问的问题。通俗地讲,编写程序就是将现实世界的问题用计算机语言表达出来,实现人与计算机的交互,让计算机按照编程人员规定的步骤完成指定任务。这里就要解决 3 个问题。

（1）如何用计算机语言表述现实世界的实体?

（2）解决问题的方法和步骤是什么?

（3）计算机语言的语法规则是什么?

本节将初步讨论(1)、(2)这两个问题。利用算法分析描述工具描述学生成绩统计分析情况。

1.2.1　算法与结构化程序设计

1. 算法的概念

一个程序应包括以下两部分。

（1）对数据的描述。在程序中数据的类型和数据的组织形式,即数据结构(data structure)。

（2）对操作的描述。即操作步骤,解决问题的方法即算法(algorithm)。

Nikiklaus Wirth 提出如下公式:

$$数据结构＋算法＝程序$$

算法的定义可以有多种,从不同角度看,获得的定义各不相同。

从哲学角度看,算法是解决一个问题的抽象行为序列。

从技术层面上看,算法是一个计算过程,它接收一些输入,并产生某些输出。

从抽象层次上看,算法是一个将输入转化为输出的计算步骤序列。

从宏观层面上看,算法是解决一个精确定义的计算问题的工具。

算法是程序的核心,也是程序设计的基础。当用计算机处理不同的问题时,必须对问题进行分析,确定解决问题的具体方法和步骤,再编写计算机执行的指令——程序,交给计算机执行。这些具体的方法和步骤就是算法。根据算法,按某种规则编写计算机执行的命令序列就是编写程序,而书写程序时所遵守的规则,就是某种语言的语法。

程序设计的步骤是,设计算法→描述算法→编写程序→编译调试运行。由此可以这样认为:

$$程序＝算法＋数据结构＋程序设计方法＋语言工具和环境$$

这 4 个方面是一个程序设计人员所应具备的知识,程序设计的关键是算法,所以学习编写程序除掌握程序设计语言的语法外,就是掌握分析问题、解决问题的方法,提高分析、分解、归纳出算法的能力。

2. 算法的特征

一个算法应该具有以下特点。

（1）有穷性。一个算法应包含有限的操作步骤,而不能是无限的。事实上,"有穷性"往往指"在合理的范围之内"。究竟什么是"合理的范围",并无严格标准,由人们的常识和需要而定。

（2）确定性。算法中的每一个步骤都应当是确定的,而不应当是含糊的、模棱两可的。

（3）有零个或多个输入。所谓输入是指在执行算法时需要从外界取得的必要的信息。一个算法也可以没有输入。

（4）有一个或多个输出。算法的目的是求解,"解"就是输出。没有输出的算法是没有意义的。

（5）有效性。算法中的每一个步骤都应当能有效地执行,并得到确定的结果。

设计一个好的算法必须考虑以下的要求。

（1）正确性。算法的执行结果应当满足预定的功能和性能要求。

（2）可读性。算法主要是为了人的阅读与交流,其次才是为计算机执行。因此,算法应该易于人理解,思路清楚,层次分明,简单明了。

（3）健壮性。当输入的数据非法时,算法应当恰当地做出反应或进行相应处理,而不是产生莫名其妙的输出结果。并且,处理出错的方法不应是中断程序的执行,而应是返回一个表示错误或错误性质的值,以便在更高的抽象层次上进行处理。

（4）高效率与低存储量需求。通常,效率是指算法执行时间,速度就是算法之魂。存储量是指算法执行过程中所需的最大存储空间。两者都与问题的规模有关。

3. 结构化程序设计

结构化程序设计(structured programming)是进行以模块功能和处理过程设计为主的设计基本原则,采用自顶向下、逐步求精的程序设计方法,使用顺序、选择、循环三种基本控制结构构造程序。其概念最早由 E W Dijikstra 在 1965 年提出。结构化程序设计曾被称为软件发展中的第三个里程碑。该方法的要点如下。

（1）谨慎严格控制 GOTO 语句,仅在下列情形才可使用：在某种可以改善而不是损害程序可读性的情况下,用一个非结构化的程序设计语言去实现一个结构化的构造。

（2）一个入口,一个出口。

（3）自顶向下、逐步求精地分解。

其中(1)、(2)是解决程序结构规范化问题;(3)是将大划小,将难化简地求解问题。

1.2.2　算法的描述

算法如何表示呢? 由于算法由一系列步骤组成,那么任何一个步骤序列从广义上看,都可以当作是一个算法。常用的描述方法有自然语言、传统流程图、N-S 流程图、伪代码和程序设计语言。

1. 自然语言

自然语言就是人们日常使用的语言。

例如,表示一个学生每天运行的通用算法,下面的步骤就可以看作是一个算法。

（1）起床。

（2）吃早点。

（3）上早自习。

（4）上课。

（5）吃午饭。

（6）上课。

（7）吃晚饭。

（8）上晚自习。

（9）睡觉。

自然语言描述算法通俗易懂,但要描述清楚一个问题使用的文字可能较长,容易产生歧义,对于一些分支和循环结构的问题不容易表达。

【例 1-1】　写出求 $1+2+3+4+5+6$ 的一个算法。

分析：可以按逐一相加的程序进行,也可以利用公式 $1+2+\cdots+n=\dfrac{n(n+1)}{2}$ 进行。

算法 1：

S1——使 $t=1$。

S2——使 $i=2$。

S3——使 $t+i$,乘积仍然放在变量 t 中,可表示为 $t+i \to t$。

S4——使 i 的值 $+1$,即 $i+1 \to i$。

S5——如果 $i \leqslant 6$,返回重新执行步骤 S3 以及其后的 S4 和 S5;否则,算法结束。

算法2：

S1——取 $n=6$。

S2——计算 $\dfrac{n(n+1)}{2}$。

S3——输出运算结果。

【例 1-2】 有 50 个学生,输出考试不及格的学生。

如果用 n 表示学生的学号,n_i 表示第 i 个学生的学号;g 表示学生的成绩,g_i 表示第 i 个学生的成绩,则算法可表示如下。

S1——$1 \to i$。

S2——如果 $g_i < 60$,则打印 n_i 和 g_i;否则不打印。

S3——$i+1 \to i$。

S4——若 $i \leqslant 50$,返回 $S2$;否则结束。

2. 传统流程图

用流程图表示算法,直观形象,易于理解,它是使用最早的算法和程序描述工具。美国国家标准化协会(ANSI)规定了一些常用流程图符号,如图 1-18 所示。

起止框　　输入输出框　　判断框　　处理框　　流程线　　连接点

图 1-18　流程图符号

1) 顺序结构流程

顺序结构是程序依次按顺序执行,如图 1-19 所示。

【例 1-3】 求圆的面积,其流程图如图 1-20 所示。

图 1-19　顺序结构流程图　　　　**图 1-20　求圆面积的流程图**

2）分支结构流程

（1）单分支结构：当条件满足时，执行语句 A，如图 1-21（a）所示。

（2）双分支结构：当条件满足时，执行语句 A，否者执行语句 B，如图 1-21（b）所示。

（a）单分支结构　　　　　（b）双分支结构

图 1-21　分支结构流程图

【**例 1-4**】　求方程 $ax^2+bx+c=0$ 的解。其流程图如图 1-22 所示。

图 1-22　求一元二次方程的根流程图

3）循环结构流程

（1）当型结构：当条件成立时循环执行语句 A，如图 1-23（a）所示。

（2）直到型结构：执行语句块语句 A，直到条件不成立为止，如图 1-23（b）所示。

（a）当型结构　　　　　（b）直到型结构

图 1-23　循环结构流程图

【例1-5】 有50个学生,统计考试不及格的人数。其流程图如图1-24所示。

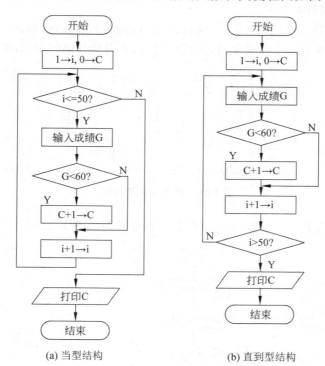

(a) 当型结构   (b) 直到型结构

图1-24 统计成绩不及格人数流程图

3. N-S流程图

1973年美国学者I Nassi和B Shneiderman提出了一种符合结构化程序设计原则的图形描述工具,叫作盒图,也叫作N-S图。这种流程图去掉了流程线,全部算法都写在一个大矩形框内。N-S图能清楚地显示出程序的结构,特别适合结构化程序设计。

N-S图用3种基本元素来表示3种基本结构。

(1) 顺序结构:语句A、语句B、语句C依次执行,如图1-25所示。

(2) 选择(分支)结构。

① 单分支:如果条件为真,执行语句A,如果条件为假,不需要执行任何语句,则对应的执行语句框留空,如图1-26(a)所示。

图1-25 顺序结构N-S图

② 双分支:条件为真时执行语句A,条件为假时执行语句B,如图1-26(b)所示。

开关结构作为选择(分支)结构的一个特例,也称多分支结构。根据表达式的值执行对应的语句Pi,如图1-26(c)所示。

(3) 循环结构。循环结构有两种常见形态。

① 当型结构:当条件为真时反复执行语句A,直到条件为假为止,如图1-27(a)所示。

图 1-26　分支结构 N-S 图

② 直到型结构：反复执行语句 A，直到条件不成立为止，如图 1-27(b)所示。

图 1-27　循环结构 N-S 图

【例 1-6】　输入 50 个学生的成绩，输出最高分，用 N-S 图表示其流程。

算法分析如下。

(1) 设置计数器 i，当输入一个学生的成绩时，计数器加 1，直到输入完所有学生的成绩为止。

(2) 设置"容器"Max 用于存放最大数，每输入一个数 X，就与 Max 比较。若 Max 小于 X，则将 X 存放到 Max 中。

(3) 先输入一个数，将其置于 Max 中，也可以将 Max 的初始值设置为一个系统的最小值。

其 N-S 图如图 1-28 所示。

图 1-28　求成绩最高分 N-S 图

4. 伪代码

用自然语言描述算法虽然通俗易懂，当难以描述复杂的问题。流程图画起来比较费事。为了设计方便，常用一种称为伪代码的工具。伪代码是用介于自然语言和计算机语言之间的文字和符号来描述算法。它是半格式化、不标准的语言，它可以用英文、汉字、中英文混合表示算法,无固定、严格的语法规则,以便于书写和阅读为原则,所以比程序设计语言更容易描述和理解,又比自然语言更接近程序设计语言。

例如:

```
IF 九点以前 THEN
   do 私人事务;
ELSE  IF  9点到18点 THEN
   工作;
ELSE
   下班;
   END IF
END IF
```

用自然语言、流程图、N-S 流程图、伪代码描述的算法不能被计算机识别,要转化为计算机程序。只要选择一种计算机语言,按照其语法规则,就可以编写出让计算机执行的计算机程序。

1.2.3　任务 1-2　算法的描述

1. 任务分析

本任务计算某个班级某门课程考试的平均成绩。首先,设置一个计数器和累加器,当输入一个学生成绩时,计数器加 1,累加器中累加输入的成绩,直到将所有成绩输入完为止。如何判断输入数据结束呢? 设置一个结束条件,当输入的成绩为负时,表示输入成绩结束,然后计算平均分。平均分为累加器的值除以计数器中的值。用自然语言描述如下。

(1) 设置计数器 counter,初始值为 0。

(2) 设置累加器 Sum,初始值为 0。

(3) 输入学生考试成绩 Score。

(4) 如果 Score<0,则跳转到第(8)步,否则继续。

(5) 计数器加 1,即 counter=counter+1。

(6) 累加器累加,即 Sum=Sum+Score。

(7) 跳转到第(3)步。

(8) 计算平均成绩。

(9) 输出结果。

2. 任务实施

根据上面的分析,画出流程图和 N-S 图,如图 1-29 所示。

3. 拓展训练

用流程图和 N-S 图表示求 $n!$ 的算法。

(a) 流程图　　　　　　　(b) N-S 图

图 1-29　流程图和 N-S 图

1.3　项目实践　程序结构分析

1. 需求描述

分析一个简单的成绩管理系统的程序结构。

2. 项目分析

要完成这个任务,可将其分为三个模块:输入学生成绩、处理学生成绩、输出成绩表和统计结果。

(1) 输入学生成绩模块。依次将学生成绩输入并存放到数据集合中,在输入成绩的同时用一个计数器来计数,直到输入完 n 个学生的成绩为止。

(2) 统计并分析学生成绩模块。依次从数据集合中取出数据元素,根据成绩判断其等级并分段计数。

(3) 输出成绩表及统计结果。依次将数据集合中的元素取出并按指定的格式输出显示,输出成绩的统计结果。

23

3. 项目实施

根据上面的分析,画出 N-S 图,如图 1-30 所示。

输入学生成绩
统计并分析学生成绩
输出成绩表及统计结果

(a) 总控模块图

(b) 输入学生成绩模块流程图

(c) 统计分析成绩模块流程图 　　(d) 输出成绩表与统计结果模块流程图

图 1-30　N-S 图

小　　结

1. 本章重点

(1) C 语言的结构与特征。
(2) 算法的基本概念与表示方法。
(3) Visual C++ 2010 集成开发环境。

2. 相关知识点提示

(1) C 程序由函数组成,main 函数是 C 程序的基本组成部分,一个源程序有且仅有一个 main()函数,它是程序执行的入口。

(2) C 程序中,每个基本语句和数据定义都以一个分号(;)结束,书写格式自由,一行可写多个语句,一个语句也可分别写在几行上。可以用//或/ * 和 * /编写程序注释,以方便程序的阅读、交流。

(3) C 程序是编译型程序,源程序必须经过编译、链接生成可执行文件后才能运行。在编译的过程中可以检查语法错误,但不能检查逻辑错误。通过运行可执行程序即可看到运行的结果。

（4）算法是解决问题的方法和步骤，它是程序设计的灵魂。数据则是加工的对象。

算法的基本特征主要表现在有穷性、确定性、有输入、有输出、有效性。

常用的算法的描述方法有自然语言、流程图、N-S 图、伪代码和程序设计语言。

结构化程序设计方法的主要原则是自顶向下、逐步求精、模块化和限制使用 GOTO 语句。结构化程序设计有三种基本结构：顺序、分支、循环。

习　　题

一、填空题

1. 编写一个 C 程序，上机运行，要经过的步骤为：_____。

2. 机器语言是面向_____的语言，汇编语言是面向_____的语言，高级语言是面向_____的语言。

3. 将高级语言程序翻译为机器语言程序有两种方式，分别是_____和_____，C 程序属于_____的程序。

4. 在采用结构化程序设计方法进行程序设计时，_____是程序的灵魂。

5. 算法的五个特性：有穷性、_____、_____、_____和有效性。

6. 程序的三种基本结构是_____结构、_____结构和_____结构。

二、选择题

1. 以下不是 C 语言特点的是（　　）。

　A. C 语言简洁、紧凑，使用方便、灵活

　B. C 语言允许直接访问物理地址，能进行位操作，能实现汇编语言的大部分功能，可以直接对硬件进行操作

　C. C 语言具有结构化的控制语句

　D. C 语言中没有运算符

2. 能将用高级语言编写的源程序转换成目标程序的是（　　）。

　A. 编程程序　　　　B. 编译程序　　　　C. 解释程序　　　　D. 链接程序

3. 以下叙述中正确的是（　　）。

　A. C 语言比其他语言高级

　B. C 程序可以不用编译就能被计算机识别执行

　C. C 语言以接近英语国家的自然语言和数学语言作为语言的表达形式

　D. C 语言出现得最晚，具有其他语言的一切优点

4. 以下叙述中正确的是（　　）。

　A. C 语言的源程序不必通过编译就可以直接运行

　B. C 程序中的每条可执行语句最终都将被转换成二进制的机器指令

C. C 源程序经编译形成的二进制代码可以直接运行

D. C 程序中的函数不可以单独进行编译

5. 用 C 语言编写的代码(　　)。

A. 可立即执行 　　　　　　　　　　　B. 是一个源程序

C. 经过编译即可执行 　　　　　　　　D. 经过编译解释才能执行

6. 一个算法应该具有"确定性"等 5 个特性,下面对另外 4 个特性的描述中错误的是(　　)。

A. 有零个或多个输入 　　　　　　　　B. 有零个或多个输出

C. 有穷性 　　　　　　　　　　　　　D. 可行性

三、编程题

1. 用 N-S 流程图表示算法,当输入分数大于等于 60 分时显示 Success!;否则显示 Fail!。

2. 用 N-S 图表示求 $1+2+3+\cdots+100$ 的算法。

3. 用 N-S 图描述智能洗衣机的洗衣流程。

第2章 基本数据类型及运算

【技能目标】 掌握简单数据类型的应用与调试程序的基本技巧。

【知识目标】 现实世界中的实体如何在计算机中表示？其数据在内存是如何存储及处理？如何用 C 语言来描述某一个对象？这些是本章中要解决的问题。C 语言使用了丰富的数据类型和运算符，由运算符和操作数组成的表达式可以表达为人们所要解决的问题。本章涉及以下知识点。

(1) 常量与变量。

(2) C 语言的基本数据类型。

(3) 宏与预定义。

(4) 顺序程序设计。

通过本章的学习，达到以下的目标。

(1) 了解数据的基本类型以及常量的表示方法。

(2) 掌握变量的定义及初始化方法。

(3) 理解运算符和表达式的概念。

(4) 理解数据类型的转换。

【关键词】 标识符（identifier），变量（variable），常量（constant），表达式（expression），一元运算符（unary operator），二元运算符（binocular operator），地址（address），类型转换（type conversion），算术运算（arithmetic operation），赋值运算（assignment operation），逗号运算（comma operation），优先级（priority）。

【项目任务】 用合适的基本数据类型描述学生成绩信息。

【项目解析】 要描述现实世界中的实体，必须先抽象出其实体对象的特征，各个特征属性在计算机中应如何表达？要完成本项目，主要注意以下两方面：①学生成绩信息的构成；②成绩信息各个数据项的数据类型。

2.1 C 语言的语法特征与程序结构

各种语言都有自己的语法特征和程序结构，正确理解它们对于正确理解 C 语言、正确书写 C 程序非常重要。本节将通过一个完整的 C 程序，详细介绍 C 语言的基本知识。

2.1.1　C程序的结构与书写规则

1. C程序的结构

一个C程序主要包括如下的内容。

```
编译预处理命令          //包括文件包含(#include)、宏定义(#defin)
                      //以及条件编译  #ifdef... #else...#endif
类型、函数声明部分       //包括自定义变量类型、用户自定义函数
void main(){           //主函数的定义
    声明部分           //包括变量的声明和函数的声明
    执行部分           //可执行的C语句和函数
}
函数的定义{            //定义函数的具体内容
    声明部分           //包括变量的声明和函数的声明
    执行部分
}
```

C程序的结构特征如下。

(1) 一个源程序可以由一个或多个源文件组成。

(2) 每个源文件可包含一个或多个函数。

(3) 一个源程序不论由多少个文件组成,都有一个且只能有一个 main 函数,即主函数。

(4) 源程序中可以有预处理命令(include 命令仅为其中的一种),预处理命令通常应放在源文件或源程序的最前面。

(5) 每个说明、每条语句都必须以分号结尾。但预处理命令、函数头和右大括号"}"之后不能加分号。

(6) 标识符、关键字之间必须至少加一个空格以示间隔,若已有明显的间隔符,也可不再加空格。

2. 书写程序时应遵循的规则

从书写清晰,便于阅读、理解、维护的角度出发,在书写程序时应遵循以下规则。

(1) 一个说明或一条语句占一行。

(2) 用"{}"括起来的部分通常表示了程序的某一层次结构。"{}"一般与该结构语句的第一个字母对齐,并单独占一行。

(3) 低一层次的语句或说明可比高一层次的语句或说明向右缩进若干格书写,以便看起来更加清晰,增加程序的可读性。

在编程时应力求遵循这些规则,以养成良好的编程习惯。

2.1.2　C 语言的字符集与词汇

1. C 语言的字符集

字符是组成语言的最基本的元素。C 语言字符集由字母、数字、空格、标点和特殊字符组成。在字符常量、字符串常量和注释中还可以使用汉字或其他可表示的图形符号。

2. C 语言词汇

C 语言使用的词汇分为 6 类：标识符、关键字、运算符、分隔符、常量、注释符。

1）标识符

在程序中使用的变量名、函数名、标点符号等统称为标识符。除库函数的函数名由系统定义外，其余都由用户自定义。C 语言规定，标识符只能是字母（A～Z，a～z）、数字（0～9）、下划线（_）组成的字符串，并且其第一个字符必须是字母或下划线。

🔔 注意：

（1）标准 C 语言不限制标识符的长度，但它受各种版本的 C 语言编译系统的限制，同时也受到具体机器的限制。例如，在某版本 C 语言中规定标识符前 8 位有效，当两个标识符前 8 位相同时，则被认为是同一个标识符。

（2）在标识符中，大小写是有区别的。例如，BOOK 和 book 是两个不同的标识符。

（3）标识符虽然可由程序员随意定义，但标识符是用于标识某个量的符号，因此，命名应尽量有相应的意义，以便于阅读和理解。

2）关键字

关键字是由 C 语言规定的具有特定意义的字符串，通常也称保留字。用户定义的标识符不应与关键字相同。C 语言的关键字分为以下几类。

（1）类型说明符：用于定义、说明变量、函数或其他数据结构的类型。

（2）语句定义符：用于表示一个语句的功能。

（3）预处理命令：用于表示一个预处理命令。

3）运算符

C 语言中含有相当丰富的运算符。运算符与变量、函数一起组成表达式，表示各种运算功能。运算符由一个或多个字符组成。

4）分隔符

在 C 语言中采用的分隔符有逗号和空格两种。逗号主要用在类型说明和函数参数表中，以分隔各个变量。空格多用于语句各单词之间，作间隔符。在关键字和标识符之间必须要有一个以上的空格符作间隔，否则会出现语法错误。

5）常量

C 语言中使用的常量可分为数字常量、字符常量、字符串常量、符号常量、转义字符等多种。

6) 注释符

C语言的注释符是以/＊开头并以＊/结尾的串。在/＊和＊/之间的内容即为注释。在编译程序时,不对注释做任何处理。注释可出现在程序中的任何位置。注释用来向用户提示或解释程序的意义。在调试程序中对暂不使用的语句也可用注释符括起来,使翻译跳过不做处理,待调试结束后再去掉注释符。

2.1.3　任务 2-1　理解 C 语言的结构

1. 任务分析

程序流程如下。

(1) 输入圆的半径。

(2) 计算圆的面积。

(3) 输出圆的面积。

2. 任务实施

编写如下程序并分析。

```
#include <iostream.h>              //定义包含文件
#include <stdio.h>
#define PI 3.1415                  //宏定义
typedef int UserType;              //用户自定义的数据类型
UserType Area(UserType radius);    //声明用户自定义函数
using namespace std;
void main(){                       //主函数
    UserType S,R;                  //定义变量
    printf("输入圆的半径");
    cin>>R;
    S=Area(R);                     //函数调用
    cout<<"圆的面积为"<<S<<endl;
}
//功能:求圆的面积
//参数:radius,圆的半径
//返回值:半径为 radius 的圆的面积
UserType Area(UserType radius){    //定义 Area 函数
    return PI * radius * radius;
}
```

分析:该程序表达了 C 语言的程序的基本结构,主要体现在以下几个方面。

(1) 包含文件。其意义是将尖括号或引号(")内指定的文件包含到本程序中,成为本程序的一部分。通常由系统提供,也可以用户自定义,其扩展名为.h,因此称为头文件或首部文件。包含文件包括了各种标准的库函数的函数原型,如果要使用这些函数必须有包含文件。包含文件必须存在于系统的指定位置。

(2) 宏定义。如果程序中有多个地方要用到同一个值、代码块,都可以定义成一个

宏,如果这些值或代码块要改动,只须修改宏定义即可,这里将圆周率定义为 PI,值为 3.1415,系统在编译时将自动进行宏替换,将程序中的 PI 替换为 3.1415。

（3）自定义类型。C 语言提供了一些基本的数据类型,但要描述现实世界中的实体结构,其基本的数据类型不能表达,这时可以利用现有的数据类型定义用户自定义类型。如这里的圆的半径的类型,可以将其定义为整型,也可以定义为浮点类型,这时只须修改自定义类型即可。

（4）声明用户定义函数。系统提供了库函数,要解决复杂的问题,用户可以自定义函数。C 语言程序是由函数构成的。如果函数在使用前没有定义,必须事先声明,否则编译时会出错。

（5）主函数。在一个 C 语言的项目中必须有一个且只能有一个 main 函数,它是程序执行的入口点。

（6）定义函数。对函数执行的具体过程进行定义。

（7）函数的调用。可以在一个函数中调用另一个函数,被调用的函数必须事先定义。

（8）注释。在程序中必须提供足够量的注释,便于用户的阅读和程序的交流。

程序设计中,上面程序结构的各个部分不一定都涉及,根据具体情况而定。

3. 拓展训练

模拟上面的结构,编写程序求长方形的面积。

2.2　C 语言的数据表示

如何在计算机中表示和存储现实世界中的实体? 例如,要描述学生的特征属性,包括学号、姓名、年龄、考试成绩等。这里学号、姓名是字符型,年龄和考试成绩是数值型,年龄是整型数,考试成绩是实数,在 C 语言中如何来表达这些不同的数据类型呢? 数据在计算机中如何存储,这就是本任务要解决的问题。

2.2.1　C 语言的数据类型

C 语言的数据类型是按被说明量的性质、表示形式、占据存储空间的多少、构造特点来划分的。数据类型可以分为基本数据类型、构造数据类型、指针数据类型、空类型四大类。

构造数据类型是根据已定义的一个或多个数据类型用构造的方法来定义的。也就是说,一个构造类型的值可以分解成若干“成员”或“元素”。每个“成员”都是一个基本数据类型或又是一个构造类型,构造数据类型包括数组、指针、结构体、共同体等。

基本数据类型最主要的特点是,其值不可以再分解为其他类型。也就是说,基本数据类型是自说明的,包括字符型、整型、实型、双精度型、枚举类型。

对于不同的系统,不同的数据类型所占用的存储空间是不同的,32 位系统与 64 位系统各数据类型对比如表 2-1 所示。

表 2-1　32 位系统与 64 位系统数据类型字节数对比

数 据 类 型	说　　明	32 位系统字节数	64 位系统字节数
char	字符型	1	1
unsigned char	无符号字符型	1	1
short	短整型	2	2
unsigned short int	无符号短整型	2	2
unsigned int	无符号整型	4	4
int	整型	4	4
unsigned long	无符号长整型	4	4
long	长整型	4	4
long long	长整型	8	8
float	浮点型	4	4
double	双精度型	8	8
long double	长精度型	8	8
*	地址	4	8

对于字符型,可分为无符号型和有符号型;对于整型,可分为长整型和短整型、有符号长整型和短整型、无符号长整型和短整型;对于双精度型,有长精度型和双精度型。这些都是在类型词前加上以下几个修饰词组合而成的。

(1) unsigned：无符号。

(2) long：长。

(3) short：短。

2.2.2　常量和变量

对于数据类型,按其取值是否可改变又分为常量和变量两种。它们可与数据类型结合起来分类,如整型常量、整型变量、字符型常量、字符型变量等。

1. 常量

在程序执行过程中,其值不发生改变的量称为常量。常量分为以下两种。

(1) 直接常量(字面常量)：如 12、12.4、'a'等。

(2) 符号常量：用一个标识符来表示一个常量,称为符号常量。

符号常量在使用之前必须先定义,其一般形式如下。

```
#define 标识符 常量
```

其中,♯define 也是一条预处理命令(预处理命令都以♯开头),称为宏定义命令(后面将进一步介绍),其功能是把该标识符定义为其后的常量值。一经定义,以后在程序中所有出现该标识符的地方都不能改变其值。

　　由于 C 语言中是利用宏替换来表示常量的,有时会造成程序的可读性变差,在 C++
中定义字符常量的方式如下。

const　常量名=值

例如：

const PI=3.14

2. 变量

　　在程序执行过程中,其值可以改变的量称为变量。一个变量应该有一个名字,在内存
中占据一定的存储单元。变量必须先定义后使用,一
般放在函数体的开头部分。变量名和变量值是两个不
同的概念,如图 2-1 所示。

　　变量的定义格式如下。

变量类型　变量名列表

图 2-1　变量名、变量值与存储单元

说明：

　　(1) 允许在一个类型说明符后,定义多个相同类型的变量,各变量名之间用逗号间
隔。类型说明符与变量名之间至少用一个空格间隔。

　　(2) 最后一个变量名之后必须以";"结尾。

　　(3) 变量定义必须放在变量使用之前。一般放在函数体的开头部分。

　　例如,"int a,b,c;"表示定义了 3 个整型变量。

　　定义了一个变量,表示有 3 种含义。

　　(1) 计算机将分配相应大小的存储空间。

　　(2) 允许该变量进行的运算。

　　(3) 数据的取值范围。

【例 2-1】　符号常量的使用。

```
#define PRICE 30        //定义一个符号常量 PRICE,其值为 30
void main(){
    int iNum,iTotal;    //定义两个整型变量 iNum、iTotal,表示可以存放整型数
    iNum=10;
    iTotal=iNum * PRICE;
    printf("total=%d",iTotal);
}
```

注意：

　　(1) 习惯上符号常量的标识符用大写字母,变量标识符用小写字母,以示区别。

　　(2) 用标识符代表一个常量,称为符号常量。

　　(3) 符号常量与变量不同,它的值在其作用域内不能改变,也不能再被赋值。

　　(4) 使用符号常量的好处是,含义清楚;能做到"一改全改"。

　　(5) 程序中,常量是可以不经说明而直接引用的,而变量必须先定义后使用。

2.2.3　整型数据

1. 整型常量

整型常量就是整常数。在 C 语言中,使用的整常数有八进制、十六进制和十进制 3 种。

(1) 十进制整常数:十进制整常数没有前缀。其数码为 0~9。

(2) 八进制整常数:八进制整常数必须以 0 开头,即以 0 作为八进制数的前缀。数码取值为 0~7,八进制数通常是无符号数。

(3) 十六进制整常数:十六进制整常数的前缀为 0X 或 0x。其数码取值为 0~9,A~F 或 a~f。

2. 整型常数的后缀

在 16 位字长的机器上,基本整型的长度也为 16 位,因此表示的数的范围也是有限定的。十进制无符号整常数的范围为 0~65535,有符号数为 -32768~+32767。八进制无符号数的表示范围为 0~0177777。十六进制无符号数的表示范围为 0X0~0XFFFF 或 0x0~0xffff。如果使用的数超过了上述范围,就必须用长整型数来表示。长整型数是用后缀 L 或 l 来表示的。示例如下。

(1) 十进制长整常数:158L(十进制为 158)、358000L(十进制为 358000)。

(2) 八进制长整常数:012L(十进制为 10)、077L(十进制为 63)。

(3) 十六进制长整常数:0X15L(十进制为 21)、0XA5L(十进制为 165)。

长整数 158L 和基本整常数 158 在数值上并无区别。但对 158L,因为它是长整型量,C 编译系统将为它分配 4 个字节的存储空间。而对 158,因为是基本整型,只分配 2 个字节的存储空间。因此,在运算和输出格式上要予以注意,避免出错。

无符号数也可用后缀表示,整型常数的无符号数的后缀为 U 或 u。例如,358u、0x38Au、235Lu 均为无符号数。

🔔注意:

(1) 前缀、后缀可同时使用以表示各种类型的数。如 0XA5Lu 表示十六进制无符号长整数 A5,其十进制为 165。

(2) 在程序中是根据前缀来区分各种进制数的。因此,在书写常数时不要把前缀弄错造成结果不正确。

【例 2-2】　判断下面整型数表示是否合法。

(1) 以下各数中是合法的十进制整常数的是(　　　)。

  A. 65535   B. 023   C. 23D   D. 65536

解答:A 是合法的;B 不能有前导 0;C 含有非十进制数码;D 超界。

(2) 以下各数中是合法的八进制数的是(　　　)。

  A. 0177777   B. 256   C. 03A2   D. -0127

解答：A 是合法的，十进制为 65535；B 无前缀 0；C 包含了非八进制数码；D 出现了负号。

（3）以下各数中是合法的十六进制整常数的是（　　）。

　　A. 0X2A　　　　　　　B. 5A　　　　　　　　C. 0X3H　　　　　　　D. A5

解答：A 合法，十进制为 42；B 无前缀 0X；C 含有非十六进制数码；D 无前缀 0X。

3. 在内存中的存放形式

数据在内存中都是以二进制形式存放的。实际上，数值是以补码表示，以最左边一位（最高位）作为符号位：0 表示数值为正数，1 表示数值为负数。如一个整数 127 和 −3，它们在内存中分别占 2 个字节的存储单元，在内存中的存放形式如图 2-2 所示。

图 2-2　整形量在内存中存放形式

4. 整型变量

1）整型变量的分类

编译系统对于不同类型的变量分配不同大小的存储空间，指定不同的取值范围。表 2-2 列出了各类整型量所分配的内存字节数及数的表示范围。

表 2-2　整型数的长度与取值范围

类　　　型	数　的　范　围	字节数
char	$-128 \sim 127$	1
unsigned char	$0 \sim 255$	1
short	$-32768 \sim 32767$，即 $-2^{15} \sim (2^{15}-1)$	2
unsigned short	$0 \sim 655350$，即 $0 \sim (2^{32}-1)$	2
int	$-2147483648 \sim 2147483647$，即 $-2^{31} \sim (2^{31}-1)$	4
unsigned int	$0 \sim 4294967295$，即 $0 \sim (2^{32}-1)$	4
long	$-2147483648 \sim 2147483647$，即 $-2^{31} \sim (2^{31}-1)$	4
unsigned long	$0 \sim 4294967295$，即 $0 \sim (2^{32}-1)$	4
long long	$-9223372036854775808 \sim 9223372036854775807$	8
unsigned long long	$0 \sim 18446744073709551615$，即 $0 \sim (2^{64}-1)$	8

2）整型变量的定义

定义整型变量一般形式如下。

类型说明符　变量名标识符 1[，变量名标识符 2，变量名标识符 3，…，变量名标识符 n]；

例如：

```
int a,b,c;                //a、b、c 为整型变量
```

```
long x,y;                       //x、y为长整型变量
unsigned p,q;                   //p、q为无符号整型变量
```

🔔 注意：定义一个整型变量后,其数值在计算机中是以补码表示的。

【例2-3】 整型变量的定义与使用。

```
#include <stdio.h>
void main(){
  int iNuma,iNumb,iNumc,iNumd;
  unsigned short int uNum;
  iNuma=12;iNumb=-24;uNum=10;
  iNumc=iNuma+uNum;iNumd=iNumb+uNum;
  printf("iNuma+uNum=%d,iNumb+uNum=%d\n",iNumc,iNumd);
}
```

程序运行结果：

```
iNuma+uNum=22,iNumb+uNum=-14
```

程序说明：这里 uNum 是一个无符号数。如果 uNum＝－10,其结果会如何?

3）整型数据的溢出

当整型变量赋予一个超过其取值范围的值时,就会产生溢出。

【例2-4】 整型数据的溢出。

```
#include <stdio.h>
void main(){
  short int iNuma,iNumb;
  iNuma=32767;
  iNumb=iNuma+1;
  printf("%d,%d\n",iNuma,iNumb);
}
```

程序运行结果：

```
32767,-32768
```

程序说明：由于 short 的最大值为 32767,当加 1 后,发生了溢出,所以得到－32768。由于不同的编译系统数据类型的取值范围不同,结果可能不一样。

2.2.4 实型数据

1. 实型常量的表示方法

实型也称为浮点型。实型常量也称为实数或者浮点数。在 C 语言中,实数只采用十进制。它有两种形式：十进制小数形式和指数形式。

（1）十进制小数形式：由数码 0～9 和小数点组成。

🔔 注意：必须有小数点。

（2）指数形式：由十进制数加阶码标志 e 或 E 以及阶码（只能为整数，可以带符号）组成。

其一般形式如下。

```
a E n            //a 为十进制数，n 为十进制整数，其值为 a * 10^n
```

标准 C 允许浮点数使用后缀。后缀为 f 或 F 即表示该数为浮点数，如 356f 和 356.是等价的。

【例 2-5】　判断下面浮点数是否合法。

A. 3.7E−2　　B. 345　　C. E7　　D. −5　　E. 53.−E3　　F. 2.7E

解答：A 合法，等于 3.7×10^{-2}；B 无小数点；C 阶码标志 E 之前无数字；D 无阶码标志；E 负号位置不对；F 无阶码。

🔔注意：实型常数不分单双精度，都按双精度 double 型处理。

2. 在内存中的存放形式

与整型数的存储方式不同，浮点数是按照指数形式存放的，系统将数据分成小数部分和指数部分分别存放，小数部分按规格化的指数形式表示。单精度用 4 个字节存储，双精度用 8 个字节存储，分为符号位（s）、阶（e）、尾数（m）三个部分。单精度数阶占 8 位，尾数占 24 位，符号位占 1 位；双精度数阶占 11 位，尾数占 53 位，符号位占 1 位，在内存中表示如图 2-3 所示。如 1.234，系统将其表示为 0.1234×10^1。

图 2-3　浮点数在内存中的存放方式

【例 2-6】　实数 20.59375 在计算机中的浮点数表示形式。

首先分别将整数和分数部分转换成二进制数：$(20.59375)_{10} = (10100.10011)_2$，然后移动小数点，使其在第 1、第 2 位之间，即 $10100.10011 = 1.010010011 \times 2^4$。

阶：e＝4 加上偏移量 127，4＋127＝131，二进制是 10000011。

尾数：将 1.010010011 从第一个 1 数起取 24 位（后面补 0），注意，尾数的第一位总是 1，所以规定不保存这一位的 1，只取后 23 位。于是得到：010 0100 1100 0000 0000 0000。

符号位：20.59375 由于是正数，符号位为 0。

即 s＝0，e＝10000011，m＝010 0100 1100 0000 0000 0000。

最后得到 32 位浮点数的二进制存储格式如下。

```
01000001  10100100  11000000  00000000
```

【例 2-7】　实数−12.5 在计算机中的浮点数表示形式。

首先分别将整数和分数部分转换成二进制数：$(12.5)_{10} = (1100.1)_2$，把小数点移到第一个 1 的后面,需要左移 3 位(1.1001×2^3)。

尾数:只取后 23 位,得 10010000000000000000000。

阶:e=3,加上偏移量 127,127+3=130,二进制是 10000010。

符号位:-12.5 是负数,所以符号位是 1。

即 s=1,e=10000010,m=10010000000000000000000。

最后得到 32 位浮点数的二进制存储格式如下。

11000001　01001000　00000000　00000000

3. 实型变量

1) 实型变量的分类

实型变量分为单精度(float 型)、双精度(double 型)和长双精度(long double 型)3 类。表 2-3 所示为实数的有效位及取值范围。

表 2-3　实数的有效位及取值范围

类　型	下　限	上　限
float	1.175e-38	3.402823e+38
double	2.225e-308	1.797693e+308
long double	3.362e-4932	1.189731e+4932

实型变量定义的格式和书写规则与整型相同。例如:

```
float x,y;          //x、y 为单精度实型量
double a,b,c;        //a、b、c 为双精度实型量
```

🔔 注意:实型数据在内存中按指数形式存储。

2) 实型数据的舍入误差

由于实型变量是由有限的存储单元组成的,因此能提供的有效数字总是有限的。

【例 2-8】　实型数据的舍入误差。

```
#include <stdio.h>
void main(){
  float fa,fb;
  fa=123456.789e5f;
  fb=fa+20;
  printf("%f\n",fa);
  printf("%f\n",fb);
}
```

程序运行结果:

```
12345678848.000000
12345678848.000000
```

程序说明:语句"fa=123456.789e5f;"中,其后缀 f 表示该数为浮点数,由于 fa 是单精度浮点型,有效位数只有 7 位,而整数已占 5 位,因此小数两位之后均为无效数字,出现

舍入误差。

  🔔 **注意**：1.0/3×3 的结果并不等于 1。

【例 2-9】 浮点数的有效位数。

```
#include <stdio.h>
void main(){
  float fa;
  double db;
  fa=33333.33333;
  db=33333.33333333333333;
  printf("%f\n%f\n",fa,db);
}
```

程序运行结果：

```
33333.332031
33333.333333
```

程序说明：db 是双精度型,有效位为 16 位。在不同的编译系统中,其保留的有效位数不同。

2.2.5　字符型数据

字符型数据包括字符常量和字符变量。

1. 字符常量

字符常量是用单引号括起来的一个字符。在 C 语言中,字符常量有以下特点。

(1) 字符常量只能用单引号括起来,不能用双引号或其他括号。

(2) 字符常量只能是单个字符,不能是字符串。

(3) 字符可以是字符集中任意字符。但数字被定义为字符型之后就不能参与数值运算。如'5'和 5 是不同的,'5'是字符常量,不能参与运算。

2. 转义字符

转义字符是一种特殊的字符常量。转义字符以反斜线\开头,后跟一个或几个字符。转义字符具有特定的含义,不同于字符原有的意义,因此称"转义"字符。例如,在前面各例题中 printf 函数的格式串中用到的\n 就是一个转义字符,其意义是"回车换行"。转义字符主要用来表示那些用一般字符不便于表示的控制代码,如表 2-4 所示。

表 2-4　常用的转义字符及其含义

转义字符	转义字符的意义	ASCII 代码
\n	回车换行	10
\t	横向跳到下一制表位置	9
\b	退格	8

续表

转义字符	转义字符的意义	ASCII 代码
\r	回车	13
\f	走纸换页	12
\\	反斜线符"\"	92
\'	单引号符	39
\"	双引号符	34
\a	鸣铃	7
\ddd	1~3 位八进制数所代表的字符	
\xhh	1~2 位十六进制数所代表的字符	

广义地讲,C 语言字符集中的任何一个字符均可用转义字符来表示。表 2-4 中的 \ddd 和\xhh 正是为此而提出的。ddd 和 hh 分别为八进制和十六进制的 ASCII 值。如 \101 表示字母 A,\102 表示字母 B,\134 表示反斜线,\XOA 表示换行等。

【例 2-10】 转义字符的使用。

```c
#include <stdio.h>
void main(){
  printf("  ab  c\tde\rf\n");
  printf("hijk\tL\bM\n");
}
```

程序运行结果:

```
f ab  c de
hijk     M
```

程序说明:

(1) 程序中第一个 printf()函数,先输出"ab c",'\t'表示横向跳一个制表符(默认 8 个空格字符的位置)输出 de,'\r'表示回车,在第一列的位置输出 f,所以最后输出"f ab c de"。

(2) 程序中第二个 printf()函数,先输出"hijk",'\t'表示横向跳一个制表符输出 L,'\b' 表示退格,相当于将输出的 L 字符删除,然后输出 M,所以最后输出"hijk   M"。

3. 在内存中的存放形式

字符型数据在存储时,并不是把该字符本身存放到内存单元中,而是把该字符的相应 ASCII 值存放到存储单元中,其存储形式与整型的存储形式类似,这使得字符型数据和整型数据之间可以通用,字符型数据既可以以字符形式输出,也可以以整型数的方式输出。

如字符'c'和字符'C'在内存中的存放形式如图 2-4 所示。

图 2-4 字符型数在内存中的存储方式

4. 字符变量

字符变量用来存储字符常量,即单个字符。字符变量的类型说明符是 char,字符变量类型定义的格式和书写规则都与整型变量相同。例如:

```
char a,b;                //定义两个字符型变量 a、b
```

5. 字符数据在内存中的存储形式及使用方法

每个字符变量被分配一个字节的内存空间,因此只能存放一个字符。字符是以 ASCII 的形式存放在变量的内存单元中的。

如字母 x 的十进制 ASCII 值是 120,y 的十进制 ASCII 值是 121。对字符变量 a、b 赋予'x'和'y'值:

```
a='x';   b='y';
```

实际上是在 a、b 两个单元内存放 120 和 121 的二进制代码。所以也可以把它们看成是整型量。C 语言允许对整型变量赋以字符值,也允许对字符变量赋以整型值。在输出时,允许把字符变量按整型量输出,也允许把整型量按字符量输出。

🔔 注意:整型量为双字节量,字符量为单字节量,当整型量按字符型量处理时,只有低 8 位参与处理。

【例 2-11】　向字符变量赋以整数。

```
#include <stdio.h>
void main(){
  char a,b;
  a=120;
  b=121;
  printf("%c,%c\n",a,b);
  printf("%d,%d\n",a,b);
}
```

程序运行结果:

```
x,y
120,121
```

程序说明:本程序中定义 a、b 为字符型,但在赋值语句中赋以整型值。从结果看,a、b 值的输出形式取决于 printf 函数格式串中的格式符。当格式符为 c 时,对应输出的变量值为字符,当格式符为 d 时,对应输出的变量值为整数。

【例 2-12】　字符的大小写转换。

```
#include <stdio.h>
void main(){
  char a,b;
  a='a';
  b='b';
```

```
a=a-32;
b=b-32;
printf("%c,%c\n%d,%d\n",a,b,a,b);
}
```

程序运行结果：

```
A,B
65,66
```

程序说明：a、b 被说明为字符变量并赋予字符值，C 语言允许字符变量参与数值运算，即用字符的 ASCII 值参与运算。由于大小写字母的 ASCII 值相差 32，因此运算后把小写字母换成大写字母。然后分别以整型和字符型输出。

6. 字符串常量

字符串常量是由一对双引号括起的字符序列。例如，"CHINA"、"C program"、"$12.5"等都是合法的字符串常量。

字符串常量和字符常量是不同的量。它们之间主要有以下区别。

(1) 字符常量由单引号括起来，字符串常量由双引号括起来。

(2) 字符常量只能是单个字符，字符串常量则可以含一个或多个字符。

(3) 可以把一个字符常量赋予一个字符变量，但不能把一个字符串常量赋予一个字符变量。在 C 语言中没有相应的字符串变量。

(4) 字符常量占一个字节的内存空间。字符串常量占的内存字节数等于字符串中字节数加 1。增加的一个字节中存放字符\0(ASCII 值为 0)，这是字符串结束的标志。字符串在内存中的存储情况如图 2-5 所示。

图 2-5　字符串在内存中的存储情况

2.2.6　变量赋初值

在程序中常常需要对变量赋初值，以便使用变量。语言程序中有多种方法为变量提供初值。

可以在定义变量的同时给变量赋以初值。这种方法称为初始化。在变量定义中赋初值的一般形式如下。

类型说明符 变量名=表达式|常量;

例如：

```
int   iCount=0;              //定义一个变量并初始化
int iNum1=1,iNum2=2;         //一次性定义多个变量并初始化
float fscore=90.6,x=3f,y=0.75;
char cSex='M';
```

42

🔔 **注意：**

（1）在定义中不允许连续赋值，如 a＝b＝c＝5 是不合法的。

（2）变量定义后如果没有赋值，其变量的值是一个不确定的值，所以变量在引用前必须有确定的值。

2.2.7　测试数据长度

C 语言并不规定各种类型的数据占用多大的存储空间，同一类型的数据在不同的计算机上可能占用不同的存储空间。C 语言提供了测试数据长度的运算符 sizeof，以测试各种数据类型的长度，一般格式如下。

```
sizeof(<类型名>)
sizeof(<表达式>)
```

其功能是计算某类型的数据占用的内存大小（字节数）。sizeof 是一元运算符，与其他一元运算符具有相同的优先级别，结合性从右至左。

【例 2-13】　用 sizeof 测试 Visual C++ 2010 中各种数据类型的长度。

```
#include <stdio.h>
void main(){
    char ch='a';
    int x=5,y=6;
    float a=1.2f,b=3000.0;
    printf("char:%d\n",sizeof(ch));
    printf("short int:%d int:%d long int:%d\n", sizeof(short int), sizeof(int),
    sizeof(long int));
    printf("double :%d long double %d\n",sizeof(double), sizeof(long double));
    printf("int express:%d\n",sizeof(x+y));
    printf("short express:%d\n",sizeof(a+b));
    printf("char express:%d\n",sizeof('a'-'0'));
}
```

程序运行结果：

```
char:1
short int:2 int:4 long int:4
double :8  long double 8
int express:4
short express:4
char express:4
```

程序说明：如果要计算表达式占用的存储空间，则应根据表达式的值的类型来确定其占用的存储空间的大小，而不是用表达式中的某个常量或变量的类型来确定。

2.2.8　各类数值型数据之间的混合运算

变量的数据类型是可以转换的。转换的方法有两种，一种是自动转换，另一种是强制转换。自动转换发生在不同数据类型的量混合运算时，由编译系统自动完成。

1. 自动转换

自动转换也称为隐式转换,其基本原则是允许数值范围小的类型向数值范围大的类型转换。转换时遵循以下规则。

(1) 若参与运算的数据的类型不同,则先转换成同一类型,然后进行运算。

(2) 转换按数据长度增加的方向进行,以保证精度不降低。如 int 型和 long 型运算时,先把 int 型转成 long 型后再进行运算。

(3) 所有的浮点运算都是以双精度进行的,即使仅含 float 单精度量运算的表达式,也要先转换成 double 型,再进行运算。

(4) char 型和 short 型参与运算时,必须先转换成 int 型。

(5) 在赋值运算中,赋值号两边量的数据类型不同时,赋值号右边量的类型将转换为左边量的类型。如果右边量的数据类型长度比左边数据类型长度长,将丢失一部分数据,这样会降低精度,丢失的部分按四舍五入向前舍入。

图 2-6 表示了类型自动转换的规则。

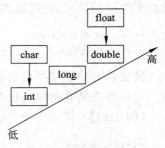

图 2-6　数据类型统一原则

【例 2-14】 编程求圆的面积。

```c
#include <stdio.h>
void main(){
  float PI=3.14159;
  int iArea,iRadius=5;
  iArea=iRadius * iRadius * PI;
  printf("Area=%d\n",iArea);
}
```

程序运行结果:

```
Area=78
```

程序说明:本例程序中,PI 为实型,s、r 为整型。在执行 iArea＝iRadius * iRadius * PI 语句时,iRadius 和 PI 都转换成 double 型计算,结果也为 double 型。但由于 iArea 为整型,因此赋值结果仍为整型,舍去了小数部分。

2. 强制类型转换

强制转换也称为显式转换。它是通过类型转换运算来实现的,在代码中明确指示将某一类型的数据转换为另一数据类型。

其一般形式如下。

(类型说明符)　(表达式)

其功能是把表达式的运算结果强制转换成类型说明符所表示的类型。

例如：

```
(float)iNum              //把 iNum 转换为实型
(int)(x+y)               //把 x+y 的结果转换为整型
```

注意：

（1）类型说明符和表达式都必须加括号（单个变量可以不加括号），如把(int)(x＋y)写成(int)x＋y 则成了把 x 转换成 int 型之后再与 y 相加了。

（2）不论是强制转换还是自动转换，都只是为了本次运算的需要而对变量的数据长度进行临时性转换，而不改变数据说明时对该变量定义的类型。

【例 2-15】　类型转换。

```
#include <stdio.h>
void main(){
  float f=5.75;
  printf("(int)f=%d,f=%f\n",(int)f,f);
}
```

程序运行结果：

```
(int)f=5,f=5.750000
```

程序说明：f 虽强制转为 int 型，但只在运算中起作用，是临时的，而 f 本身的类型并不改变。因此，(int)f 的值为 5，而 f 的值仍为 5.75。

2.2.9　任务 2-2　理解数据在计算机中的表示与存储

1. 任务分析

为了观察不同变量类型中内存中的存储情况，可定义各种不同类型的变量，输出变量的类型、变量的值、变量占用存储空间的大小以及变量在内存中的地址。为了进一步了解集合中同一种类型变量存储的情况，定义一个数组，数组中的元素在内存中是连续分配存储空间的，这样就能很清楚地观察到变量的存储情况（数组在后面的章节中详细介绍，这里只观察变量在内存中的存储情况）。

2. 任务实施

根据要求，编写如下程序。

```
#include <stdio.h>
#include <limits.h>
#include <float.h>
int main(){
  char c[2]={CHAR_MIN ,CHAR_MAX};
  short s[2]={SHRT_MIN ,SHRT_MAX};
  int i[2]={INT_MIN ,INT_MAX};
  long int l[2]={LONG_MIN,LONG_MAX};
```

```
    float f[2]={FLT_MIN ,FLT_MAX};
    double d[2]={DBL_MIN ,DBL_MAX};
    printf("type:\t\t\tsize\t\tmin\t\tmax\taddress1\taddress2 \n");
    printf("char:\t\t%d\t%8d\t%8d\t%d\t\t%d\n",
            sizeof(char), c[0],c[1],&c[0],&c[1]);
    printf("short int:\t%d\t%8d\t%8d\t%d\t\t%d\n",
            sizeof(short int),s[0],s[1],&s[0],&s[1]);
    printf("int:\t\t%d\t%8d\t%8d\t%d\t\t%d\n",
            sizeof(int),i[0],i[1],&i[0],&i[1]);
    printf("long int:\t%d\t%d\t%ld\t%ld\t\t%d\n",
            sizeof(long int),l[0],l[1],&l[0],&l[1]);
    printf("float: \t\t%d\t%.2e\t%.2e\t%d\t\t%d\n",
            sizeof(float),f[0],f[1],&f[0],&f[1]);
    printf("double:\t%d\t%.2e\t%.2e\t%d\t\t%d\n",
            sizeof(double),d[0],d[1],&d[0],&d[1]);
    return 1;
}
```

程序运行结果：

```
type:         size     min          max       address1    address2
char:         1        -128         127       4585624     4585625
short int:    2        -32768       32767     4585612     4585614
int:          4        -2147483648  2147483647 4585596    4585600
long int:     4        -2147483648  2147483647 4585580    4585584
float:        4        1.18e-038    3.40e+038  4585552     4585560
double:       8        2.23e-308    1.80e+308  4585516     4585524
```

程序说明：

（1）这里定义了不同类型的数组变量，主要是观察同一类型的数组变量元素之间的地址关系。

（2）如字符数组 c 中存放了两个元素，c[0]为-128，c[1]为127，在 Visual C++ 2010 中 char 类型占用 1 个字节的存储单元，c[0]元素的首地址为1245052，c[1]元素的首地址为1245053，两个元素是连续存放的，所以地址相隔 1 个字节。其他的以此类推。

（3）在每个数组元素中存放的是该类型的最大值和最小值，对于浮点数来讲，其最大值和最小值分为正的最大（小）值和负的最大（小）值，所以，其数据的溢出分为正溢出和负溢出。

对于单精度数 float：

正数的最大值为 7f7fffff，即 3.4028235e+38；

正数的最小值为 00800000，即 1.1754944e-38；

负数的绝对值最小值为 80800000，即-1.1754944e-38；

负数的绝对值最大值为 ff7fffff，即-3.4028235e+38。

对于双精度数 double：

正数的最大值为 7fefffffffffffff，即 2.2250738585072014e-308；

负数的绝对值最小值为 0010000000000000，即-1.7976931348623157e+308。

为了检验其数据类型的取值范围，对各个变量增加或减少相应的数据量，就可以观察到数据是否溢出。

3. 拓展训练

编程查看数据类型转换结果。

2.3　运算符与表达式

当定义变量为某一数据类型后,就分配了相应的存储空间,也决定了允许进行的相关运算,如何对变量的值进行加工处理,实际上就是将进行什么样的运算规则。各种不同的语言有不同的运算规则。C 语言提供了丰富的数据类型,并能完成各种复杂的运算。

运算符是用于特定运算的符号。表达式是由运算符和操作数组成的式子,是计算机进行计算的基本单位。操作数包括常量、变量和函数。

2.3.1　运算符的分类

C 语言提供了大量的运算符,这些运算符用于指定在表达式中执行某种查找。按照运算符要求操作个数的多少,可以将运算符分为 3 类。

（1）一元运算符：只有 1 个操作数的运算符。

（2）二元运算符：带有 2 个操作数的运算符。

（3）三元运算符：带有 3 个操作数的运算符。

C 语言的运算符按运算功能可分为以下几类,如表 2-5 所示。

表 2-5　C 语言的运算符

运算符种类	用　　途	运　算　符
算术运算符	用于各类数值运算	＋(加)、－(减)、*(乘)、/(除)、%(求余,或称模运算)、++(自增)、－－(自减)
关系运算符	用于比较运算	＞(大于)、＜(小于)、＝＝(等于)、＞＝(大于或等于)、＜＝(小于或等于)、!＝(不等于)
逻辑运算符	用于逻辑运算	&&(与)、||(或)、!(非)
位运算符	参与运算的量,按二进制位进行运算	&(按位与)、|(按位或)、～(按位非)、^(按位异或)、<<(左移)、>>(右移)
赋值运算符	用于赋值运算	＝(简单赋值)、＋＝、－＝、*＝、/＝、%＝(复合算术赋值)、&＝、|＝、^＝、>>＝、<<＝(复合位运算赋值)
条件运算符	这是一个三目运算符,用于条件求值	?:(条件求值)
逗号运算符	用于把若干表达式组合成一个表达式	,
指针运算符	用于取内容和取地址	*(取内容),&(取地址)

续表

运算符种类	用　途	运　算　符
求字节数运算符	用于计算数据类型所占的字节数	计算数据类型所占的字节数(sizeof)
强制类型转换	类型转换	(类型)
分量运算符	结果、联合的成员	成员(.),成员(→)
下标运算符	数组元素	下标[]
其他	如函数调用	括号()

2.3.2　算术运算符与表达式

1. 基本的算术运算符

算术运算除负值运算外都是二元运算,如表 2-6 所示。

表 2-6　算术运算符

运算符	名　称	举　例
—	取负值	$-x$
+	加法运算符	$x+y$
—	减法运算符	$x-y$
*	乘法运算符	$x*y$
/	除法运算符	x/y
％	求余运算符(模运算符)	$x％y$

说明:进行除法运算时,若参与运算的变量均为整数,则其结果为整数(舍去小数);若除数或被除数有一个是负数,其结果值随机器而定。如$-7/4$,有的为-1,而有的机器为-2。

取余运算(％)要求参与运算的量均为整型。求余运算的结果等于两数相除后的余数。一般情况下,所得余数与被除数的符号相同,如$7％4=3,-6％5=-3,6％-5=3$。

【例 2-16】　算术运算。

```c
#include <stdio.h>
void main(){
  printf("\n\n%d,%d\n",20/7,-20/7);
  printf("%f,%f\n",20.0/7,-20.0/7);
  printf("%d\n",100%3);
}
```

程序运行结果:

```
2,-2
2.857143,-2.857143
1
```

48

程序说明：

（1）20/7 和－20/7 的结果均为整型，小数全部舍去。

（2）20.0/7 和－20.0/7 由于有实数参与运算，因此结果也为实型。

（3）输出 100 除以 3 所得的余数 1。

2. 算术表达式和运算符的优先级和结合性

表达式是由常量、变量、函数和运算符组合起来的式子。一个表达式有一个值及其类型，它们等于计算表达式所得结果的值和类型。表达式求值按运算符的优先级和结合性规定的顺序进行。单个的常量、变量、函数可以看作表达式的特例。

（1）算术表达式：用算术运算符和括号将运算对象（也称操作数）连接起来的、符合 C 语法规则的式子。

（2）运算符的优先级：是指当一个表达式中有多个运算符时，计算的先后顺序。这种运算的先后次序称为相应运算符的优先级。C 语言中，运算符的运算优先级共分为 15 级。1 级最高，15 级最低（见附录 A）。在表达式中，优先级较高的先于优先级较低的进行运算。

（3）运算符的结合性：是指当一个运算对象两侧的运算符的优先级相同时，进行运算的结合方向。"从左到右"运算的顺序称为左结合，"从右到左"运算的顺序称为右结合，如表 2-7 所示。

表 2-7　算术运算的优先级与结合性

运算种类	结合性	优先级
* 、/、%	左结合	3 级（高）
＋、－	左结合	4 级（低）

例如，算术运算符的结合性是自左至右，即先左后右。如有表达式 x－y＋z，y 应先与－号结合，执行 x－y 运算，然后执行＋z 的运算。这种自左至右的结合方向就称为"左结合性"。而自右至左的结合方向称为"右结合性"。最典型的右结合性运算符是赋值运算符。如 x＝y＝z，由于＝的右结合性，应先执行 y＝z 再执行 x＝（y＝z）运算。C 语言运算符中有不少为右结合性，应注意区别，以避免理解错误。

2.3.3　赋值运算符和赋值表达式

赋值运算符的符号为＝，由赋值运算符组成的表达式称为赋值表达式。其一般形式如下：

变量=表达式

其功能是先求出右边表达式的值，然后把此值赋给赋值号左边的变量。赋值运算符具有右结合性。

在程序中可以多次给一个变量赋值，每赋一次值，与它相应的存储单元中的数据就被更新一次,内存中当前的数据就是最后一次所赋的那个数据。

例如,a＝6＋4 就是一个赋值表达式。

使用赋值表达式时应注意以下 6 个事项。

(1) 赋值运算符的优先级别只高于逗号运算符,比任何其他运算符的优先级都低,且具有自右向左的结合性。

(2) 赋值运算符不是数学中的"等于号",而是进行赋值操作的运算符。

(3) 赋值表达式 x＝y 的作用是,将变量 y 所代表的存储单元中的内容赋给变量 x 所代表的存储单元,x 中原有的数据被替换掉。

(4) 赋值运算符的左侧只能是变量,不能是常量或表达式。

(5) 赋值运算符右边的表达式也可以是一个赋值表达式。

(6) 在 C 语言中,＝号被视为一个运算符,x＝78 是一个表达式。

在赋值表达式的尾部加上一个";",就构成了赋值语句,也称表达式语句。例如:

```
a=6+4;
x=8;a=b=c=5;
```

都是赋值语句。

在赋值运算符＝之前加上其他二元运算符可构成复合赋值运算符,如＋＝、－＝、＊＝、/＝、%＝、<<＝、>>＝、&＝、^＝、|＝。

构成复合赋值表达式的一般形式如下。

变量　二元运算符=表达式

它等效于

变量=变量 运算符 表达式

例如:

```
a+=5            //等价于 a=a+5
x*=y+7          //等价于 x=x*(y+7)
a%=b            //等价于 a=a%b
```

复合赋值运算符十分有利于编译处理,能提高编译效率并产生质量较高的目标代码。

如果赋值运算符两侧的数据类型不一致,在赋值前,系统将自动先把右侧表达式求得的数值按赋值运算符左边变量的类型进行转换,也可以用强制类型转换的方式人为地进行转换后将值赋给赋值运算符左边的变量。这种转换仅限于数值数据之间,通常称为"赋值兼容"。具体规定如下。

(1) 实型赋予整型,舍去小数部分。

(2) 整型赋予实型,数值不变,但将以浮点形式存放,即增加小数部分(小数部分的值为 0)。

(3) 字符型赋予整型,由于字符型为一个字节,而整型为两个字节,因此将字符的 ASCII 码值放到整型量的低 8 位中,高 8 位为 0。整型赋予字符型,只把低 8 位赋予字符量。

2.3.4　自增、自减运算符

自增、自减运算符是一元运算符,都具有右结合性。它们仅对一个运算对象施加运算,运算结果仍赋予该运算对象。参加运算的对象可以是整型变量也可以是实型变量,不能是常量或表达式。

自增 1 运算符记为++,其功能是使变量的值自增 1。

自减 1 运算符记为--,其功能是使变量的值自减 1。

自增、自减运算符的使用有以下两种形式。

(1) 前置运算:

```
++i            //i 自增 1 后再参与其他运算
--i            //i 自减 1 后再参与其他运算
```

(2) 后置运算:

```
i++            //i 参与运算后,i 的值再自增 1
i--            //i 参与运算后,i 的值再自减 1
```

注意:

(1) 在实际应用中不要在一个表达式中对同一个变量进行多次诸如 i--或--i 等运算。

(2) 自增、自减运算可以是前缀形式,也可以是后缀形式。这两种形式对于变量来说,其结果都是增 1 或减 1,但对表达式来说其值是不同的。

【例 2-17】　阅读程序,观察其输出结果。

```c
#include <stdio.h>
void main(){
  int i=8,j,k;                              //(1)
  printf("i=%d,",i);                        //(2)
  printf("++i=%d,",++i);                    //(3)
  printf("--i=%d,",--i);                    //(4)
  printf("i++=%d,",i++);                    //(5)
  printf("i--=%d,",i--);                    //(6)
  printf("i++=%d,",-i++);                   //(7)
  printf("-i--=%d\n",-i--);                 //(8)
  j=++i;                                    //(9)
  printf("i=%d,j=%d\n",i,j);                //(10)
  k=i++;                                    //(11)
  printf("i=%d,k=%d\n",i,k);                //(12)
  printf("i+k=%d,k++=%d\n",i+k,k++);        //(13)
  printf("i=%d,k=%d\n",i,k);                //(14)
  printf("i+k=%d,++k=%d\n",i+k,++k);        //(15)
  printf("i=%d,k=%d\n",i,k);                //(16)
  printf("++k=%d,i+k=%d\n",++k,i+k);        //(17)
```

```
    printf("i=%d,k=%d\n",i,k);                          //(18)
    printf("k++=%d,i+k=%d\n",k++,i+k);                  //(19)
    printf("i=%d,k=%d\n",i,k);                          //(20)
}
```

程序运行结果:

```
i=8,++i=9,--i=8,i++=8,i--=9,i++=-8,-i--=9
i=9,j=9
i=10,k=9
i+k=20,k++=9
i=10,k=10
i+k=21,++k=11
i=10,k=11
++k=12,i+k=22
i=10,k=12
k++=12,i+k=23
i=10,k=13
```

程序说明:

(1)i的初值为8,第3行i加1后输出,因此为9;第4行减1后输出,因此为8;第5行输出i为8之后再加1(为9)第6行输出i为9之后再减1(为8);第7行输出-8之后再加1(为9),第8行输出-9之后再减1(为8)。

(2)程序第9行j=++i,先将i增1,然后将i赋值给j,所以输出i=9,j=9。

(3)程序第11行k=i++,将先i赋值给k,然后i增1。所以输出i=10,k=9。

(4)程序第13行printf函数运算的结合性是右结合,所以先输出k++为9,i+k=10+9=19,然后k增1为10,所以14行输出i=10,k=10。

(5)程序第15行,k先增1,所以输出++k=11,i+k=21,程序16行输出i=10,k=11。

根据printf函数运行的结合性,不难分析出程序17~20行的输出结果。

【例2-18】 观察程序输出结果。

```
#include <stdio.h>
void main(){
    int i=5,j=5,p,q;
    p=(i++)+(i++)+(i++);
    q=(++j)+(++j)+(++j);
    printf("%d,%d,%d,%d\n",p,q,i,j);
}
```

程序运行结果:

```
15,24,8,8
```

程序说明:

(1) 这个程序中,对p=(i++)+(i++)+(i++),应理解为三个i相加,因此p的值为15。然后i再自增1三次,相当于加3,因此i最后的值为8。

(2) 对于q的值则不然,不同的编译器其处理的结果不一样。对于Turbo C,q=

（++j)+(++j)+(++j)应理解为 q 先自增 1,再参与运算,由于 q 自增 1 三次后值为 8,三个 8 相加的和为 24,j 最后的值仍为 8。对于 Visual C++ 6.0 来讲,q=(++j)+(++j)+(++j)的处理结果为 7+7+8=22。

2.3.5　逗号运算符和逗号表达式

1. 逗号运算符

",",是 C 语言提供的一种特殊运算符,称为逗号运算符。逗号运算符的结合性为从左到右。在所有运算符中,逗号运算符的优先级最低。

2. 逗号表达式

用逗号运算符将表达式连接起来的式子称为逗号表达式。其格式如下。

表达式 1,表达式 2,…,表达式 n

由于逗号运算符的结合性为从左到右,所以逗号表达式将从左到右进行运算,即先计算表达式 1,然后计算表达式 2,依次进行,最后计算表达式 n,最后一个表达式的值就是此逗号表达式的值。

例如,对表达式 a=3*5,a*4,先计算 a=3*5,得 a 的值为 15,然后计算 a*4,得 60,所以表达式最后的值为 60。

对于逗号表达式,还要说明以下两点。

（1）逗号表达式一般形式中的表达式 1 和表达式 2 也可以是逗号表达式。例如:

表达式 1,(表达式 2,表达式 3)

形成了嵌套情形。因此,可以把逗号表达式扩展为以下形式。

表达式 1,表达式 2,…,表达式 n

整个逗号表达式的值等于表达式 n 的值。

（2）程序中使用逗号表达式,通常是要分别求逗号表达式内各表达式的值,并不一定要求整个逗号表达式的值。

并不是在所有出现逗号的地方都组成逗号表达式,如在变量说明中,函数参数表中的逗号只是用作各变量之间的间隔符。

2.3.6　任务 2-3　理解 C 语言的算术运算

1. 任务分析

本任务输入一个三位数,分别求其百位数、十位数、个位数。

设一个三位数 abc 的百位数为 a,十位数为 b,个位数为 c,则这个数可以表示为 $a\times 100+b\times 10+c=abc$,因此 a 的值为 abc 整除 100,bc 为 abc 除以 100 的余数。以此类推,

就可以求出 b 和 c。

2. 任务实施

根据上面的分析，其 N-S 图如图 2-7 所示。

输入一个整数n
a=n/100
n=n%100
b=n/10
c=n%10
输出a,b,c

图 2-7　任务 2-3 程序流程

```c
#include <stdio.h>
void main(){
  int a,b,c,n;
  printf("输入一个三位数");
  scanf("%d",&n);          //从键盘接收一个整型数
  a=n/100;
  n=n%100;
  b=n/10;
  c=n%10;
  printf("这个数的百位是%d,十位是:%d,个位是:%d", a, b,c);
}
```

程序说明：程序中，a＝n/100，由于 n 是整数，所以实现了 n 整除 100 的目的。如果表达式为 a＝n/100.0，这就不是整除了。n＝n％100，相当于 n 除以 100 取余数。

3. 拓展训练

编程输入两同心圆的半径，求由两同心圆构成的圆环的面积。

2.4　项目实践　描述学生信息

1. 需求描述

用合适的基本数据类型描述学生成绩信息，包括班级、学号、考试科目编号、考试成绩、学分、课程类型。其中，课程类型包括必修、选修、辅修。

2. 项目分析

根据学生成绩信息的特征，其数据类型定义如下。

学号(Sid)：长整型。

课程编号(Cid)：长整型。

学分(Credit)：短整型。

考试成绩(Score)：实型。

课程类型(Type)：字符型，a 为必修，b 为选修，c 为辅修。

3. 项目实施

根据上面的分析，编写如下的代码。

```c
#include <stdio.h>
```

```
#define CLASSES    "计算机软件 1001"          //将班级设置为一个字符串常量
void main(){
  //定义学生成绩信息的数据类型
  long Sid;
  long Cid;
  short Credit;
  float Score;
  char Type;
  //设置学生成绩信息
  Sid=981101;
  Cid=8101;
  Credit=3;
  Score=89;
  Type='a'
  //输出学生成绩信息
  printf("\n 你输入的学生成绩信息\n");
  printf("班      级:%s\n",CLASSES);
  printf("学      号:%ld\n",Sid);
  printf("课程编号:%ld\n",Cid);
  printf("学      分:%d\n",Credit);
  printf("成      绩:%6.2f\n",Score);
  printf("课程类型:%c\n",Type);
}
```

程序说明：

（1）也可以将设置学生的成绩信息代码段修改为如下代码段，实现从键盘输入学生成绩信息。

```
printf("请输入成绩信息\n");
printf("学      号:");scanf("%ld",&Sid);
printf("课程编号:");scanf("%ld",&Cid);
printf("学      分:");scanf("%d",&Credit);
printf("成      绩:");scanf("%f",&Score);
printf("课程类型:");getchar();Type=getchar();
```

（2）在输出学生成绩信息代码中，要注意输出数据的格式。这将在第 3 章中详细介绍。

小　　结

1. 本章重点

（1）数据类型的定义。

（2）表达式与运算符。

（3）运算符的优先级与结合性。

2. 相关知识点提示

(1) 数据类型:包括基本数据类型、构造类型、指针类型和空类型,其中基本数据类型包括整型、浮点型、字符型。

(2) 常量:包括字面常量、符号常量。常量是在程序执行过程中其值不会发生变化的量。

(3) 变量:是在程序执行过程中可以改变的量。变量必须先定义后使用。变量的定义必须遵守变量定义的规则。一旦定义了一个变量,系统就给分配相应的存储空间,没有赋值的变量,其值是一个随机值。

(4) 整型数据:包括普通整型 int、短整型 short、长整型 long。根据是否存放符号,又分为无符号数(unsigned)和有符号数(signed)。整型常量分为三种形式:八进制(前缀 0)、十进制(无前缀)和十六进制(前缀 0X)。

(5) 浮点数:包括单精度(float)、双精度(double)、长双精度(long double)。浮点数常量可以用十进制或指数两种形式表示。浮点数常量无后缀,其类型为双精度。若加后缀 F 或 f,表示单精度(float),加后缀 l 或 L,表示长双精度。

(6) 字符型:字符型在内存中以 ASCII 码存放,字符可以作为整型数据使用,整型数据(0~255) 也可以作为字符来使用。字符常量占用一个字节,字符串常量以\0 结束,其占用的字节数为字符的个数加 1。

(7) 运算符:运算符从功能分为算术运算符、赋值运算符、关系运算符、逻辑运算符、位运算符、逗号运算符以及其他特殊的运算符;从需要运算对象的数量分一元运算符、二元运算符、三元运算符。在应用表达式时要注意运算符的优先级以及结合性。

(8) 表达式:表达式是运算符与括号将操作数连接起来所构成的式子。根据表达式进行运算得到的数值即为表达式的值。在 C 语言中,在表达式的后面加一个分号";"就构成语句。表达式的计算要考虑运算符的优先级以及结合性。

(9) 类型转换:不同的数据类型在一起运算要进行类型转换。类型转换的方式分为自动类型转换和强制类型转换。

习　题

一、填空题

1. C 程序的基本单位或者模块是_____。

2. 对于数据类型,按其取值是否可改变有_____和_____之分,其中,用一个标识符代表一个常量的,称为_____常量。

3. C 语言的数据类型按其构造特征来分有基本数据类型、_____、_____、_____、_____。

4. C 语言中,字符型数据和_____数据之间可以通用。

5. 字符串"student"的长度为_____,占用_____字节的空间。

6. 假设已指定 i 为整型变量,f 为 float 变量,d 为 double 型变量,e 为 long 型变量,有式子 10+'a'+i＊f−d/e,则结果为_____型。

7. 若有定义:char c='\010',则变量 c 中包含的字符个数为_____。

8. 若有定义:"int x＝3,y＝2;float a＝2.5,b＝3.5;",则表达式(x+y)%2+(int)a/(int)b 的值为_____。

9. 5/3 的值为_____,5.0/3 的值为_____。

10. 自增运算符++、自减运算符−−只能用于_____,不能用于常量或表达式。

11. ++和−−的结合方向是_____。

12. 若 x 和 n 均是 int 型变量,且 x 和 n 的初值均为 5,则执行表达式 x+＝n++后 x 的值为_____,n 的值为_____。

13. 若 a、b 和 c 均是 int 型变量,则执行表达式 a＝(b＝4)+(c＝2)后,a 值为_____,b 值为_____,c 值为_____。

14. 以下数学式写成 C 语言表达式是_____。

$$(\sin^2 x) \cdot \frac{a+b}{a-b}$$

15. 数字符号 0 的 ASCII 值十进制表示为 48,数字符号 9 的 ASCII 值十进制表示为_____。

二、选择题

1. 以下说法中正确的是(　　)。
   A. C 程序总是从第一个函数开始执行
   B. 在 C 程序中,要调用的函数必须在 main 函数中定义
   C. C 程序总是从 main 函数开始执行
   D. C 程序中的 main 函数必须放在程序的开始部分

2. 下列叙述中正确的是(　　)。
   A. C 程序编译时不检查语法
   B. C 程序的子程序有过程和函数两种
   C. C 程序的函数可以嵌套定义
   D. C 程序的所有函数都是外部函数

3. 以下叙述中正确的是(　　)。
   A. C 程序中的注释可以出现在程序中任意合适的地方
   B. 大括号"{"和"}"只能作为函数体的定界符
   C. 构成 C 程序的基本单位是函数,所有函数名都可以由用户命名
   D. 分号是 C 语句之间的分隔符,不是语句的一部分

4. 在 C 语言中,要求运算数必须是整型的运算符是(　　)。
   A. ％　　　　　　　　　B. /　　　　　　　　　C. ＜　　　　　　　　　D. !

5. C语言中最简单的数据类型包括(　　　)。

    A. 整型、实型、逻辑型　　　　　　　　　　B. 整型、实型、字符型

    C. 整型、字符型、逻辑型　　　　　　　　　D. 整型、实型、逻辑型、字符型

6. 下列字符中,ASCII 码值最小的是(　　　)。

    A. A　　　　　　　　B. a　　　　　　　　C. Z　　　　　　　　D. x

7. C语言提供的合法的数据类型关键字是(　　　)。

    A. Double　　　　　B. short　　　　　　C. integer　　　　　D. Char

8. C语言中,合法的长整型常数是(　　　)。

    A. '\t'　　　　　　B. "A"　　　　　　　C. 65　　　　　　　D. A

9. 若有以下说明和语句:

```
int a=5;
    a++;
```

则表达式 a++的值是(　　　)。

    A. 7　　　　　　　B. 6　　　　　　　　C. 5　　　　　　　D. 4

10. 用十进制数表示表达式 12/012 的运算结果是(　　　)。

    A. 1　　　　　　　B. 0　　　　　　　　C. 14　　　　　　　D. 12

11. 以下标识符中,合法的关键字是(　　　)。

    A. swicth　　　　　B. char　　　　　　C. Case　　　　　　D. default

12. 在 C语言中,合法的字符常量是(　　　)。

    A. '\084'　　　　　B. '\x43'　　　　　　C. 'ab'　　　　　　　D. "\0"

13. 若 t 为 double 类型,表达式 t=1,t5,t++的值是(　　　)。

    A. 1　　　　　　　B. 6.0　　　　　　　C. 2.0　　　　　　　D. 1.0

14. 下列不正确的转义字符是(　　　)。

    A. '\\'　　　　　　B. '\"'　　　　　　　C. '074'　　　　　　D. '\0'

15. 若有以下定义:

```
char a;      int b;
float c;     double d;
```

则表达式 a * b+d−c 的值为(　　　)类型。

    A. float　　　　　B. int　　　　　　　C. char　　　　　　D. double

16. 设有如下的变量定义:

```
int i=8, k, a, b;
    unsigned long w=5;
    double x=1, 42, y=5.2;
```

则以下符合 C语言语法的表达式是(　　　)。

    A. a+＝a−＝(b=4) * (a=3)　　　　　　B. x％(−3)

    C. a=a * 3=2　　　　　　　　　　　　D. y＝float(i)

17. 假定有以下变量定义:

`int k=7,x=12;`

则能使值为 3 的表达式是(　　　)。

　　A. x％＝(k％＝5)　　　　　　　　　　B. x％＝(k−k％5)

　　C. x％＝k−k％5　　　　　　　　　　　D.（x％＝k)−(k％＝5)

18. 以下选项中属于 C 语言的数据类型是(　　　)。

　　A. 复数型　　　　　B. 逻辑型　　　　　C. 双精度型　　　　　D. 集合型

19. 设有 int x＝11;,则表达式(x++ ＊ 1/3)的值是(　　　)。

　　A. 3　　　　　　　　B. 4　　　　　　　　C. 11　　　　　　　　D. 12

20. C 语言中运算对象必须是整型的运算符是(　　　)。

　　A. ％＝　　　　　　　B. /　　　　　　　　C. ＝　　　　　　　　D. <=

21. 英文小写字母 d 的 ASCII 码为 100,英文大写字母 D 的 ASCII 码为(　　　)。

　　A. 50　　　　　　　　B. 66　　　　　　　　C. 52　　　　　　　　D. 68

22. 以下选项中合法的用户标识符是(　　　)。

　　A. long　　　　　　　B. _2Test　　　　　　C. 3Dmax　　　　　　D. A.dat

23. 以下选项中,与 k=n++完全等价的表达式是(　　　)。

　　A. k=n,n=n+1　　　　　　　　　　　　B. n=n+1,k=n

　　C. k=++n　　　　　　　　　　　　　　D. k+=n+1

24. 下列关于一元运算符++、−−的叙述中正确的是(　　　)。

　　A. 它们的运算对象可以是任何变量和常量

　　B. 它们的运算对象可以是 char 型变量和 int 型变量,但不能是 float 型变量

　　C. 它们的运算对象可以是 int 型变量,但不能是 double 型变量和 float 型变量

　　D. 它们的运算对象可以是 char 型变量、int 型变量和 float 型变量

25. 在 C 语言中,数字 029 是一个(　　　)。

　　A. 八进制数　　　　B. 十六进制数　　　　C. 十进制数　　　　D. 非法数

26. 已知字母 A 的 ASCII 码为十进制数 65,且 c2 为字符型,则执行语句 c2='A'+
'6'−'3';后,c2 中的值为(　　　)。

　　A. D　　　　　　　　B. 68　　　　　　　　C. 不确定的值　　　　D. C

三、判断题

1. 常量 35456 与常量 23 所占用的存储空间一样大。　　　　　　　　　　　(　　　)

2. −653 是有符号数,653 是无符号数。　　　　　　　　　　　　　　　　　(　　　)

3. 许多编译系统将实型常量作为单精度来处理。　　　　　　　　　　　　　(　　　)

4. 在 C 语言中,大写字母和小写字母被认为是两个不同的字符。　　　　　　(　　　)

5. 如果不指定整数为 unsigned 或指定为 signed,则存储单元中最高位代表符号
(0 为正,1 为负)。　　　　　　　　　　　　　　　　　　　　　　　　　　(　　　)

四、编程题

1. 输入三角形的三条边,求三角形的面积。
2. 阅读程序,写出程序运行结果。

```c
void main(){
    int i,j,k,n;
    i=2;
    j=3;
    k=++i;
    n=j++;
    printf("%d.%d,%d,%d",i,j,k,n);
}
```

第3章 顺序程序设计

【技能目标】 掌握顺序结构程序的设计方法。

【知识目标】 要实现与计算机的"交流",必须知道如何将信息输入计算机以及计算机以何种方式将结果输出。进行程序设计时,有三种程序结构,即顺序、分支与循环。其中顺序结构是一种最基本、简单的程序结构。本章涉及以下知识点。

(1) 数据的格式化输入输出。

(2) 字符数据的输入输出。

(3) 输入输出流的概念。

(4) 宏与预定义。

通过本章的学习,达到以下的目标。

(1) 掌握格式化输入函数与格式化输出函数。

(2) 掌握字符数据的输入输出函数。

(3) 熟悉输入输出流。

(4) 理解宏定义、宏替换与文件包含。

【关键词】 格式符(format symbol),格式控制符(format control symbol),转义字符(escape character),输入函数(input function),顺序(sequential),语句(statement),宏定义(macro definition)、编译预处理(preprocessor)。

【项目任务】 菜单程序的设计。

【项目解析】 在应用程序中常常提供一个供用户选择的功能菜单,用户根据需要选择以完成相应的功能。如 ATM 自动取款的菜单、KTV 点歌菜单等。菜单设计是管理信息系统设计的一个重要环节,利用菜单引导用户实现管理信息系统的各项功能。菜单设计主要需要注意以下三个方面:①根据系统功能确定菜单内容;②菜单的样式;③选择菜单项时输入数据的有效性检验。

3.1 数据的输入与输出

在日常生活中,经常要进行输入数据的操作,如输入电话号码,上网时要求输入用户名、密码等。允许用户从键盘输入数据使得程序更加灵活。在计算机中完成某一任务后,必须给用户相应的结果,这个结果必须要有输出操作,没有输出操作的程序毫无价值,所以任何一个程序都应有至少一个输出操作。本节实现人与计算机的交互,根据输入的学生考试成绩计算成绩绩点。

所谓输入/输出是以计算机为主体而言的。在没有特别声明的情况下,输出的目标指向标准输出设备——显示器。

在C语言中,所有的数据输入/输出都是由库函数完成的,因此都是函数语句。在使用C语言库函数时,要用预编译命令#include将有关的头文件包含到源文件中。

使用标准输入/输出库函数时要用到stdio.h文件,因此源文件开头应有以下预编译命令。

```
#include <stdio.h>
```

或

```
#include"stdio.h"
```

其中,stdio 表示 standard input & output。

3.1.1 字符数据的输入与输出

1. putchar 函数(字符输出函数)

putchar 函数的功能是在显示器上输出单个字符,其一般形式如下。

```
putchar(字符变量)
```

例如:

```
putchar('A');            //输出大写字母 A
putchar(x);              //输出字符变量 x 的值
putchar('\101');         //也是输出字符 A
putchar('\n');           //换行
```

对控制字符则执行控制功能,不在屏幕上显示。

2. getchar 函数(键盘输入函数)

getchar 函数的功能是从键盘上输入一个字符,其一般形式如下。

```
getchar();
```

通常把输入的字符赋予一个字符变量,构成赋值语句,例如:

```
char c;
c=getchar();
```

【例 3-1】 输入单个字符。

```
#include <stdio.h>
void main(){
```

```
char c;
printf("input a character\n");
c=getchar();
putchar(c);
}
```

这里从键盘上输入一个字符,并将该字符赋值给字符变量 c,然后显示在屏幕上。

使用 getchar 函数还应注意以下几个问题。

(1) getchar 函数只能接受单个字符,输入数字也按字符处理。输入多于一个字符时,只接收第一个字符。

(2) 使用本函数前必须包含文件 stdio.h。

(3) 程序最后两行可用下面两行的任意一行代替。

```
putchar(getchar());
printf("%c",getchar());
```

3.1.2　格式化输入与输出

1. printf 函数(格式输出函数)

1) printf 函数调用的一般形式

printf 函数是一个标准库函数,它的函数原型在头文件 stdio.h 中。printf 函数调用的一般形式如下。

```
printf("格式控制字符串",输出列表)
```

其功能是按用户指定的格式,把指定的数据显示到显示器上。其中,格式控制字符串用于指定输出格式。

格式控制字符串可由格式字符串和非格式字符串两种组成。格式字符串是以％开头的字符串,在％后面跟有各种格式字符,以说明输出数据的类型、形式、长度、小数位数等。非格式字符串在输出时原样照印,在显示中起提示作用。

输出列表中给出了各个输出项,用于指定要输出的合法的变量、常量和表达式,各输出项之间用逗号分隔,要求格式字符串和各输出项在数量和类型上应该一一对应。

2) 格式字符串

格式字符串的一般形式如下。

```
[标志][输出最小宽度][.精度][长度]类型
```

各项的意义介绍如下。

(1) 类型:类型字符用于表示输出数据的类型,其意义如表 3-1 所示。

表 3-1　类型字符及其意义

类型字符	意　　义
d	以十进制形式输出带符号整数(正数不输出符号)
0	以八进制形式输出无符号整数(不输出前缀 0)
x、X	以十六进制形式输出无符号整数(不输出前缀 Ox)
u	以十进制形式输出无符号整数
f	以小数形式输出单、双精度实数
e、E	以指数形式输出单、双精度实数
g、G	以%f 或%e 中较短的输出宽度输出单、双精度实数
c	输出单个字符
s	输出字符串

表示整数类型极限值的符号如表 3-2 所示。

表 3-2　表示整数类型的极限值的符号(limits.h)

数据类型	格式字符	极大值	极小值
char	%d	CHAR_MIN	CHAR_MAX
unsigned char	%u	UCHAR_MIN	UCHAR_MAX
short	%d	SHRT_MIN	SHRT_MAX
unsigned short	%u	USHRT_MIN	USHRT_MAX
int	%d	INT_MIN	INT_MAX
unsigned int	%u	UINT_MIN	UINT_MAX
long	%ld	LONG_MIN	LONG_MAX
unsigned long	%lu	ULONG_MIN	ULONG_MAX
long long	%lld	LLONG_MIN	LLONG_MAX
unsigned long long	%llu	ULLONG_MIN	ULLONG_MAX

表示浮点数类型极限值的符号如表 3-3 所示。

表 3-3　表示浮点数类型极限值的符号(float.h)

数据类型	格式字符	下限	上限
float	%e	FLT_MIN	FLT_MAX
double	%e	DBL_MIN	DBL_MAX
long double	%Le	LDBL_MIN	LDBL_MAX

(2)标志:标志字符有－、＋、♯、空格 4 个,其意义如表 3-4 所示。

表 3-4　标志字符及其意义

标志字符	意　　义
－	结果左对齐,右边填空格
＋	输出符号(正号或负号)

续表

标志字符	意　　义
空格	输出值为正时冠以空格,为负时冠以负号
#	对 c、s、d、u 类无影响;对 o 类,在输出时加前缀 o;对 x 类,在输出时加前缀 0x;对 e、g、f 类,当结果有小数时才给出小数点

(3) 输出最小宽度:该数值用十进制整数来表示输出的最少位数。若实际位数多于定义的宽度,则按实际位数输出,若实际位数少于定义的宽度,则补以空格或 0。

(4) 精度:精度格式符以"."开头,后跟十进制整数。本项的意义是,如果输出数字,则表示小数的位数;如果输出的是字符,则表示输出字符的个数;若实际位数大于所定义的精度数,则截去超过的部分。

(5) 长度:长度格式符为 h、l 两种,h 表示按短整型量输出,l 表示按长整型量输出。

【例 3-2】　数据的输出格式。

```
#include <stdio.h>
void main(){                                  //1
  int a=15;                                   //2
  float b=123.1234567;                        //3
  double c=12345678.1234567;                  //4
  char d='p';                                 //5
  printf("a=%d,%5d,%o,%x\n",a,a,a,a);         //6
  printf("b=%f,%lf,%5.4lf,%e\n",b,b,b,b);     //7
  printf("c=%lf,%f,%8.4lf\n",c,c,c);          //8
  printf("d=%c,%8c\n",d,d);                   //9
}                                             //10
```

程序运行结果:

```
a=15,   15,17,f
b=123.123459,123.123459,123.1235,1.231235e+002
c=12345678.123457,12345678.123457,12345678.1235
d=p,       p
```

程序说明:

(1) 第 6 行中以 4 种格式输出整型变量 a 的值,其中%5d 要求输出宽度为 5,而 a 值为 15,只有两位,因此补三个空格。

(2) 第 7 行中以 4 种格式输出实型量 b 的值。其中%f 和%lf 格式的输出相同,说明 l 格式符对 f 类型无影响。%5.4lf 指定输出宽度为 5,精度为 4,由于实际长度超过 5,因此应该按实际位数输出,小数位数超过 4 位部分被截去。

(3) 第 8 行输出双精度实数,%8.4lf 由于指定精度为 4 位,因此截去了超过 4 位的部分。

(4) 第 9 行输出字符量 d,其中%8c 指定输出宽度为 8,因此在输出字符 p 之前补加 7 个空格。

🔔 注意:使用 printf 函数时要注意输出列表中的求值顺序。不同的编译系统不一定

65

相同,可以从左到右,也可以从右到左。Turbo C 和 Visual C++ 2010 是按从右到左进行的。

【例3-3】 比较下面两段程序的运行结果。

程序1:

```c
#include <stdio.h>
void main(){
  int i=8;
  printf("%d\t%d\t%d\t%d\t%d\t%d\n",++i,--i,i++,i--,-i++,-i--);
}
```

程序运行结果:

```
8       7       7       8       -7      -8
```

程序2:

```c
#include <stdio.h>
void main(){
  int i=8;
  printf("%d\t",++i);
  printf("%d\t",--i);
  printf("%d\t",i++);
  printf("%d\t",i--);
  printf("%d\t",-i++);
  printf("%d\t",-i--);
}
```

程序运行结果:

```
9       8       8       9       -8      -9
```

程序说明:这两个程序的区别是用一个 printf 语句和多个 printf 语句输出。但从结果可以看出是不同的。为什么结果会不同呢? 就是因为 printf 函数对输出列表中各量求值的顺序是自右至左进行的。在程序1中,先对最后一项-i求值,结果为-8,然后i自减1后为7。再对-i++项求值得-7,然后i自增1后为8。再对i--项求值得8,然后i再自减1后为7。再求i++项得7,然后i再自增1后为8。再求--i项,i先自减1后输出,输出值为7。最后才求输出表列中的第一项++i,此时i自增1后输出8。

必须注意,求值顺序虽是自右至左,输出顺序还是从左至右。

2. scanf 函数(格式输入函数)

1) scanf 函数的一般形式

scanf 函数是一个标准库函数,称为格式输入函数,它的函数原型在头文件 stdio.h 中。scanf 函数的一般形式如下。

scanf("格式控制字符串",地址列表);

其功能是按用户指定的格式将键盘上输入的数据存入指定的变量。其中,格式控制字符串的作用与 printf 函数相同,但不能显示非格式字符串,也就是不能显示提示字符串。地址列表中给出各变量的地址。地址是由地址运算符 & 后跟变量名组成的。

2) 格式字符串

格式字符串的一般形式如下。

%[*][输入数据宽度][长度]类型

各项的意义如下。

(1) 类型:表示输入数据的类型。类型字符和意义如表 3-5 所示。

表 3-5　类型字符及其意义

类型字符	意　义	类型字符	意　义
d	输入十进制整数	f 或 e	输入实型数(用小数形式或指数形式)
0	输入八进制整数	c	输入单个字符
x	输入十六进制整数	s	输入字符串
u	输入无符号十进制整数		

(2) * :表示读入该输入项后不赋予相应的变量,即跳过该输入值。例如:

scanf("%d % * d %d",&a,&b);

当输入为"1　2　3"时,把 1 赋予 a,2 被跳过,3 赋予 b。

(3) 输入数据宽度:用十进制整数指定输入的宽度(即字符数)。例如:

scanf("%5d",&a);

若输入 12345678,则只把 12345 赋予变量 a,其余部分被截去。又如:

scanf("%4d%4d",&a,&b);

若输入 12345678,则把 1234 赋予 a,而把 5678 赋予 b。

(4) 长度:长度格式符为 l 和 h,l 表示输入长整型数据(如%ld)和双精度浮点数(如%lf)。h 表示输入短整型数据。

🔔 注意:

(1) scanf 函数中没有精度控制,例如:scanf("%5.2f",&a)是非法的。不能企图用此语句输入小数位数为 2 的实数。

(2) scanf 函数中要求给出变量地址,若给出变量名则会出错。例如,scanf("%d",a)是非法的,应改为 scnaf("%d",&a)才是合法的。

(3) 在输入多个数值数据时,若格式控制串中没有非格式字符作为输入数据之间的间隔,则可用空格、Tab 键或回车换行作为间隔。C 编译在碰到空格、Tab、回车换行或非法数据(如对%d 输入 12A 时,A 即为非法数据)时即认为该数据结束。

(4) 在输入字符数据时,若格式控制串中无非格式字符,则认为所有输入的字符均为有效字符。例如:

scanf("%c%c%c",&a,&b,&c);

若输入为"d　e　f",则把'd'赋予 a,' '(空格)赋予 b,'e'赋予 c。

只有当输入为 def 时,才能把'd'赋予 a,'e'赋予 b,'f'赋予 c。

如果在格式控制中加入空格作为间隔,例如:

```
scanf ("%c %c %c", &a, &b, &c);
```

则输入时各数据之间可加空格。

(5) 如果格式控制串中有非格式字符,则输入时也要输入该非格式字符。例如:

```
scanf("%d/%d/%d", &y, &m, &d);
```

其中,用非格式符"/"作间隔符,因此输入时应为 2010/12/12。又如:

```
scanf("a=%d,b=%d,c=%d", &a, &b, &c);
```

则输入应为"a=5,b=6,c=7"。

(6) 若输入的数据与输出的类型不一致,虽然编译能够通过,但结果可能不正确。

【例 3-4】 数据输入格式与变量类型。

```
#include <stdio.h>
void main(){
  float a;
  int b;
  printf("输入数据 a,b\n");
  scanf("%f", &a);
  scanf("%f", &b);
  printf("a=%ld,b=%d\n",a,b);
}
```

程序运行结果:

```
输入数据 a,b
3,5
a=0,b=1074266112
```

程序说明:

(1) 变量 a 为浮点型,输入的数据格式类型为浮点型,但输出语句的格式串中说明为长整型,因此输出结果和输入数据不符。

(2) 变量 b 为整型,输入的数据格式类型为浮点型,由于输入数据类型与变量类型不符,因此输出结果和输入数据不符。

3.1.3 输入/输出流

输入/输出是一种数据传送操作,可以看作字符序列在主机和外设之间的流动。C 语言中将数据从一个对象到另一个数据对象的流动抽象为"流"。流具有方向性:流既可以表示数据从内存中传送到某个设备,即与输出设备相联系的流,称为输出流;也可以表示数据从某个设备传送给内存中的变量,即与输入设备相联系的流,称为输入流。这些流的定义在头文件 iostream.h 中。要使用输入/输出流必须使用包含文件。

```
#include <iostream.h>        //输入输出流
#include <ostream.h>         //输出流
#inlcude<istream.h>          //输入流
```

1. cout 与插入运算符<<

cout 是与标准输出/设备相连接的预定义的 ostream 类流对象。cout 是 console output 的缩写,意为在控制台(终端显示器)的输出。当程序需要在屏幕上显示输出时,可以使用插入运算符<<向 cout 流中插入各种不同类型的数据。插入运算符可以向同一个输出流中插入多个数据项。ostream 类定义了 3 个输出流对象,即 cout、cerr、clog。这里只介绍 cout 的使用。cout 的一般形式如下。

```
cout<<表达式 1<<表达式 2<<...<<
```

说明:

(1) cout 流通常是传送到显示器输出。

(2) 输出项可以是常量、变量、表达式。用 cout<<输出基本类型的数据时,可以不必考虑数据是什么类型,系统会判断数据的类型,并根据其类型选择调用与之匹配的操作自动完成输出。例如:

```
cout<<"Hello! \n";      //将字符串"hello !"输出到屏幕上并换行
cout<<"a+b="<<a+b;      //将字符串"a+ b= "和表达式 a+ b 的计算结果依次输出到屏幕上
```

2. cin 与提取运算符>>

cin 是与标准输入设备相连接的预定义 istream 类的流对象。当程序需要执行键盘输入时,可以使用提取运算符>>从 cin 输入流中提取不同数据类型的数据。提取运算符可以从同一个输入流中提取多个数据项给其后的多个变量赋值,要求输入流的数据项用空格进行分隔。其一般形式如下。

```
cin>>变量 1>>变量 2>>...>>变量 n;
```

说明:

(1) cin 是预先定义好的标识符,它代表控制台输入,默认情况下,cin 是和键盘绑定的,表示接收从键盘输入的数据。

(2) >>表示用户从键盘输入数据到程序中。这就是 C++中的输入运算符,通过流提取符>>从流中提取数据。流提取符>>从流中提取数据时通常跳过输入流中的空格、Tab 键、换行符等空白字符。

🔔 注意:只有在输入完数据再按 Enter 键后,该行数据才被送入键盘缓冲区,形成输入流,提取运算符>>才能从中提取数据。

例如:

```
int a,b;
```

```
cin>>a>>b;
```

要求从键盘上输入两个整型数,两数之间以空格分隔。若输入"5 6 <回车>",则变量 a 获得的值为 5,b 获得的值为 6。

3. I/O 流格式控制

当使用 cin 和 cout 进行数据的输入、输出时,无论什么类型的数据,都能够自动按照正确的默认格式处理。如需进行特殊的格式设置,需要用 I/O 流格式控制符对格式进行控制。这些格式控制符可以直接嵌入到输入/输出语句中来实现 I/O 流格式控制。控制符的定义在头文件 iomanip.h 中。流常用控制符如表 3-6 所示。

表 3-6   I/O 流常用控制符

控制符	描　　述	控制符	描　　述
Dec	置基数为 10	Ends	插入空字符
Hex	置基数为 16	Setfill('c')	设填充字符为 c
Oct	置基数为 8	setprecision(n)	设显示小数精度为 n 位
Endl	插入换行符,并刷新流	setw(n)	设域宽为 n 个字符

【例 3-5】   阅读程序,观察其输出结果。

```
#include <iostream.h>
#include <iomanip.h>
void main(){
  for(int n=0;n<=5;++n)
  cout<<setfill('M')<<setw(2*n+1)<<"M"<<endl;
}
```

程序运行结果:

```
M
MMM
MMMMM
MMMMMMM
MMMMMMMMM
MMMMMMMMMMM
```

程序说明:setfill 设置填充字符,setw 设置输出的宽度,它们的作用表现在紧接着输入的字符串上。这个宽度是填充后的宽度。所以,cout<<setfill('M')<<setw(2*n+1)<<"M"<<endl 中,setfill("M")<<setw(2*n+1)<<"M"这一段是在"M"前面填充 2×n 个'M'字符。

【例 3-6】   从键盘输入矩形的长和宽,计算矩形的面积。

```
#include <iostream.h>
void main(){
    int width,length;              //声明另外一个变量
    cout<<"输入长度:";
    cin>>length;                   //从键盘输入长度
```

70

```
    cout<<"输入宽度:";
    cin>>width;                         //从键盘输入宽度
    cout<<"矩形的面积是:";
    cout<<length * width<<Endl;         //输出面积
}
```

程序运行结果:

程序说明:cout 语句提示用户输入数据。cin 语句读取用户输入的数据,并把值存储在变量 length 中。于是,用户输入的数值(就本例中的程序,用户必须输入一个整型数)就被存放在>>右侧的变量中(本例中是 length)。在执行完 cin 语句后,变量 length 存放的就是矩形的长度(如果用户输入的是非数字,变量 length 的值将会是 0)。提示用户输入宽度和从键盘读取矩形长度的语句工作原理是一样的。

cout<<Endl 等价于 cout<<"\n",表示回车换行。

也可以将程序修改为如下的形式:

```
#include <iostream.h>
void main(){
    int a,b,c;                          //声明一个变量
    int width,length;                   //声明另外一个变量
    cout<<"输入长度、宽度:";
    cin>>length>>width;                 //从键盘输入长度和宽度
    cout<<"矩形的面积是:"<<length * width<<"\n";   //输出面积
}
```

程序运行结果:

```
输入长度、宽度:23  34
矩形的面积是:782
```

程序说明:这里输入数据时将空格作为分隔符,分别将 12 赋值给 length,34 赋值给 width。

3.1.4　顺序程序设计

顺序结构程序,简单地说,就是自上而下顺序地执行,其形式如下。

语句 1;
语句 2;
…
语句 i;
…
语句 n;

程序执行时依次执行语句 1,语句 2,……最后执行语句 n。顺序结构是最简单的程

定义变量ScoreA、ScoreB、ScoreC、Average
输入成绩给ScoreA、ScoreB、ScoreC
Average=(ScoreA+ScoreB+ScoreC)/3
输出平均成绩Average

图 3-1 例 3-7 流程图

序结构,构成这类程序的语句通常是除了控制语句之外的简单语句,包括赋值语句、函数调用语句等。

【例 3-7】 求三门课程的平均成绩。

分析:学生三门课程的成绩用变量 ScoreA、ScoreB、ScoreC 表示,平均成绩用 Average 表示,其平均成绩为 Average＝(ScoreA＋ScoreB＋ScoreC)/3,其算法用 N-S 图表示,如图 3-1 所示。根据上面的分析编写程序如下。

```
#include <stdio.h>
void main(){
    float ScoreA,ScoreB,ScoreC,Average;
    printf("输入考试成绩 A:");
    scanf("%f",&ScoreA);
    printf("输入考试成绩 B:");
    scanf("%f",&ScoreB);
    printf("输入考试成绩 C:");
    scanf("%f",&ScoreC);
    Average=(ScoreA+ScoreB+ScoreC)/3;
    printf("平均成绩%6.2f\n",Average);
}
```

程序运行结果:

```
输入考试成绩A:89
输入考试成绩B:78
输入考试成绩C:91
平均成绩 86.00
```

程序说明:

(1) 程序中要有必要的提示信息,让程序在运行时,用户知道该干什么,即程序的交互性好。所以在程序中当要输入成绩数据时,用 printf 函数输出提示信息。

(2) 变量的类型要与输入、输出的格式一致。

【例 3-8】 输入两个数给两个变量,交换两个变量的值并输出。

分析:用两个变量来存放输入的两个值 a、b,交换时使用一个中间变量 temp,执行如下的处理:temp＝a,a＝b,b＝temp 即可实现两个变量值的交换。其算法流程如图 3-2 所示。根据分析编写程序如下。

定义变量a,b,temp
输入数据a,b
输出交换前a,b的值
temp=a,a=b,b=temp
输出交换后a,b的值

图 3-2 例 3-8 流程图

```
#include <stdio.h>
void main(){
    int a,b,temp;
    printf("输入数据 a:");
    scanf("%d",&a);
    printf("输入数据 b");
    scanf("%d",&b);
```

```
printf("交换前的值为 a=%d,b=%d\n",a,b);
temp=a;a=b;b=temp;
printf("交换后的值为 a=%d,b=%d\n", a,b);
}
```

程序运行结果：

```
输入数据a:3
输入数据b5
交换前的值为a=3,b=5
交换后的值为a=5,b=3
```

程序说明：在这里为了实现两个变量值的交换，设置了一个临时变量 temp，这里不能简单地用 a＝b,b＝a 来实现，注意语句的书写顺序。如果变量的值是数值型，也可以不设置临时变量，通过运算实现数据的交换。其方法如下：

```
a=a+b;b=a-b;a=a-b;
```

3.1.5　任务 3-1　考试成绩绩点的计算

1. 任务分析

在大学中，平均学分绩点可以作为学生学习能力与质量的综合评价指标之一，各个学校的计算方法有所不同。国内大部分高校通用的计算方法如下。

课程绩点＝分数÷10－5

课程学分绩点＝课程学分×课程权重系数×课程绩点

课程权重系数：主要必修课，即数学、物理、外语等校定公共必修课程为 1.2；其他必修课为 1.1；选修课为 1.0。

$$平均学分绩点（GPA）＝\sum 课程学分绩点\bigg/\sum 课程学分$$

本任务输入学生某课程的考试成绩，根据课程的学分和权重求该课程的绩点和学分绩点。

2. 任务实施

根据任务分析，编写如下代码。

```
#include <stdio.h>
void main(){
  float Score;                                //课程成绩
  int Credit;                                 //学分
  float coefficient;                          //课程系数
  float CreditGradepoint,CourseGradepoint;    //学分绩点,课程绩点
  printf("请输入\n");
  printf("考试成绩:");
  scanf("%f",&Score);
  printf("课程学分:");
```

```
    scanf("%d",&Credit);
    printf("课程系数:");
    scanf("%f",&coefficient);
    CourseGradepoint=Score/10-5;                    //计算课程绩点
    CreditGradepoint=Credit * coefficient * CourseGradepoint;    //计算学分绩点
    printf("课程绩点:%6.2f\n",CourseGradepoint);
    printf("学分绩点:%6.2f\n",CreditGradepoint);
}
```

程序运行结果:

```
请输入
考试成绩:89
课程学分:3                    5
课程系数:1.2                   3
课程绩点:3.90
学分绩点:14.04
```

程序说明:

(1) 编程时,要根据实际问题确定变量的类型,如这里的学分定义为 int 型。

(2) 变量必须先定义后使用。变量在输入输出时根据变量的类型确定其输入输出的格式。

3. 拓展训练

编写一个工资管理系统的菜单程序。

3.2 宏与预定义

用语言处理系统把源程序转变成为可执行程序的过程称为"源程序的加工"。C 语言程序的加工分为三步:预处理、编译和链接。预处理的工作最先做,由 C 语言预处理程序完成。编译预处理是 C 语言的独有特点,它是在程序编译之前,对程序中的某些特殊命令进行处理,这些命令就是预处理命令。C 语言提供了多种预处理功能,如宏定义、文件包含、条件编译等。

合理地使用预处理功能编写程序,可以改善程序的设计环境,提高程序的通用性、可读性和扩展性、可移植性和方便性,也有利于模块化程序设计。如在应用程序的开发中,可以将一些成熟的函数、常见的字符型常量定义为包含文件共享,提高程序设计的效率。

前面已多次使用过的以 ♯ 号开头的命令就是预处理命令,如包含命令 ♯include,宏定义命令 ♯define 等。在源程序中这些命令都放在函数之外,而且一般都放在源文件的前面,它们称为预处理部分。

本任务利用宏定义实现统计报表表头的设计。

3.2.1 宏定义

在 C 语言源程序中允许用一个标识符来表示一个字符串,称为宏。被定义为宏的标识符称为宏名。在编译预处理时,对程序中所有出现的宏名,都用宏定义中的字符串去代换,这称为宏代换或宏展开。

宏定义是由源程序中的宏定义命令完成的。宏代换是由预处理程序自动完成的。宏分为有参宏和无参宏两种。

1. 无参宏的定义

无参宏的宏名后不带参数。其定义的一般形式如下。

#define　标识符　字符串

其中,♯表示这是一条预处理命令;define 为宏定义命令;标识符为所定义的宏名;字符串可以是常数、表达式、格式串等。

【例 3-9】　无参宏定义。

```
#define M (x * x+2 * x+1)
#include <stdio.h>
void main(){
  int s,x;
  printf("input a number:  ");
  scanf("%d",&x);
  s=3 * M;
  printf("s=%d\n",s);
}
```

程序运行结果:

```
input a number:  3
s=48
```

程序说明:程序中首先进行宏定义,定义 M 来替代表达式(x * x+2 * x+1),在 s=3 * M 中做了宏调用。在预处理时经宏展开后该语句变为

s=3 * (x * x+2 * x+1);

🔔 注意:

(1) 宏定义是用宏名来表示一个字符串,在宏展开时又以该字符串取代宏名,这只是一种简单的代换,字符串中可以含任何字符,可以是常数,也可以是表达式,预处理程序对它不做任何检查。如有错误,只能在编译已被宏展开后的源程序时发现。

(2) 宏定义不是说明或语句,在行末不必加分号,若加上分号则连分号也一起置换。

(3) 宏定义必须写在函数之外,其作用域为宏定义命令起到源程序结束。若要终止其作用域可使用♯undef 命令。

例如:

```
#define PI 3.14159
main()
{
  …
}
```

```
#undef PI
function()
{
  ...
}
```

以上代码中,PI 只在 main 函数中有效,在 function 中无效。

(4) 若宏定义中只有宏名没有宏体,表示该标识已经被定义,不能另作他用。例如,定义#define BEGIN 后,BEGIN 就被保护起来,不能将它作为标识符使用。

(5) 宏名在源程序中若用引号括起来,则预处理程序不对其做宏代换。

```
#define OK 100
void main()
{
  printf("OK");
  printf("\n");
}
```

定义宏名 OK 表示 100,但在 printf 语句中 OK 被引号括起来,因此不做宏代换。程序的运行结果为"OK",这表示把"OK"当字符串处理。

(6) 宏定义允许嵌套,在宏定义的字符串中可以使用已经定义的宏名。在宏展开时由预处理程序层层代换。例如:

```
#define PI 3.1415926
#define S PI * y * y          /* PI 是已定义的宏名 */
```

则对语句

```
printf("%f",S);
```

在宏代换后变为

```
printf("%f",3.1415926 * y * y);
```

(7) 习惯上宏名用大写字母表示,以便于与变量区别。但也允许用小写字母。

在实际应用中,常常利用宏定义来定义常量的值。也可对数据类型、"输出格式"进行宏定义,使书写方便,以减少书写麻烦。

```
#define INTEGER int
```

在程序中即可用 INTEGER 作整型变量说明。

```
INTEGER a,b;
```

【例 3-10】 定义输出格式。

```
#define P printf
#define D "%d\n"
#define F "%f\n"
#include <stdio.h>
```

```
void main(){
  int a=5, c=8, e=11;
  float b=3.8, d=9.7, f=21.08;
  P(D F,a,b);
  P(D F,c,d);
  P(D F,e,f);
}
```

程序运行结果：

```
5
3.800000
8
9.700000
11
21.080000
```

程序说明：该程序段经过宏替换后相当于如下的程序：

```
#include <stdio.h>
void main()
{
  int a=5, c=8, e=11;
  float b=3.8, d=9.7, f=21.08;
  printf("%d\n""%f\n",a,b);
  printf("%d\n""%f\n",c,d);
  printf("%d\n""%f\n",e,f);
}
```

2. 有参宏的定义

C 语言允许宏带有参数，在程序设计中经常把那些反复使用的运算表达式甚至某些操作，定义为带参数的宏。在宏定义中的参数称为形式参数，在宏调用中的参数称为实际参数。对有参宏，在调用时不仅要展开宏，而且要用实参去代换形参。

定义有参宏的一般形式如下。

```
#define  宏名(形参表)  字符串
```

在字符串中含有各个形参。

调用有参宏的一般形式如下。

```
宏名(实参表);
```

【例 3-11】　有参宏的定义。

```
#define MAX(a,b) (a>b)? a:b
#include <stdio.h>
void main(){
  int x,y,max;
  printf("输入两个数：");
  scanf("%d%d",&x,&y);
  max=MAX(x,y);
```

77

```
    printf("两数的最大值=%d\n",max);
}
```

程序运行结果：

```
输入两个数: 45 67
两数的最大值=67
```

程序说明：程序第 1 行进行有参宏的定义，用宏名 MAX 表示条件表达式(a>b)?a:b，形参 a、b 均出现在条件表达式中。程序第 7 行中的 max=MAX(x,y)为宏调用，实参 x、y 将代换形参 a、b。宏展开后该语句为

```
max=(x>y)?x:y;
```

用于计算 x、y 中的大数。

对于带参数的宏定义有以下问题需要说明。

(1) 在有参宏定义中，宏名和形参表之间不能有空格出现。例如，把 #define MAX(a,b)(a>b)?a:b 写为 #define MAX(a,b) (a>b)?a:b 将被认为是无参宏定义，宏名 MAX 代表字符串 (a,b)(a>b)?a:b。宏展开时，宏调用语句 max=MAX(x,y);将变为 max=(a,b)(a>b)?a:b(x,y);这显然是错误的。

(2) 在有参宏定义中，形式参数不分配内存单元，因此不必作类型定义。而宏调用中的实参有具体的值。要用它们去代换形参，只是符号代换，不存在值传递的问题。因此必须做类型说明。

(3) 在宏定义中的形参是标识符，而宏调用中的实参可以是表达式。宏代换中对实参表达式不做计算直接地照原样代换。

【例 3-12】 宏定义的应用。

```
#include <stdio.h>
#define POWER(y) (y) * (y)
void main(){
  int x,p;
  printf("输入一个数 x: ");
  scanf("%d",&x);
  p=POWER(x+1);
  printf("Power(x+1)=%d\n",p);
}
```

程序运行结果：

```
输入一个数 x: 3
Power(x+1)=16
```

程序说明：第 1 行为宏定义，形参为 y。程序第 7 行宏调用中实参为 x+1，是一个表达式，在宏展开时，用 x+1 代换 y，再用(y) * (y)代换 POWER，得到如下语句。

```
p=(x+1) * (x+1);
```

(4) 在宏定义中，字符串内的形参通常要用括号括起来以避免出错。在上例的宏定义中(y) * (y)表达式的 y 都用括号括起来，因此结果是正确的。下面去掉括号，把例 3-12

的代码改为例 3-13。

【例 3-13】　宏定义的应用。

```
#include <stdio.h>
#define POWER(y) y*y
void main(){
  int x,p;
  printf("输入一个数 x：");
  scanf("%d",&x);
  p=POWER(x+1);
  printf("Power(x+1)=%d\n",p);
}
```

程序运行结果：

```
输入一个数x：3
Power(x+1)=7
```

同样是输入 3，但结果却不一样。这是由于代换只作符号代换而不作其他处理而造成的。宏代换后将得到以下语句。

```
p=x+1*x+1;
```

由于 x 为 3，因此 p 的值为 7。这显然与题意相违，因此参数两边的括号是不能少的。即使在参数两边加括号还是不够的，看下面的程序。

```
#include <stdio.h>
#define POWER(y) (y)*(y)
void main(){
  int x,p;
  printf("输入一个数 x：");
  scanf("%d",&x);
  p=160/POWER(x+1);
  printf("160/POWER(x+1)=%d\n",p);
}
```

程序运行结果：

```
输入一个数x：3
160/POWER(x+1)=160
```

程序说明：分析宏调用语句，在宏代换之后变为

```
p=160/(x+1)*(x+1);
```

x 为 3 时，由于/和 * 运算符优先级和结合性相同，则先计算 $160/(3+1)$，得 40，再计算 $40*(3+1)$，最后得 160。所以，要得到正确答案，应在宏定义中的整个字符串外加括号，程序修改如下。

```
#include <stdio.h>
#define POWER(y) ((y)*(y))
void main(){
```

```
  int x,p;
  printf("输入一个数 x: ");
  scanf("%d",&x);
  p=160/POWER(x+1);
  printf("160/POWER(x+1)=%d\n",p);
}
```

程序运行结果:

```
输入一个数x: 3
160/POWER(x+1)=10
```

以上说明,对于宏定义,不仅应在参数两侧加括号,也应在整个字符串外加括号。

(5) 宏定义也可用来定义多个语句,在宏调用时,把这些语句又代换到源程序内。看下面的例子。

```
#define SSSV(s1,s2,s3,v) s1=l*w;s2=l*h;s3=w*h;v=w*l*h;
#include <stdio.h>
void main(){
  int l=3,w=4,h=5,sa,sb,sc,vv;
  SSSV(sa,sb,sc,vv);
  printf("sa=%d\nsb=%d\nsc=%d\nvv=%d\n",sa,sb,sc,vv);
}
```

程序运行结果:

```
sa=12
sb=15
sc=20
vv=60
```

程序说明:程序第一行为宏定义,用宏名 SSSV 表示 4 个赋值语句,4 个形参分别为 4 个赋值符左部的变量。在宏调用时,把 4 个语句展开并用实参代替形参,使计算结果送入实参中。

3.2.2　文件包含

在程序设计中,文件包含是很有用的。一个大的程序可以分为多个模块,由多个程序员分别编程。有些公用的符号常量或宏定义等可单独组成一个文件,在其他文件的开头用包含命令包含该文件即可使用。这样,可避免在每个文件开头都去书写那些公用量,从而节省时间,并减少出错。

文件包含命令的一般形式如下。

```
#include "文件名"
```

文件包含命令的功能是把指定的文件插入该命令行位置取代该命令行,从而把指定的文件和当前的源程序文件连成一个源文件。

其中,被包含的文件可以是系统提供的标题文件,也可以是用户自行编制的程序文件。文件的扩展名为.h。

对文件包含命令还要说明以下几点。

（1）包含命令中的文件名可以用双引号括起来，也可以用尖括号括起来。例如，以下写法都是允许的。

```
#include "stdio.h"
#include <math.h>
```

使用尖括号表示在包含文件目录中去查找（包含目录是由用户在设置环境时设置的），而不在源文件目录去查找。

使用双引号则表示首先在当前的源文件目录中查找，若未找到才到包含目录中去查找。用户编程时可根据自己文件所在的目录来选择某一种命令形式。

（2）一个 include 命令只能指定一个被包含文件，若有多个文件要包含，则需用多个 include 命令。

（3）文件包含允许嵌套，即在一个被包含的文件中又可以包含另一个文件。

3.2.3　条件编译

一般情况下，源程序中所有的行都要参加编译，但有时希望对部分源程序只在满足一定条件时才编译，此时可使用预处理程序提供的条件编译功能，可以按不同的条件去编译不同的程序部分，因而产生不同的目标代码文件。这对于程序的移植和调试是很有用的。

条件编译有 3 种形式，下面分别介绍。

（1）第一种形式：

```
#ifdef  标识符
   程序段 1
#else
   程序段 2
#endif
```

它的功能是，如果标识符已被＃define 命令定义过则对程序段 1 进行编译；否则对程序段 2 进行编译。如果没有程序段 2（它为空），本格式中的＃else 可以没有，即可以写为

```
#ifdef  标识符
    程序段
#endif
```

【例 3-14】　条件编译。

```
#include <stdio.h>
#define NUM 10
void main(){
   int num=20;
   #ifdef NUM
   printf("Number=%d",NUM+num);
   #else
```

```
    printf("Number=%d",num);
  #endif
}
```

由于在程序中插入了条件编译预处理命令,因此要根据 NUM 是否被定义过来决定编译哪一个 printf 语句。而在程序的第一行已对 NUM 做过宏定义,因此应对第一个 printf 语句进行编译,所示运行结果是输出 30。

(2) 第二种形式:

```
#ifndef 标识符
  程序段 1
#else
  程序段 2
#endif
```

与第一种形式的区别是将 ifdef 改为"ifndef"。它的功能是,如果标识符未被 #define 命令定义过,则对程序段 1 进行编译,否则对程序段 2 进行编译。这与第一种形式的功能正相反。

(3) 第三种形式:

```
#if 常量表达式
  程序段 1
#else
  程序段 2
#endif
```

它的功能是,如常量表达式的值为真(非 0),则对程序段 1 进行编译,否则对程序段 2 进行编译。因此可以使程序在不同条件下完成不同的功能。

【例 3-15】 条件编译求圆面积或求正方形面积。

```
#define R 1
void main(){
  float c,r,s;
  printf ("input a number:  ");
  scanf("%f",&c);
  #if R
    r=3.14159*c*c;
    printf("area of round is: %f\n",r);
  #else
    s=c*c;
    printf("area of square is: %f\n",s);
  #endif
}
```

本例中采用了第三种形式的条件编译。在程序第 1 行的宏定义中,定义 R 为 1,因此在条件编译时,常量表达式的值为真,所以计算并输出圆面积。

上面介绍的条件编译当然也可以用条件语句来实现。但是用条件语句将会对整个源程序进行编译,生成的目标代码程序很长,而采用条件编译,则根据条件只编译其中的程序段 1 或程序段 2,生成的目标程序较短。如果条件选择的程序段很长,采用条件编译的方法是十分必要的。

3.2.4　♯pragma 预处理指令

♯pragma 指令为编译器执行某些特殊操作提供了一种方法。这条指令对非常大的程序或需要使用特定编译器的特殊功能的程序非常有用。♯pragma 指令的一般形式如下。

```
#pragma para
```

其中,para 为参数。

该命令可以很简单,也可以很复杂。♯pragma 命令中出现的参数集在不同的编译器上是不一样的,使用时必须查阅所使用的编译器的文档来了解有哪些参数以及这些参数的功能。

下面来看一些常用的参数。

1)♯pragma message

它能够在编译信息输出窗口中输出相应的信息,这对于源代码信息的控制是非常重要的。格式如下:

```
#pragma message("消息文本")
```

当编译器遇到这条指令时就在编译输出窗口中将消息文本打印出来。当在程序中定义了许多宏来控制源代码版本时,可能会忘记有没有正确地设置这些宏,此时可以用这条指令在编译时进行检查。

假设希望判断自己有没有在源代码的什么地方定义了_X86 这个宏,可以用下面的方法。

```
#ifdef _X86
   #pragma message("_X86 macro activated!")
#endif
```

定义了_X86 这个宏以后,应用程序在编译时就会在编译输出窗口中显示"_86 macro activated!"。

2)♯pragma code_seg

格式如下:

```
#pragma code_seg(["section-name" [, "section-class"]])
```

它能够设置程序中函数代码存放的代码段,当开发驱动程序时就会使用到它。

3)♯pragma once

只要在头文件的最开始加入这条指令就能够保证头文件被编译一次。

4) #pragma hdrstop

表示预编译头文件到此为止,后面的头文件不进行预编译。

5) #pragma pack

若使用伪指令#pragma pack(n),C编译器将按照n个字节对齐。

使用伪指令#pragma pack(),可取消自定义字节对齐方式。

#pragma pack(push)的作用是保存当前默认的字节对齐方式;#pragma pack(pop)的作用是恢复默认的字节对齐方式。

注意:把结构体的定义放在#pragma pack(push)和#pragma pack(pop)之间,和把结构体定义在#pragma pack(n)和#pragma pack()之间,效果是一样的。

3.2.5 任务3-2 提高程序的可读性与易修改性

1. 任务分析

在实际应用中,常常要保证程序的可读性与程序的易修改性,利用宏替换能较好地实现这样的要求。编写一个程序,输出一个成绩报表的表格,要求表格具有较好的修改性,只要将表格的表头和输出内容变量定义为宏,在程序中输出表格的地方调用所定义的宏就可以了。

2. 任务实施

根据任务分析,编写如下代码。

```
#include <stdio.h>
#define PI 3.1415
#define TRUE 1
#define FALSE 0
#define IS==
#define AND &&
#define OR ||
#define NOT !
#define HEADER1 "/------------------------\\\n"
#define HEADER2 "|学号   \t|成绩\   t|\n"
#define HEADER3 "|----------------+--------|\n"
#define HEADER4 "\\----------------+--------/\n"
#define FORMAT "|%8d\t|%8.2f|\n"
#define DATA code,score
void main(){
    int code=201001;
    float score=90;
    int a,b;
    a=TRUE;
    b=FALSE;
    printf(HEADER1);
    printf(HEADER2);
```

```
printf(HEADER3);
printf(FORMAT,DATA);
if (a IS TRUE AND b IS TRUE)
{
  code=201002;
  score=78;
  printf(HEADER3);
  printf(FORMAT,DATA);
}
printf(HEADER4);
}
```

程序说明：

（1）程序中采用宏替换来设计报表表格的表头，如果其表格的表头发生变化，只需修改宏定义 HEADER1、HEADER2、HEADER3、HEADER4。同样，如果输出的数据格式和内容发生变化，只须修改宏定义 FORMAT 和 DATA。

（2）在程序中如果对某些程序的风格熟悉，也可以定义自己的习惯风格。如这里将逻辑运算的表达方式定义为自己熟悉的格式。

（3）语句 if（a IS TRUE AND b IS TRUE）也可以修改为 if（a NAD b）。将 b＝FALSE 修改为 b＝TRUE，观察程序的运行结果。

3. 拓展训练

编写打印输出工资条格式的程序段。

3.3　项目实践　功能菜单设计

1. 需求描述

设计一个成绩管理系统的菜单，其主要的功能有成绩录入、成绩修改、成绩的统计与排序、成绩查询。

2. 项目分析

对于菜单的设计，需要考虑菜单在显示屏上的位置，应该思考如何使菜单界面整齐、功能齐全、使用方便。

3. 项目实施

根据需求和分析，编写如下代码。

```
#include <stdio.h>
void main(){
  int k;
```

```
    printf("***************************\n");
    printf("||      1.成绩录入         ||\n");
    printf("||      2.成绩修改         ||\n");
    printf("||      3.成绩查询         ||\n");
    printf("||      4.成绩统计         ||\n");
    printf("||      5.成绩排序         ||\n");
    printf("||      请选择 1--5        ||\n");
    printf("***************************\n");
    scanf("%d",&k);
    printf("你选择的是%d\n",k);
}
```

程序说明:

(1) 在 C 语言中,主要通过输入/输出语句实现计算机与用户的交互,在程序设计中,要考虑用户操作的方便性和灵活性,保证良好的交互性,菜单设计是一种不错的选择。

(2) 获得用户选择的变量可以用字符型也可以用整型。若用字符型变量,则可将输入语句改为 scanf("%c",&k);或 k=getchar();。

小　　结

1. 本章重点

(1) 输入/输出函数。

(2) 输入/输出流的应用。

(3) 宏定义。

(4) 掌握顺序结构的程序设计,理解一些常见的算法。

2. 相关知识点提示

(1) 输入/输出函数:C语言没有专门提供输入/输出的语句,数据的输入/输出是利用 C 标准库中提供的输入/输出函数来实现的,包括字符输入/输出函数、格式化输入/输出函数。输入/输出函数包含在 stdio.h 中。

① 字符输入/输出函数:getchar()和 putchar()函数分别用于接收和显示单个字符。

② 格式化输入/输出函数:scanf()和 printf()函数可以接收和显示各种数据类型的数据。

(2) 输入/输出流:包括输入流 cin 和输出流 cout。C++中将数据从一个对象到另一个数据对象的流动抽象为"流"。使用输入/输出流必须使用包含文件 iostream.h。

(3) 宏定义与文件包含:宏定义实际上是用一些较简单的符号来代替一些比较复杂的数据、符号和表达式。宏分为有参数宏和无参数宏两种。

文件包含是指一个源文件可以将另外一个源文件的全部内容包含进来。

习　　题

一、判断题

1. ♯define PI＝3.14159;不是 C 语句。　　　　　　　　　　　　　（　　　）

2. C 语言的关键字都是小写的。　　　　　　　　　　　　　　　　（　　　）

3. 复合语句是指被作为一条语句处理的且在逻辑上相互关联的一组语句。　（　　　）

4. C 程序总是从 main 函数的第一条可执行语句开始执行,在 main 函数中结束。

　　　　　　　　　　　　　　　　　　　　　　　　　　　　　　（　　　）

5. C 程序的基本单位是语句。　　　　　　　　　　　　　　　　　（　　　）

二、选择题

1. 以下程序的输出结果是(　　　)。

```
int main(){
    double d=3.2; int x,y;
    x=1.2; y=(x+3.8)/5.0;
    printf("%d \n", d*y);
}
```

　　A. 3　　　　　　　　B. 3.2　　　　　　　C. 0　　　　　　　D. 3.07

2. 以下程序的输出结果是(　　　)。

```
int main(){
    int x='f'; printf("%c \n",'A'+(x-'a'+1));
}
```

　　A. G　　　　　　　B. H　　　　　　　C. I　　　　　　　D. J

3. 以下程序的运行结果是(　　　)。

```
int main(){
    int a=2,c=5;
    printf("a=%d,b=%d\n",a,c);
}
```

　　A. a＝%2,b＝%5　　　　　　　　　B. a＝2,b＝5

　　C. a=d,b=d　　　　　　　　　　　D. a＝%d,b＝%d

4. 语句 printf("a\bre\'hi\'y\\\bou\n");的输出结果是(　　　)。

　　A. a\bre\'hi\'y\\\bou　　　　　　　B. a\bre\'hi\'y\bou

　　C. re'hi'you　　　　　　　　　　　D. abre'hi'y\bou

(说明:'\b'是退格符)

5. 若变量 a、i 已正确定义,且 i 已正确赋值,则合法的语句是( )。

    A. a==1   B. ++i;   C. a=a++=5;   D. a=int(i);

6. 以下程序的输出结果是( )。

```
int main() {
    int y=3,x=3,z=1;
    printf("%d %d\n",(++x,y++),z+2);
}
```

    A. 3　4   B. 4　2   C. 4　3   D. 3　3

7. 若变量已正确说明为 float 类型,要通过语句 scanf("%f %f %f",&a,&b,&c); 给 a 赋予 10.0、b 赋予 22.0、c 赋予 33.0,则不正确的输入形式是( )。

    A. 10<回车>   B. 10.0,22.0,33.0<回车>

        22<回车>

        33<回车>

    C. 10.0<回车>   D. 10　22<回车>

        22.0　33.0<回车>   33<回车>

8. 以下程序的输出结果是( )。

```
int main() {
  int a=3;
  printf("%d\n",(a+a-=a*a));
}
```

    A. −6   B. 12   C. 0   D. −12

9. 以下程序的输出结果是( )。

```
int main() {
  char c='z';
  printf("%c",c-25);
}
```

    A. a   B. Z   C. z−25   D. y

10. 若变量 a 是 int 类型,并执行了语句 a='A'+1.6;,则正确的叙述是( )。

    A. a 的值是字符 C   B. a 的值是浮点型

    C. 不允许字符型和浮点型相加   D. a 的值是字符'A'的 ASCII 值加上 1

11. 以下程序段的输出结果是( )。

```
int a=1234;
printf("%2d\n",a);
```

    A. 12   B. 34

    C. 1234   D. 提示出错,无结果

12. 已知 i、j、k 为 int 型变量,若从键盘输入"1,2,3<回车>",使 i 的值为 1、j 的值为 2、k 的值为 3,则以下选项中正确的输入语句是( )。

A. scanf("%2d%2d%2d",&i,&j,&k);

B. scanf("%d　%d　%d",&i,&j,&k);

C. scanf("%d,%d,%d",&i,&j,&k);

D. scanf("i=%d,j=%d,k=%d",&i,&j,&k);

13. 设有定义 long x=-123456L;,则以下能够正确输出变量 x 值的语句是(　　)。

A. printf("x=%d\n",x);　　　　　　B. printf("x=%1d\n",x);

C. printf("x=%8dL\n",x);　　　　　D. printf("x=%LD\n",x);

14. 以下程序的输出结果是(　　)。

```
int main() {
  int a;
  char c=10;
  float f=100.0;
  double x;
  a=f/=c * = (x=6.5);
  printf("%d  %d  %3.1f  %3.1f\n",a,c,f,x);
}
```

A. 1　65　1　6.5　　　　　　　B. 1　65　1.5　6.5

C. 1　65　1.0　6.5　　　　　　D. 2　65　1.5　6.5

15. 设变量 x 为 float 型且已赋值,则以下语句中能将 x 中的数值保留到小数点后两位并对第三位四舍五入的是(　　)。

A. x=x*100+0.5/100.0;　　　　　B. x=(x*100+0.5)/100.0;

C. x=(int)(x*100+0.5)/100.0;　　D. x=(x/100+0.5)*100.0;

16. 已定义 c 为字符型变量,则下列语句中正确的是(　　)。

A. c='97';　　　B. c="97";　　　C. c=97;　　　　D. c="a";

17. 以下程序的输出结果是(　　)。

```
#define MA(x) x * (x-1)
 int main()
 { int a=1,b=2; printf("%d \n",MA(1+a+b));}
```

A. 6　　　　　　　B. 8　　　　　　　C. 10　　　　　　　D. 12

18. 头文件 typel.h 的内容如下:

```
#define N 5
#define M1 N * 3
```

程序如下:

```
#define "type1.h"
#define M2   N * 2
int main() {
  int i;
  i=M1+M2; printf("%d\n",i);
}
```

则程序的输出结果是(　　)。

    A. 10　　　　　　　　B. 20　　　　　　　　C. 25　　　　　　　　D. 30

19. 以下程序的输出结果是(　　)。

```
#include <stdio.h>
#define SUB(X,Y) (X) * Y
int main(){
   int a=3, b=4;
   printf("%d", SUB(a++, b++));
}
```

    A. 12　　　　　　　　B. 15　　　　　　　　C. 16　　　　　　　　D. 20

三、填空题

1. 以下程序的输出结果是 _____。

```
int main(){
   unsigned short a=65536; int b;
   printf("%d\n",b=a);
}
```

2. 若有定义：int a＝10,b＝9,c＝8;,则顺序执行下列语句后,变量 b 中的值是 _____。

```
c=(a-=(b-5));
c=(a%11)+(b=3);
```

3. 以下程序的输出结果是_____。

```
void main() {
   int a=1, b=2;
   a=a+b; b=a-b; a=a-b;
   printf("%d,%d\n", a, b);
}
```

4. 以下程序的输出结果是_____。

```
void main() {
   int a=177;
   printf("%o\n",a);
}
```

5. 以下程序的输出结果是_____。

```
void main() {
   int a=0
   a+=(a=8);
   printf("%d\n",a);
}
```

6. 以下语句的输出结果是_____。

```
int i=-19,j=i%4;
printf("%d\n",j);
```

7. 以下程序的输出结果是_____。

```
void main() {
  char m;
  m='B'+32;   printf("%c\n",m);
}
```

8. 设有如下宏定义：

```
#define MYSWAP(z,x,y) {z=x;   x=y; y=z;}
```

以下程序段通过宏调用实现变量 a、b 内容交换，请填空。

```
float   a=5,b=16,c;
MYSWAP(_____, a , b);
```

9. 以下程序的输出结果是_____。

```
#define MAX(x,y) (x)>(y)?(x):(y)
void main() {
  int a=5,b=2,c=3,d=3,t;
  t=MAX(a+b,c+d) * 10;
  printf("%d\n",t);
}
```

四、编程题

1. 编写程序，从键盘上输入三个数分别赋给变量 a、b、c，并求它们的平均值。

2. 输入"9 时 23 分"并把它转换成分钟后输出（从零点整开始计算）。

3. 编写程序实现将摄氏温度转换为华氏温度。摄氏温度与华氏温度的换算式如下。

$$5 \times (F - 50°) = 9 \times (C - 10°)$$

式中：F 为华氏温度，C 为摄氏温度。

4. 输入半径，求圆的面积、圆的周长、圆球的体积、圆球的表面积。编程时注意输入输出的格式并有相应的提示。

第4章 分支程序设计

【技能目标】 掌握分支程序的分析与设计方法。

【知识目标】 计算机在执行程序时，一般是按照程序中语句的次序依次执行，但有时也可能根据某种条件而改变执行的顺序。这种根据不同的条件而选择不同执行路径的程序结构，称为分支结构。在C语言中通常采用if语句和switch语句实现分支结构。本章涉及以下知识点。

(1) 分支和条件逻辑。

(2) if结构。

(3) if-else结构。

(4) 嵌套的else if结构。

(5) switch结构。

通过本章的学习，达到以下的目标。

(1) 掌握如何用C语言来表达条件逻辑的方法。

(2) 熟练掌握if语句的应用。

(3) 熟练掌握switch语句的应用。

【关键词】 分支结构(branch construct)，开关语句(switch statement)，流程(flow)，嵌套(nesting)，条件(condition)。

【项目任务】 分析考试成绩的等级。输入学生的考试百分制成绩，判断其等级。90分以上为"优"，80~89分为"良"，70~79分为"中"，60~69分为"及格"，60分以下为"不及格"。

【项目解析】 判断学生考试成绩的等级，实际上根据输入的成绩，确定在哪个分数段，然后执行不同的语句，这就是分支程序的设计。为完成本项目的需求，必须要正确分析程序的流程结构，正确利用C语言来表达各种逻辑关系，掌握各种分支结构的程序设计。在完成项目的设计中应注意以下几个方面：①输入成绩的有效性检验；②正确的逻辑结构；③程序的可读性；④程序执行的效率。

4.1 分支和条件逻辑

分支和条件逻辑使得应用程序具备了根据各种不同的条件，或根据任何能够被程序表达的逻辑条件而完成处理不同事件的能力。分支程序设计的关键是如何表达其条件逻辑,如"考试成绩低于 60 分""考试成绩高于或等于 60 分且小于 70 分"等,如何表达这些逻辑关系,这成为分支程序设计的关键。

4.1.1　关系运算符和表达式

在程序中经常需要比较两个量的大小关系,以决定程序下一步的工作。比较两个量的运算符称为关系运算符。

在 C 语言中有以下关系运算符:<(小于)、<=(小于或等于)、>(大于)、>=(大于或等于)、==(等于)、!=(不等于)。

关系运算符都是二元运算符,其结合性均为左结合。关系运算符的优先级低于算术运算符,高于赋值运算符。在 6 个关系运算符中,<、<=、>、>= 的优先级相同,高于 == 和 !=、== 和 != 的优先级相同。

关系表达式的一般形式如下。

表达式 关系运算符 表达式

例如:

```
a+b>c-d
x>3/2
'a'+1<c
-i-5*j==k+1
```

都是合法的关系表达式。由于表达式也可以是关系表达式,因此也允许出现嵌套的情况。例如:

```
a>(b>c)
a!=(c==d)
```

关系表达式的值是真和假,用 1 和 0 表示。例如,5>0 的值为真,即为 1;(a=3)>(b=5),由于 3>5 不成立,因此其值为假,即为 0。

【例 4-1】　分析下面表达式的值。

```
#include <stdio.h>                                //1
void main(){                                      //2
  int i_a,i_b,i_c;                                //3
  char c_a,c_b;                                   //4
  i_a=10;                                         //5
  i_b=20;                                         //6
  c_a='a';                                        //7
  c_b='b';                                        //8
  i_c=i_a>i_b;                                    //9
  printf("i_a=20 ?:%d\n",i_a==20);                //10
  printf("i_a<i_b ?:%d\n",i_a<i_b);               //11
  printf("c_a!=c_b>'d' ?:%d\n",c_a!=c_b>'d');     //12
```

93

```
        printf("i_a+c_a<i_b ?:%d\n",(i_a+c_a)<i_b);      //13
    }
```

程序运行结果:

```
i_a=20 ?:0
i_a<i_b ?:1
c_a!=c_b>'d' ?:1
c_a<c_b ?:1
i_a+c_a<i_b ?:0
```

程序说明:

(1) 第 10 行语句中,由于 i_a=10,所以 i_a≠20,表达式 i_a==20 为假,输出 0。

(2) 第 11 行语句中,i_b=20,i_a<i_b 为真,输出 1。

(3) 第 12 行语句中 c_a='a',c_b='b';,由于!=的优先级低于>,所以先运算 c_b>'d' 为假,其值为 0,所以 c_a!=0 为真,其值为 1。

(4) 第 13 行语句中,i_a+c_a 的值是 10+97=107,所以(i_a+c_a)<i_b 为假,值为 0。

4.1.2 逻辑运算符和表达式

C 语言中提供了三种逻辑运算符:&&(与运算)、||(或运算)、!(非运算)。

与运算符 && 和或运算符|| 均为二元运算符,具有左结合性。非运算符! 为一元运算符,具有右结合性。逻辑运算符和其他运算符优先级的关系如图 4-1 所示。

图 4-1   运算符的优先级

&& 和||的优先级低于关系运算符,!的优先级高于算术运算符。

按照运算符的优先顺序可以得出如下结论。

a>b && c>d   等价于   (a>b)&&(c>d)

!b==c||d<a   等价于   ((!b)==c)||(d<a)

a+b>c&&x+y<b 等价于   ((a+b)>c)&&((x+y)<b)

逻辑运算的值也分为"真"和"假"两种,用 1 和 0 来表示。其求值规则如下。

(1) 与运算 &&:参与运算的两个量都为真时,结果才为真,否则为假。

(2) 或运算||:参与运算的两个量只要有一个为真,结果就为真。两个量都为假时,结果为假。

(3) 非运算!:运算量为真时,结果为假;运算量为假时,结果为真。

虽然 C 编译在给出逻辑运算值时,以 1 代表真,0 代表假,但反过来在判断一个量是真还是假时,以 0 代表假,以非 0 的数值作为真。

逻辑表达式的一般形式如下。

表达式　逻辑运算符　表达式

其中的表达式可以又是逻辑表达式,从而组成了嵌套的情形,如(a&&b)&&c。

根据逻辑运算符的左结合性,上式也可写为 a&&b&&c。

逻辑表达式的值是式中各种逻辑运算的最后值,以 1 和 0 分别代表真和假。

🔔 **注意:**

(1) 逻辑短路原则。在逻辑表达式的求值过程中,不是所有的逻辑运算都被执行。有时候,不需要执行所有的运算,就可以确定逻辑表达式的结果。只有在必须执行下一个逻辑运算后才能求出逻辑表达式的值时,才继续执行该运算。这种情况称为逻辑表达式的"短路"。

假设 a 是一个布尔值或逻辑表达式,bool-exp 是一个逻辑表达式,那么:

① a&&(bool-exp)只有 a 为真时,才继续判定值。假如 a 为假,逻辑表达式的值已经确定为假,不需要继续求值;

② a||(bool-exp)只有 a 为假时,才继续判定值。假如 a 为真,逻辑表达式的值已经确定为真,不需要继续求值。

(2) 运算符优先级不是运算优先级,而是结合性优先级,意指:高优先级的运算符所结合的变量或表达式,不能被低优先级的运算符分离。

【例 4-2】 分析下面程序的运行结果。

```c
#include <stdio.h>
void main(){
  int x=13,y=22,z=4;
  printf("%d", y>=x || z>=y);
  printf("%d",!(x<y)&&!z);
}
```

程序运行结果:

1 0

程序说明:

(1) y>=x 为真,表达式 y>=x || z>=y 为真,输出为 1。

(2) x>y 为假,!(x>y) 为真,!Z 为假,表达式!(x<y)&&!z 的值为假,输出为 0。

4.1.3　条件运算符和条件表达式

如果在条件语句中,只执行单个的赋值语句时,常可使用条件表达式来实现。不但使程序简洁,也提高了运行效率。

条件运算符为?:,它是一个三元运算符,即有三个参与运算的量。

由条件运算符组成条件表达式的一般形式如下。

表达式 1?表达式 2:表达式 3

其求值规则为,如果表达式 1 的值为真,则以表达式 2 的值作为条件表达式的值,否则以表达式 3 的值作为整个条件表达式的值。

条件表达式通常用于赋值语句之中。

```
max=(a>b)?a:b;
```

执行该语句的语义是,如 a>b 为真,则把 a 赋予 max,否则把 b 赋予 max。

使用条件表达式时,还应注意以下几点。

(1) 条件运算符的运算优先级低于关系运算符和算术运算符,但高于赋值符。因此 max=(a>b)?a:b 可以去掉括号而写为 max=a>b?a:b。

(2) 条件运算符?和:是一对运算符,不能分开单独使用。

(3) 条件运算符的结合方向是自右至左。

例如,a>b?a:c>d?c:d 应理解为 a>b?a:(c>d?c:d)。

这也就是条件表达式嵌套的情形,即其中的表达式 3 又是一个条件表达式。

【例 4-3】 分析下面程序的运行结果。

```c
#include <stdio.h>
void main(){
    int x=13,y=22,z=4;
    printf("%d\n",(z>=y)?1:0);
    printf("%d\n",x<y?x++:++y);
    printf("%d %d\n",x,++y);
    printf("%d\n",x>y?x>z?x:z:y>z?y:z);
}
```

程序运行结果:

```
0
13
14 23
23
```

程序说明:

(1) (z>=y)为假,所以表达式(z>=y)?1:0 的值为 0。

(2) x<y 为真,执行 x++,先输出 x 的值,然后 x++,所以输出 13。

(3) x++后 x 的值为 14,先 y+1 后输出,所以输出 14 23。

(4) 当 x=14,y=23 时,x>y 为假,执行表达式 y>z?y:z,y>z 为真,所以表达式的值为 23,输出 23。

【例 4-4】 判断一个年份 year 是否闰年。闰年的条件是,能被 4 整除,但不能被 100 整除,或者能被 400 整除。

算法分析:如果 a 除以 b 余数为 0,则 a 能被 b 整除,即 a%b=0。

根据上面的分析,编写如下的程序。

```c
//输入年份,判断是否为闰年
#include <stdio.h>
void main(){
    int year;
```

```
    int isleap;
    printf("输入年份：");
    scanf("%d",&year);
    isleap=(year%4==0) && (year%100!=0)||(year%400==0);
    isleap?printf("%d 是闰年",year) : printf("%d 不是闰年",year);
}
```

程序运行结果：

```
输入年份：2019
2019 不是闰年
```

程序说明：根据闰年的条件可知，"能被 4 整除，但不能被 100 整除"的条件表示为
（year％4＝＝0）＆＆（year％100！＝0），"能被 400 整除"的条件表示为 year％400＝＝0，
两个条件之间是逻辑或的关系，即（（year％4＝＝0）＆＆（year％100！＝0））||（year％
400＝＝0）。

4.1.4　任务 4-1　获得奖学金的条件逻辑

1. 任务分析

判断某学生是否获得奖学金。获得奖学金的条件是，三门考试成绩的平均成绩在
80 分以上且一门考试成绩不低于 70 分，或两门考试成绩均在 90 分以上，一门考试成绩
不低于 60 分。写出其逻辑表达式。

输入三门课程的成绩赋值给 scoreA、scoreB、scoreC；获得奖学金的条件如下。

（1）（scoreA＋scoreB＋scoreC）/3＞＝70 并且 scoreA＞＝70，scoreB＞＝70，
scoreC＞＝70。

（2）scoreA＞＝90 并且 scoreB＞＝90 并且 scoreC＞＝60。

（3）scoreA＞＝90 并且 scoreB＞＝60 并且 scoreC＞＝90。

（4）scoreA＞＝60 并且 scoreB＞＝90 并且 scoreC＞＝90。

2. 任务实施

根据任务分析，编写如下代码。

```
#include <stdio.h>
void main(){
    int scoreA,scoreB,scoreC;
    int flag;
    printf("输入成绩 A:");
    scanf("%d",&scoreA);
    printf("输入成绩 B:");
    scanf("%d",&scoreB);
    printf("输入成绩 C:");
    scanf("%d",&scoreC);
    flag=(scoreA+scoreB+scoreC)/3>=70;
```

```
        flag=flag&&scoreA>=70&& scoreB>=70&& scoreC>=70;
        flag=flag|| scoreA>=90 && scoreB>=90&&scoreC>=60;
        flag=flag|| scoreA>=90 && scoreB>=60&& scoreC>=90;
        flag=flag|| scoreA>=60&& scoreB>=90&&scoreC>=90;
        printf(flag?"发放奖学金\n":"没有奖学金\n");
    }
```

程序运行结果：

```
输入成绩A:89
输入成绩B:78
输入成绩C:96
发放奖学金
```

程序说明：获得奖学金的条件是，只要满足上面的 4 个条件之一，所以它们是"或"的关系。这里为了阅读程序的方便，设置一个整型变量(布尔)flag，将其初始值设定为 1(真)，再分别运算求表达式的逻辑值。

3. 拓展训练

用 C 语言描述下列命题。
(1) i 小于 j 或小于 k。
(2) i 和 j 中有一个小于 k。
(3) i 不能被 j 整除。

4.2　简单分支程序设计

在日常生活中，经常需要根据不同的情况而做出不同的处理。当学生生病了，就要去医院；当学生考试结束后，要判定学生是否考试合格，或者统计合格的人数；根据年龄确定是否离退休；根据学生的测验成绩分班，如果测验成绩为优秀，进入实验班，否则进入普通班等。这种结构根据条件满足或不满足可分别执行两种分支程序段，称为分支结构。

4.2.1　单分支结构的程序设计

C 语言使用 if 语句来实现单分支结构，语法如下。

if(表达式) 语句;

其语义是，如果表达式的值为真，则执行其后的语句，否则不执行该语句。其过程如图 4-2 所示。

🔔 注意：
(1) 表达式可以是逻辑表达式、关系表达式以及赋值表达式。
(2) 当表达式的值为真时执行语句，即当表达式的值为非零时就执行语句。
(3) 表达式必须用括号括起来。

（4）语句可以是复合语句。当 if 语句的条件成立时执行的语句多于一条时，必须用一对花括号{}括起来，表示是执行复合语句。

例如：

```
if (x==y) z=0;              //关系表达式,执行后当 x 等于 y 时,z=0
if (x=1) z=0 ;             //赋值表达式,执行后 z=0
if (x>0 && y>0)  z=0;      //当 x 大于 0 并且 y>0 时,z=0
```

【例 4-5】 输入一个数，判断是否为偶数。

算法描述：如果一个数能被 2 整除，则该数是整数；当一个数对 2 取模为 0 时，表示该数能被 2 整除。程序流程如图 4-3 所示。

图 4-2　if 语句执行流程　　　　图 4-3　例 4-5 程序流程

编写如下程序。

```
//输入一个整数,如果是偶数,输出"X 是偶数"
#include <stdio.h>
void main(){
  int x;
  printf("请输入 x;");
  scanf("%d",&x);
  if (x%2==0)
    printf("%d 是偶数",x);
}
```

程序运行结果：

```
请输入 x;50
50 是偶数
```

程序说明：x%2==0 表示判断 x 对 2 取模运算结果是否为 0。当关系表达式 x%2==0 条件成立时执行语句 printf("%d 是偶数",x);,否则不执行。

讨论与思考：

（1）如何判断一个数的个位数是 7？

（2）以下程序段的执行结果是什么？

```
int a=0;
if (!a++||++a) printf("%d",a);
```

4.2.2　双分支结构的程序设计

if 语句更常用的形式是双分支语句，一般形式如下。

```
if (表达式) {
    语句 1;
}
else {
    语句 2;
}
```

其语义是,当表达式为真(非 0)时执行语句 1,否则执行语句 2。其过程可表示为图 4-4。

例如:

```
if (x>y)
    max=x;
else
    max=y;
```

图 4-4　if-else 语句执行流程

🔔 **注意**:

(1) if 语句中,if 之后的表达式通常是逻辑表达式或关系表达式,也可以是其他表达式,如赋值表达式等,甚至也可以是一个变量。例如:

```
if(a=5) 语句;
if(b) 语句;
```

在语句 if(a＝5)…中,表达式的值永远为非 0,所以其后的语句总是要执行的。当然这种情况在程序中不一定会出现,但在语法上是合法的,所以在编写程序时一定要区分 a＝b 和 a＝＝b。

又如,有以下程序段:

```
if(a=b) printf("%d",a); else  printf("a=0");
```

其语义是,把 b 值赋予 a,如为非 0 则输出该值,否则输出"a＝0"字符串。这种用法在程序中经常出现。

(2) 在 if 语句中,条件判断表达式必须用括号括起来,在语句之后必须加分号。

(3) 在 if 语句中,所有的语句应为单个语句,如果要想在满足条件时执行一组(多个)语句,则必须把这一组语句用{}括起来组成一个复合语句。但要注意的是在}之后不能再加分号。例如:

```
if(a>b){
  a++;
  b++;
}
else{
  a=0;
  b=10;
}
```

(4) if 语句和 else 语句属于同一个 if 语句,else 语句不能单独使用,它必须是 if 语句的一部分,与 if 配对使用。

【例 4-6】　对一个浮点数进行四舍五入。

算法描述：输入一个数，如果这个数与其取整（向下取整）的差值大于 0.5，则这个数将五入，即将数取整后＋1，否则将数取整。其流程图如图 4-5 所示。

根据分析，编写如下程序。

```
//输入一个实数,将其四舍五入后输出
# include <stdio.h>
void main(){
    float x;
    int y;
    printf("请输入 x: ");
    scanf("%f",&x);
    if (x-int(x)>=0.5) {
        y=int(x)+1;
    }
    else{
        y=int(x);
    }
    printf("%f 经过四舍五入后的结果是%d\n",x,y);
}
```

输入一个数n	
n-int(n)>0.5?	
Y	N
y=int(n)+1	y=int(n)
输出y	

图 4-5　浮点数四舍五入程序流程

程序运行结果：

请输入x: 5.7
5.700000 经过四舍五入后的结果是6

程序说明：

（1）当输入的数值与其取整后的差大于或等于 0.5 时，将该数取整后加 1，实现了"五入"，否则将该数值取整实现"四舍"。

（2）当 if 语句或 else 后面只有一条语句时，可以不用"{}"括起来。

4.2.3　任务 4-2　判断考试成绩是否合格

1. 任务分析

判定学生的考试成绩是否合格。

算法描述：

输入一个数x	
x=60	
Y	N
不合格	合格

图 4-6　任务 4-2 程序流程

（1）输入一个成绩 x。

（2）如果 x<60，那么输出"不合格"，否则输出"合格"。其流程图如图 4-6 所示。

2. 任务实施

根据流程图编写如下程序：

```
#include <stdio.h>
void main(){
    int score;
    printf("输入考试成绩");
    scanf("%d",&score);
    if (score<60)
        printf("考试成绩为%d,不合格\n",score);
    else
        printf("考试成绩为%d,合格\n", score);
}
```

程序运行结果:

```
输入考试成绩:89
考试成绩为89,合格
```

3. 拓展训练

输入三角形的三条边,计算其面积,当输入有误时,输出"数据输入有误"。

4.3 多分支程序设计

在实际问题中,经常根据多个条件值执行不同的动作,这就需要用到多分支的选择结构,例如,按学生成绩分等级(90 分以上为优,80～89 分为良,70～79 分为中,60～69 分为及格,60 分以下为不及格),按职称、工资级别、工作业绩分发工资等。

4.3.1 if 语句的多重选择程序设计

可以用 if 语句的嵌套来实现多分支选择。在 if 语句中又包含一个或多个 if 语句称为 if 语句的嵌套。其一般形式如下。

```
if(表达式 1)
    语句 1;
else if(表达式 2)
    语句 2;
    …
else if(表达式 m)
    语句 m;
    …
else
    语句 n;
```

其语义是,依次判断表达式的值,当出现某个值为真时,则执行对应的语句。然后跳到整个 if 语句之外继续执行程序。如果所有的表达式均为假，则执行语句 n，然后继续执行后续程序。if-else-if 语句的执行过程如图 4-7 所示。

图 4-7   多重分支执行流程

🔔 **注意**：在嵌套结构中，要注意 if 与 else 的配对关系。

如果内嵌的 if 语句是 if-else 型的，这将会出现多个 if 和多个 else 重叠的情况，这时要特别注意 if 和 else 的配对问题。例如：

```
if(表达式 1)
    if(表达式 2)
        语句 1;
    else
        语句 2;
```

其中的 else 究竟是与哪一个 if 配对呢？C 语言规定，else 总是与它前面最近的 if 配对。在编程可以如下编写，以提高程序的可读性。

```
if(表达式 1){
    if(表达式 2){
        语句 1;}
    else{
        语句 2;}
}
```

或

```
if(表达式 1){
    if(表达式 2){
        语句 1; }
}
else{
    语句 2; }
```

【**例 4-7**】   求一元二次方程 $ax^2+bx+c=0$ 的根。

算法分析：方程根的计算公式为

$$x_1=\frac{-b+\sqrt{b^2-4ac}}{2a}, \quad x_2=\frac{-b-\sqrt{b^2-4ac}}{2a}$$

由求根公式中的判别式 $\Delta=b^2-4ac$ 可知，当 $\Delta>0$ 时有 2 个不等的实根；$\Delta=0$ 时，有 2 个相等的实根；$\Delta<0$ 时，有 2 个复根。其流程图如图 4-8 所示。

编写如下程序。

```
//求一元二次方程的根
#include <stdio.h>
#include <math.h>
void main(){
```

图 4-8 求一元二次方程的根程序流程

```
float a,b,c, disc,x1,x2,realpart,imagpart;
printf("输入 a,b,c:");
scanf("%f,%f,%f",&a,&b,&c);
if (fabs(a)<=1e-6)
  printf("非二次方程");
else {
  disc=b*b-4*a*c;
  if(fabs(disc)<=1e-6)
    printf("有两个相等实根:\nx1=x2=%8.4f\n", -b/(2*a));
  else
    if(disc>1e-6){
      x1=(-b+sqrt(disc))/(2*a);
      x2=(-b-sqrt(disc))/(2*a);
      printf("有两个实根:\nx1=%8.4f \nx2=%8.4f\n",x1,x2);
    }
    else{
      realpart=-b/(2*a);                //实部
      imagpart=sqrt(-disc)/(2*a);       //虚部
      printf("有两个复根:\n");
      printf("x1=%8.4f+%8.4fi\n",realpart,imagpart);
      printf("x1=%8.4f-%8.4fi\n",realpart,imagpart);
    }
  }
}
```

程序运行结果:

```
输入a,b,c:2,5,3
有两个实根:
x1= -1.0000
x2= -1.5000
```

程序说明:为了减少重复计算,先计算 disc=b*b-4*a*c。由于 disc 是实数,而实数在计算和存储时会有一些微小的误差,因此不能直接进行如下判断:if(disc==0)。

104

采用的办法是判断 disc 的绝对值（fabs(disc)）是否小于一个很小的数（如 10^{-6}），如果小于此数，就认为 disc＝0。

讨论与思考：如何编写高效的 AND（与）分支与 OR（或）分支程序？

4.3.2 switch 语句的多重选择程序设计

switch 结构与 if-else 结构是多分支选择的两种形式。它们的应用环境不同：if-else 用于对多条件并列测试，从中取一的情况；switch 结构用于单条件测试，从其多种结果中取一种的情况。其语法格式如下。

```
switch(表达式){
    case 常量表达式 1: 语句 1;
    case 常量表达式 2: 语句 2;
        …
    case 常量表达式 n:  语句 n;
    default: 语句 n+1;
}
```

其语义是，计算表达式的值，然后将其逐个与其后的常量表达式的值进行比较。当表达式的值与某个常量表达式的值相等时，即执行其后的语句，然后不再进行判断，继续执行后面所有语句。如果表达式的值与所有 case 后的常量表达式均不相同时，则执行 default 后的语句。执行过程如图 4-9 所示。

【**例 4-8**】 菜单程序的设计。设计一个菜单程序，用户选择菜单项，执行相应的程序段。其程序流程图如图 4-10 所示。根据流程图编写如下程序。

条件表达式				
case1	case2	…	case n	default
语句1	语句2	…	语句n	语句n+1

图 4-9 switch 语句执行流程

显示菜单				
输入菜单选择项				
0	1	2	3	4
退出	增加信息	修改信息	删除信息	浏览信息

图 4-10 switch 语句执行流程

```
#include <stdio.h>
#include <stdlib.h>
void main(){
    int ch;
    printf("用户管理菜单\n");
    printf("1.增加用户信息");
    printf("2.修改用户信息\n");
    printf("3.删除用户信息");
    printf("4.浏览用户\n");
```

```
        printf("0.退出\n");
        printf("请选择(0--4)");
        scanf("%d",&ch);
        switch(ch){
            case 1:printf("你选择的是"增加用户"\n");break;
            case 2:printf("你选择的是"修改用户"\n");break;
            case 3:printf("你选择的是"删除用户"\n");break;
            case 4:printf("你选择的是"浏览用户"\n");break;
            case 0:exit(0);break;
            default: printf("你输入有误\n");
        }
    }
```

程序运行结果：

```
用户管理菜单
1.增加用户信息2.修改用户信息
3.删除用户信息4.浏览用户
0.退出
请选择(0--4)1
你选择的是"增加用户"
```

程序说明：程序执行时,根据菜单提示,选择输入 0~4,赋值给 ch。switch 的条件表达式是一个已有整数值,于是从上至下找 case 后面相匹配的常数 1、2、3、4、0,执行对应 case 后面的语句,直到遇到 break 语句退出 switch 结构。如果输入非 0~4 的数字,则执行 default 后面的语句。

讨论与思考：如果没有 break 语句将会是什么结果？

🔔**注意**：

(1) switch 后的表达式可以是 int、char 和枚举类型之一。与之对应,case 后面是整数、字符或枚举值,也可以是不含变量与函数的常量表达式。

例如：

```
switch(c){
    case 3+4:
    case 8:
}
```

不允许写为

```
int x=3,y=4;
switch(z){
    case x+y:
}
```

(2) 每个 case 后面常量表达式的值必须各不相同,否则会出现相互矛盾的现象。

（3）case 后的常量表达式仅起语句标号作用，并不进行条件判断。系统一旦找到入口标号，就从此标号开始执行，不再进行标号判断，所以必须加上 break 语句，以便结束 switch 语句。

（4）各个 case 及 default 子句的先后次序不影响程序执行结果。在进行程序设计时，把出现频率低的情况写在 case 的后面，而将其余情况写在 default 后面作"统一处理"。

（5）switch 允许嵌套。例如：

```
switch(exp1){
  case 'A':
       ...
  switch(exp2){
    case 'a':
    ...
  }
  case 'B':
}
```

4.3.3 任务 4-3 求解分段函数

1. 任务分析

某公司的工资计算采用基本工资加绩效工资制度，其基本工资根据职工的等级确定，绩效工资根据其销售额进行提成。其工资计算方法如图 4-11 所示。

图 4-11 工资计算方法

编程根据员工的等级和销售额，求应发工资的总额。

用户在使用时，提示输入员工的等级 A、B、C，然后提示输入该员工的销售额。输入数据后，计算机输出员工应发工资的总额。在程序设计中要注意以下两个问题。

（1）连续区间的离散化处理。由于提成变化的转折点 1000、2000、5000、10000 都是 10000 的整数倍，所以用 profit 整除以 1000。

（2）重叠区间的处理。在离散化处理后，相邻区间 1000、2000、5000、10000 存在重叠，最简单的方法就是将 profit−1（最小增量）再整除以 1000。

定义如下变量：

```
char grade          //等级
float profit        //销售额
float salary        //应发工资的总额
```

程序流程如图 4-12 所示。

输入员工等级 grade		
输入销售额 profit		
根据 grade 确定基本工资	A	BaseSalary=2000
	B	BaseSalary=1500
	C	BaseSalary=1000
level=(profit−1)/1000		
bonus0=1000*0.1		
bonus1=bonus0+1000*0.075		
bonus2=bonus1+3000*0.03		
bonus5=bonus2+5000*0.015		
根据 level 确定提成金额	0	bonus=profit*0.1
	1	bonus=bonus0+(profit−1000)*0.75
	2	bonus=bonus1+(profit−2000)*0.03
	3	
	4	
	5	bonus=bonus2+(profit−5000)*0.015
	6	
	7	
	8	
	9	
	其他	bonus=bonus5+(profit−10000)*0.001
输出 Salary=BaseSalary+bonus		

图 4-12　程序流程

2. 任务实施

根据任务分析,编写如下代码。

```
void main(){
    long profit;
    double salary,BaseSalary,bonus0,bonus1,bonus2,bonus5,bonus;
    int level;
    char grade;
    printf("输入员工的等级");
    scanf("%c",&grade);
    printf("输入该员工的销售额");
    scanf("%ld",&profit);
    switch(grade){
        case 'A':
        case 'a':BaseSalary=2000;break;
        case 'B':
```

```
        case 'b':BaseSalary=1500;break;
        case 'C':
        case 'c': BaseSalary=1000;break;
    }
    level=(profit-1)/1000;
    bonus0=1000 * 0.1;
    bonus1=bonus0+1000 * 0.075;
    bonus2=bonus1+3000 * 0.03;
    bonus5=bonus2+5000 * 0.015;
    switch(level){
        case 0:bonus=profit * 0.1;
        case 1:bonus=bonus0+1000 * 0.075;break;
        case 2:
        case 3:
        case 4: bonus=bonus1+3000 * 0.03;break;
        case 5:
        case 6:
        case 7:
        case 8:
        case 9:bonus=bonus2+5000 * 0.015;break;
        default:bonus=bonus5+(profit-10000) * 0.001;
    }
    salary=BaseSalary+bonus;
    printf("工资额:%.2f\n",salary);
}
```

3. 拓展训练

输入数字 1～7，打印输出对应的星期几英文（Monday、Tuesday、Wednesday、Thursday、Friday、Saturday、Sunday）。

4.4　项目实践　判定考试成绩等级

1. 需求描述

输入学生的考试百分制成绩，判断其等级。90 分以上为"优"，80～89 分为"良"，70～79 分为"中"，60～69 分为"及格"，60 分以下为"不及格"。

2. 项目分析

本项目可以采用两种方法来实现：①采用 if 条件嵌套；②采用 switch 开关语句。

如果采用 if 嵌套方式，根据输入的成绩，从小到大查找该数值落在哪个分数段，再输出结果。其流程图如图 4-13 所示。当然,也可以从大到小查找该数值落在哪个分数段。

如果使用 switch 语句,必须将百分制成绩与等级的关系转换为整数与等级的关系。分析本题可知,等级变化的转折点 90、80、70、60 都是 10 的整数倍,所以将成绩整除以 10 后进行离散化处理。

score<60	对应 0,1,2,3,4,5
60≤score<70	对应 6
70≤score<80	对应 7
80≤score<90	对应 8
score≥90	对应 9,10

将输入的考试成绩整除以 10,转换成整数与成绩的对应关系,不同的整数值对应不同分数段,即可实现判断其成绩等级的目的。其流程图如图 4-14 所示。

图 4-13 将百分制成绩转换为
等级算法流程(if 实现)

输入成绩 score				
grade=score/10				
grade				
10,9	8	7	6	5,4,3,2,1,0
输出"优"	输出"良"	输出"中"	输出"及格"	输出"不及格"

图 4-14 将百分制成绩转换为等级
算法流程(switch 实现)

3. 项目实施

根据需求和分析,编写如下代码。

1) 使用 if 语句

```c
//输入考试成绩,输出其等级
#include <stdio.h>
void main(){
  int score;
  printf("输入成绩：");
  scanf("%d",&score);
  if (score<0||score>100)          //输入成绩有效性效验
    printf("输入成绩有误：");
else if (score<60)
    printf("不及格");
else if (score<70)
    printf("及格");
else if (score<80)
    printf("中");
```

```
else if (score<90)
    printf("良");
  else
    printf("优");
  printf("\n");
}
```

程序运行结果：

```
输入成绩：89
良
```

讨论与思考：改写程序，考虑如何提高程序的运行效率？如何利用判定树、判定表工具来分析程序的结构？

2）使用 switch 语句

```
//输入百分制成绩，判断其等级
#include <stdio.h>
void main(){
  int score;
  int grade;
  printf("输入成绩：");
  scanf("%d",&score);
  if (score<0||score>100)                    //输入成绩有效性效验
      printf("输入成绩有误：");
  else{
      //将成绩整除 10，转化为 switch 语句中的 case 标号
      grade=score/10;
      if (grade<5 && grade>0) grade=5;       //成绩低于 60 分都定义为不及格
      switch(grade){
          case 10:
          case 9:printf("优");break;          //标号 10、9 都执行此行语句
          case 8:printf("良");break;
          case 7:printf("中");break;
          case 6:printf("及格");break;
          case 5:printf("不及格");break;
          default:printf("成绩输入错误");       //提示错误
      }
  }
  printf("\n");
}
```

程序运行结果：

```
输入成绩：90
优
```

程序说明:在本例中,grade＝10、grade＝9 时都输出"优",因此共用 printf("优");语句,所以 case 10:后面没有语句,并且不能使用 break;。若去掉程序中的所有 break 语句,将会出现什么情况?

小　　结

1. 本章重点

(1) 数据类型的定义。

(2) 表达式与运算符。

(3) 运算符的优先级与结合性。

2. 相关知识点提示

(1) 关系运算符:＜(小于)、＜＝(小于或等于)、＞(大于)、＞＝(大于或等于)、＝＝(等于)、!＝(不等于)。其结合性均为左结合。＜、＜＝、＞、＞＝的优先级相同,高于＝＝和!＝,＝＝和!＝的优先级相同。

(2) 逻辑运算符:＆＆(与运算)、‖(或运算)、!(非运算),与运算符 ＆＆ 和或运算符‖均为二元运算符。具有左结合性。非运算符! 为一元运算符,具有右结合性。

优先级的关系可表示如下:!(非)→＆＆(与)→‖(或)。

＆＆ 和‖低于关系运算符,!高于算术运算符,关系运算符的优先级低于算术运算符,高于赋值运算符。

(3) 关系表达式和逻辑表达式的值为逻辑值:真(1) 或假(0)。参与逻辑运算的操作数可以是逻辑表达式,也可以是非逻辑表达式。非逻辑表达式的"真假"判断规则:0 判定为"逻辑假",非 0 判定为"逻辑真"。关系表达式和逻辑表达式的值还可以参加其他种类的运算。

(4) 逻辑短路原则。在逻辑表达式的求值过程中,不是所有的逻辑操作符都被执行。只有在必须执行下一个逻辑操作符后才能求出逻辑表达式的值时,才继续执行该操作符。

(5) 条件运算符的求值规则为,如果表达式 1 的值为真,则以表达式 2 的值作为条件表达式的值,否则以表达式 3 的值作为整个条件表达式的值。

(6) if 语句主要有三种形式。表达式一般是关系表达式或逻辑表达式,当表达式的值为 0 时表示"假",非 0 时表示"真"。语句可以是复合语句,是复合语句时用括号{}括起来。在 if 语句嵌套时,else 与它上面距离最近且尚未匹配的 if 配对。

(7) switch 语句中的表达式可以是 int、char 和枚举类型之一。与之对应,case 后面是整数、字符或枚举值,也可以是不含变量与函数的常量表达式。case 后面的常量表达式仅起语句标号作用,并不进行条件判断,必须加上 break 语句用来结束 switch 语句。

习   题

一、判断题

1. switch 与 if 不同,switch 只能测试是否相等,而 if 还能测试关系和逻辑表达式。

                                                      (   )

2. else 总是与它前面最近的 if 配对。   (   )

3. switch 语句中各 case 及 default 子句的先后次序不影响程序执行结果。 (   )

4. switch 后的表达式,可以是 int、char 和枚举类型之一。   (   )

5. switch 语句中,case 后可以是常量和变量,不能是表达式。   (   )

二、选择题

1. 当 a=1、b=3、c=5、d=5 时,执行下面一段程序后,x 的值为(   )。

```
if(a<b)
if(c<d) x=1;
else
if(a<c)
if(b<d) x=2;
else x=3;
else x=6;
else x=7;
```

    A. 1   B. 2   C. 3   D. 6

2. 语句 printf("%d",(a=2) && (b=-2);的输出结果是(   )。

    A. 无输出   B. 结果不确定   C. -1   D. 1

3. 当 c 的值不为 0 时,在下列选项中能正确将 c 的值赋给变量 a、b 的是(   )。

    A. c=b=a;   B. (a=c) || (b=c);

    C. (a=c) && (b=c);   D. a=c=b;

4. 能正确表示 a 和 b 同时为正或同时为负的逻辑表达式是(   )。

    A. (a>=0 || b>=0) && (a<0 || b<0)

    B. (a>=0&&b>=0) && (a<0&&b<0)

    C. (a+b>0) && (a+b<=0)

    D. a*b>0

5. 以下程序的输出结果是(   )。

```
int main(){
  int a=-1,b=1,k;
  if((++a<0) && ! (b--<=0))
    printf("%d  %d\n",a,b);
  else
```

```
  printf("%d  %d\n",b,a);
}
```

  A. -1 1   B. 0 1   C. 1 0   D. 0 0

6. 以下程序的输出结果是( )。

```
int main(){
  int x=1,a=0,b=0;
  switch(x){
    case 0: b++;
    case 1: a++;
    case 2: a++;b++;
  }
  printf("a=%d,b=%d\n",a,b);
}
```

  A. a=2,b=1 B. a=1,b=1 C. a=1,b=0 D. a=2,b=2

7. 执行以下程序段后,x 的值为( )。

```
int a=14,b=15,x;
char c='A';
x=(a&&b)&&(c<'B');
```

  A. ture   B. false   C. 0   D. 1

8. 设 x、y、t 均为 int 型变量,则执行语句 x=y=3;t=++x||++y;后,y 的值为( )。

  A. 不定值   B. 4   C. 3   D. 1

9. 若执行以下程序时从键盘输入 9,则输出结果是( )。

  A. 11   B. 10   C. 9   D. 8

```
int main(){
    int n;
    scanf("%d",&n);
    if(n++<10)   printf("%d\n",n);
    else printf("%d\n",n--);
}
```

10. 以下程序的输出结果是( )。

```
int main() {
  int a=5,b=4,c=6,d;
  printf("%d\n",d=a>b?(a>c?a:c):(b));
}
```

  A. 5   B. 4   C. 6   D. 不确定

11. 以下程序的输出结果是( )。

```
int main() {
    int   a=4,b=5,c=0,d;
```

```
    d=!a&&!b||!c;
    printf("%d\n",d);
}
```

  A. 1   B. 0   C. 非 0 的数   D. −1

12. 以下程序的输出结果是( )。

```
int main() {
    int a=15,b=21,m=0;
    switch(a%3) {
      case 0:m++;break;
      case 1:m++;
        switch(b%2) {
            default:m++;
            case 0:m++;break;
        }
      }
    printf("%d\n",m);
}
```

  A. 1   B. 2   C. 3   D. 4

三、填空题

1. 条件"20＜x＜30 或 x＜−100"的 C 语言表达式是_____。

2. 若 x 为 int 型,请以最简单的形式写出与逻辑表达式!x 等价的 C 语言关系表达式_____。

3. 表示"整数 x 的绝对值大于 5"时值为"真"的 C 语言表达式是_____。

4. 设 y 是 int 型变量,请写出判断 y 为奇数的关系表达式_____。

5. 若从键盘输入 58,则以下程序输出的结果是_____。

```
int main(){
  int a;
  scanf("%d",&a);
  if(a>50)  printf("%d",a);
  if(a>40)  printf("%d",a);
  if(a>30)  printf("%d",a);
}
```

6. 以下程序输出的结果是_____。

```
int main() {
    int a=5,b=4,c=3,d;
    d=(a>b>c);
    printf("%d\n",d);
}
```

7. 以下程序的输出结果是_____。

```c
int main() {
    int p,a=5;
    if(p=a!=0)
        printf("%d\n",p);
    else
        printf("%d\n",p+2);
}
```

8. 以下程序的输出结果是_____。

```c
main() {
    int a=4,b=3,c=5,t=0;
    if(a<b) t=a;a=b;b=t;
    if(a<c) t=a;a=c;c=t;
    printf("%d %d %d\n",a,b,c);
}
```

9. 以下程序的输出结果是_____。

```c
int main() {
    int p=30;
    printf ("%d\n",(p/3>0 ? p/10:p%3));
}
```

10. 以下程序的输出结果是_____。

```c
int main() {
    int a=1, b=3, c=5;
    if (c=a+b) printf("yes\n");
    else printf("no\n");
}
```

四、编程题

1. 已知银行整存整取存款不同期限的月息分别如下：

$$月利息率=\begin{cases}0.315\% & 期限\ 1\ 年 \\ 0.330\% & 期限\ 2\ 年 \\ 0.345\% & 期限\ 3\ 年 \\ 0.375\% & 期限\ 5\ 年 \\ 0.420\% & 期限\ 8\ 年\end{cases}$$

要求输入存钱的本金和期限，求到期时能从银行得到的利息与本金的合计。

2. 编程求以下函数的值。

$$y=\begin{cases}x & (x<1) \\ 2x-1 & (1\leqslant x<10) \\ 3x-11 & (x\geqslant 10)\end{cases}$$

3. 编写一个简单计算器程序,输入格式为 opd1 opr opd2。其中 opd1 和 opd2 是参加运算的两个数,opr 为运算符,它的取值只能是＋、－、*、/。

4. 输入一个字符,判断它是否大写字母,如果是,将其转换为小写字母;如果不是,不转换。

5. 输入一个字符,判断它是字母还是数字,如果是字母,显示"It is a letter.",否则显示"It is not a letter."。

第5章 循环程序设计

【技能目标】 掌握循环程序设计的分析与设计方法。

【知识目标】 循环结构是结构化程序设计的基本结构之一,它和顺序结构、选择结构共同作为各种复杂程序的基本构造单元。本章涉及以下知识点。

(1) 循环条件逻辑规律。

(2) for 循环结构。

(3) while/do-while 循环结构。

(4) 嵌套的循环结构。

(5) 循环的中断控制。

通过本章的学习,达到以下目标。

(1) 掌握如何用 C 语言来表达条件逻辑。

(2) 熟练掌握 for 语句的应用。

(3) 熟练掌握 while 语句的应用。

【关键词】 循环结构(loop construct),条件(condition),循环体(loop body),循环嵌套(loop nesting),空语句(null statement)。

【项目任务】 统计分析学生成绩的分布情况。

【项目解析】 在信息管理系统中存在着对各类信息的分类统计,分类统计是将信息统一起来进行计算的意思,它是对数据进行的定量处理。对考试成绩的统计分析包括课程平均分、最高分、最低分、成绩各分数段分布情况等。对数据的分析统计实际上是重复地输入数据并分析统计,这个时候就要使用循环。要完成本项目,要注意以下几点:①如何确认数据输入结束;②成绩的分类标准及统计算法;③输入成绩的有效性问题。

5.1 循 环 语 句

顺序结构、分支结构的程序所能解决的问题仍然很有限。在程序设计中,对于需要多次重复执行一个或多个任务的问题往往考虑使用循环来解决。例如,输入多个学生的成绩、迭代求根等问题。使用循环程序设计,可以有效地缩短程序,减少程序占用的内存空间,提高程序的紧凑性和可读性。

循环结构就是当给定条件成立时,反复执行某段程序,直到条件不成立时为止的程序结构。给定的条件称为循环条件,反复执行的程序段称为循环体。C 语言中根据开始循环的初始条件和结束循环的条件不同,有下列几种循环语句。

（1）while 语句。

（2）do-while 语句。

（3）for 语句。

（4）用 goto 语句和 if 语句构成循环。

5.1.1　用 while 语句处理循环

while 语句用来实现"当型"循环结构。while 循环结构常用于循环次数不固定且根据是否满足某个条件决定循环与否的情况。其一般形式如下。

```
while(表达式){
    循环体
}
```

while 循环的执行规则：当表达式为非 0 值时,执行循环体,其流程图如图 5-1 所示。其特点是先判断表达式,后执行语句。

应用 while 语句时应该注意：一般来说在循环体中,应该包含改变循环条件表达式值的语句,否则会出现无限循环(死循环)。

图 5-1　while 语句的执行流程

图 5-2　例 5-1 流程图

【例 5-1】　模拟超市的收款。

分析：在超市购买商品结账时要统计所购买商品的总金额,当依次输入完所有商品的单价、数量后,立即显示所购买商品的数量和总金额。这里就是逐个数据的累加处理的过程,利用循环来完成。其程序流程如图 5-2 所示。根据流程图编写如下代码。

```c
#include <stdio.h>
void main(){
    float price,sum=0;
    int counter=0,number=1;
    printf("输入单价和数量(单价为 0 结束)\n");
```

```
      printf("No %d\n",counter+1);
      printf("单价: ");
      scanf("%f",&price);
      while(price!=0){
          printf("数量: ");
          scanf("%d",&number);
          sum+=price * number;
          counter++;
          printf("No %d\n",counter+1);
          printf("单价: ");
          scanf("%f",&price);
      }
      printf("总共%d件商品\t", counter++);
      printf("总金额: %6.2f\n",sum);
  }
```

程序运行结果:

```
输入单价和数量<单价为0结束>
No 1
单价: 12
数量: 3
No 2
单价: 1.8
数量: 1
No 3
单价: 0
总共2件商品       总金额: 37.80
```

程序说明:

(1) 在程序中,为了使用户操作方便,增加提示当前输入商品数量的语句 printf("No %d\n",counter+1);。

(2) 程序中首先输入商品单价,如果不等于零进入循环体,再输入商品数量。将商品的单价作为循环控制条件。当单价大于 0 时,继续输入商品进行统计。

(3) sum+=price * number 相当于累计求和。sum 的初始值为 0。

(4) counter++;相当于计数器,统计商品的数量,其初始值为 0。

while 循环使用灵活,可以编写出很简洁的程序。例如:

```
while((ch=getchar())!='Q');
```

若键盘输入字母 Q,则退出循环。";"循环体为空语句,表达式中除判断循环是否终止外,还有赋值功能。

【例 5-2】 统计从键盘输入的一串字符的个数。

分析:每输入一个数就计数,直到输入为回车为止,程序流程如图 5-3 所示。编写以下程序。

```
#include <stdio.h>
void main(){
  int n=0;
  printf("输入字符串,按回车结束:\n");
  while(getchar()!='\n')
    n++;
```

getchar()!= '\n'
n++
输出n

图 5-3 例 5-2 程序流程

```
    printf("总%d 个字符\n",n);
}
```

程序运行结果：

```
输入字符串，按回车结束：
this is a computer!
总19个字符
```

程序说明：

（1）循环条件为 getchar()!='\n'，表示只要从键盘输入的字符不是回车就继续循环。

（2）循环体 n++完成对输入字符个数计数，从而实现对输入字符串中字符个数的计数。

5.1.2　用 do-while 语句处理循环

do-while 语句用来实现直到型循环结构，其一般形式如下。

```
do{
  循环体
}while(表达式);
```

do-while 循环先执行循环中的语句，然后再判断表达式是否为真，如果为真则继续循环；如果为假，则终止循环，其流程图如图 5-4 所示。因此，do-while 循环至少要执行一次循环体。

与 while 一样，应该注意在循环体中必须包含改变循环条件表达式值的语句，否则会出现无限循环（死循环）。

【例 5-3】　密码检验。

分析：在系统登录时要输入密码，假如允许输入 3 次密码，3 次中有一次输入正确，就可以进入系统并显示登录成功，否则显示登录失败。在程序中预置一个密码 PWD，其程序流程如图 5-5 所示。根据流程图编写如下程序。

图 5-4　do-while 语句执行流程

图 5-5　例 5-3 程序流程

121

```
#include <stdio.h>
#define TRUE 1
#define FALSE 0
#define PWD 123456        //初始密码
void main(){
    //pwd 保存密码
    //count 计数器,保存密码输入次数
    long pwd;
    int count=0,flag=FALSE;
    //当密码不正确并且输入次数小于 3 次,重复输入
    do{
      printf("请输入密码:");
      scanf("%ld",&pwd);
      count++;
      //如果输入密码正确,退出循环
      if (pwd==PWD) flag=TRUE;else printf("密码有错,请重新输入!\n");
    }while(count<3 && !flag);
    if (flag)
        printf("登录成功\n");
    else
        printf("密码错误\n");
}
```

程序运行结果:

程序说明:

(1) 程序中预定义一个初始密码 PWD,定义一个变量 count 用于计数输入密码的次数,每输入一次密码就加 1。flag 变量作为循环控制标志,当输入密码正确时,其值为 TRUE,它是循环处理的条件之一。

(2) 程序中,一定要注意变量初始值的设置,count=0,flag=FALSE。

(3) 如果在循环处理中,没有输入正确的密码,flag 为 FALSE,所以可以根据 flag 来判断输入的密码是否正确。

5.1.3　用 for 语句处理循环

for 循环也称步长型循环。在 C 语言中,for 语句使用最为灵活,它完全可以取代 while 语句实现循环控制。其一般形式如下。

```
for(表达式 1;表达式 2;表达式 3){
    循环体
}
```

表达式 1:用于循环开始前为循环变量设置初始值。

122

表达式 2：控制循环执行的条件,决定循环次数。

表达式 3：循环控制变量修改表达式。

循环体：被重复执行的语句。

其执行过程如下。

(1) 求解表达式 1。

(2) 求解表达式 2,若其值为真(非 0),则执行 for 语句中指定的内嵌语句,然后执行第(3)步;若其值为假(0),结束循环,转到第(5)步。

(3) 求解表达式 3。

(4) 转回第(2)步继续执行。

(5) 循环结束,执行 for 语句下面的一个语句。

其流程图如图 5-6 所示。

for 语句中表达式形式说明如下。

(1) for 循环中的表达式 1(循环变量赋初值)、表达式 2(循环条件)和表达式 3(循环变量增量)都是可选项,即可以缺省,但“;”不能缺省。

(2) 若省略表达式 1,但为了正常实现循环,应在 for 语句之前给循环变量赋初值。例如：

图 5-6　for 语句的流程图

```
sum=0;i=1;
for (;i<=100;i++)
  sum=sum+i;
```

(3) 若省略表达式 2,即不判断循环条件,也就是认为表达式 2 始终为真,则循环无终止地进行下去。例如：

```
for(i=1;;i++) sum=sum+i;
```

相当于

```
i=1;
while(1) {                /* 循环条件永远为真 */
  sum=sum+i;
  i++;
}
```

为了避免死循环发生,可在循环体中采用条件判断来结束本次循环。例如：

```
for(i=1;  ; i++){
  if(i>100) break;        /* break 的作用：终止循环 */
  sum=sum+i;
}
```

(4) 若省略表达式 3,但为了保证循环能正常结束,可在循环语句体中加入修改循环控制变量的语句。例如:

```
for(i=1;i<=100;){
    sum=sum+i;
    i++;                    /* 修改循环控制变量 */
}
```

(5) 也可以省略表达式 1 和表达式 3。例如:

```
i=0;
for(;i<=100;){
    sum=sum+i;
    i++;
}
```

相当于

```
i=0;
while(i<=100){
    sum=sum+i;
    i++;
}
```

(6) 若省略表达式 1、表达式 2 和表达式 3,即既不设定初值,也不判断条件,循环变量不增值,则将无终止地执行循环体。相当于

```
while(1){循环体}
```

(7) 表达式 1 和表达式 3 可以是一个简单表达式,也可以是逗号表达式。例如:

```
for(i=0,j=100;i<=100;i++,j--)  k=i+j;
```

【例 5-4】 求 $sum = \sum_{n=1}^{100} n$。

分析:这里进行 100 次循环累加,就实现了 1 到 100 的累加。程序流程图如图 5-7 所示。根据流程图编写程序如下。

```
#include <stdio.h>
void main(){
    int i,sum=0;
    for(i=1;i<=100;i++)
        sum+=i;
    printf("%d\n",sum);
}
```

图 5-7 例 5-4 程序流程图

程序运行结果:

```
5050
```

程序说明:根据题意,其循环次数已知,所以采用 for 语句是比较好的选择。

for 循环的一般形式可以改写为 while 循环的形式:

```
    表达式 1;
    while(表达式 2){
        循环体
        表达式 3;
    }
```

即

```
for(i=1;i<=100;i++) sum=sum+i;
```

相当于

```
i=1;
while(i<=100){
    sum=sum+i;
    i++;
}
```

【例 5-5】　编程输出 32～127 对应的 ASCII 字符。

分析：由于 C 语言的字符在内存中是按其 ASCII 值处理的,在输出时,允许把字符变量按整型量输出,也允许把整型量按字符量输出。所以输出 ACSII 值对应的字符,只需按不同的格式输出即可。程序流程图如图 5-8 所示。根据流程图编写程序如下。

```
#include "stdio.h"
void main(){
    int i;
    for(i=32;i<=127;i++){
        if(i%8==0)
            printf("\n");        //每行输出 8 个
        printf("%6d %c",i,i);
    }
    printf("\n");
}
```

图 5-8　例 5-5 程序流程图

程序说明：printf("%6d %c",i,i);语句中同样是输出 i,当输出 ASCII 值时按整数输出,输出其字符时按字符输出。

【例 5-6】　输出 1～20 以内的奇数。

分析：设要输出的数为 i,i 从 1 开始每次递增 2,一直到 19。因此,若以 i 为循环变量,则其初值为 1,终值为 19,步长值为 2,且每次循环要进行的操作是输出 i 的值。程序流程图如图 5-9 所示。根据流程图编写程序如下。

```
#include <stdio.h>
void main(){
    int i;
    for(i=1; i<20; i+=2){
        if ((i-1)%10==0) printf("\n");        //每行 5 个数
```

125

```
        printf("%5d", i);
    }
    printf("\n");
}
```

程序运行结果：

```
  1    3    5    7    9
 11   13   15   17   19
```

程序说明：程序中为了每行只输出 5 个数据,在(i-1)％10＝＝0 时进行换行。

图 5-9　例 5-6 程序流程图

图 5-10　例 5-7 程序流程图

【例 5-7】　输入一个任意数,判断它是否是素数。

分析：素数是除 1 和自身外,再也没有能整除它的数。要判断一个数 number 是否为素数,最简单的方法是在 2～number－1 中能否找到一个整数将 number 整除。若 m 存在,则 number 不是素数;若找不到 m,则 number 是一个素数。程序流程图如图 5-10 所示。根据流程图编写程序如下。

```
#include <stdio.h>
#define TRUE 1
#define FALSE 0
void main()
{
  int number,flag,m=2;
  printf("输入一个整数:");
  scanf("%d",&number);
  flag=TRUE;
  for (;m<number&&flag;m++)
    flag=number%m!=0;
  if (flag)
    printf("%d 是一个素数\n",number);
  else
    printf("%d 不是一个素数\n",number);
}
```

126

程序运行结果：

```
输入一个整数:188
188不是一个素数
输入一个整数:131
131是一个素数
```

程序说明：

（1）语句 flag＝number％m！＝0；表示当 number 不能被 m 整除时其结果为真(1)，通过循环，就可以判断 2～number－1 中是否有一个 m 数能整除 number，只要存在，则 flag 为假(0)，退出循环。

（2）若 m＝number 时 flag 始终为真，则 number 就是素数。

（3）为了减少循环次数，循环条件可以修改为 m＜＝number/2＆＆flag 或 m＜＝sqrt(number)＆＆flag。

5.1.4 循环嵌套的使用

在嵌套的各层循环体中，一般应使用复合语句，以保证逻辑正确；嵌套循环的内层和外层的循环控制变量不应同名，以免造成混淆；循环嵌套不能交叉，即一个循环体内必须完整地包含另一个循环，正确的嵌套形式如图 5-11 所示。

为了使嵌套的层次关系清晰明了，增强程序的可读性，建议使用"缩进"格式书写程序代码。常用循环嵌套的类型如下。

图 5-11 循环嵌套结构图

```
(1) while(){          (2) do{             (3) for(;;){
    …                    …                     for(;;){
      while(){            do { … }               … }
      … }                while();             }
    }                    } while();

(4)  while(){         (5) for(;;){         (6) do{
    …                    …                    …
    do                   while()              for(;;)
    { … }                { … }                { … }
    while();             …                    …
    …                    }                    } while();
    }
```

【例 5-8】 编写程序输出由字母组成的等腰三角形图形，输出行数由键盘控制。若输出行数大于 26，则重新从字母 A 开始。

分析：采用双重循环，一行一行输出。每一行的输出一般分为以下 3 步。

（1）光标定位：通过输出空格实现，在第 i 行有 n－i 个空格。

（2）输出图形：若行号用 row 表示，则每行有"行数－行号"个前导空格，每行有 2 *

127

row−1个字母输出。

(3) 光标换行(\n)。

程序流程图如图 5-12 所示。根据流程图编写如下
代码。

```c
#include <stdio.h>
void main (){
    int n,row,col;
    char chars='A';
    printf("请输入控制行数：");
    scanf("%d", &n);                    //输入控制行数
    for(row=1; row<=n; row++) {
        for(col=1;col<=n-row;col++)
            printf (" ");               //输出空格
        for(col=1;col<=2 * row-1;col++)
            printf("%c",chars);         //输出(行)
        chars=chars+1;                  //取下一个字符
        printf("\n");                   //输出换行符
        if(chars>'Z')
            chars='A';                  //让字母循环输出
    }
}
```

定义行、列控制变量
row,col 行数n
chars='A'   row=1
row<=n
输入n−row个空格
col=1
col<=2*row−1
输出字符chars
col++
换行
取下一个字符 chars++
row++

图 5-12　例 5-8 程序流程图

程序运行结果：

```
请输入控制行数：5
    A
   BBB
  CCCCC
 DDDDDDD
EEEEEEEEE
```

程序说明：

(1) 第 row 行输出的空格数为 n−row,所以利用循环输出前导空格数。

(2) 第 row 行输出的字符数为 2 * row−1,循环输出字符 2 * row 次。

(3) 当输入的行数超过 26 行,实际上是当输出的字符为 Z 时,下一个字符取 A。

讨论与思考：

如何使输出图形倒向?

5.1.5　任务 5-1　统计某门课程的平均成绩

1. 任务分析

要进行某个班级学生某门课程平均成绩的统计,需要对每个学生该课程成绩进行累
加,可以利用循环方法分别输入各学生的成绩进行累加,然后求出平均成绩。

2. 任务实施

方案一：若已知学生总人数，即知道循环次数，可以用 for 循环实现，如图 5-13 所示。根据流程图编写如下代码。

```
#include "stdio.h"
#define NUM 3          /*学生人数 */
void main(){
  float score,aver;
  float total=0;
  int i;
  printf("请录入成绩：\n");
  for(i=1;i<=NUM;i++)
  {
    scanf("%f",&score);
    total+=score;
  }
  aver=total/NUM;
  printf("平均成绩为：%f\n",aver);
}
```

方案二：若不知道学生总人数，可以用 while 循环实现，当输入成绩为负数（结束标志）时退出循环，如图 5-14 所示。根据流程图编写如下代码。

定义变量score,aver,total以及循环控制变量i
total=0
i=0
i<NUM
输入学生成绩score
累加total+=score
i++
计算平均成绩 aver=total/NUM
输出平均成绩aver

图 5-13　求课程平均成绩处理流程图 1　　图 5-14　求课程平均成绩处理流程图 2

```
#include "stdio.h"
void main(){
  float score,aver;
  float total=0;
  int i=0;
  printf("请录入成绩：\n");
```

```
    scanf("%f",&score);
    while(score>0)//若录入数据<0,终止循环
    {
        i++;
        total+=score;
        scanf("%f",&score);
    }
    aver=total/i;
    printf("平均成绩为：%5.2f\n",aver);
}
```

3. 拓展训练

求 $n!=1\times2\times3\times\cdots\times n$。

5.2　控制转移语句

对于工程控制问题,往往无法确定循环次数或循环终止条件,可根据程序运行过程中发生的某种条件中断程序的运行,即强制终止;而对于某些控制问题,可能希望提前结束本次循环并开始新一次的循环。要实现这种控制,可以采用 C 语言的转移控制语句 break、continue 和 goto。

5.2.1　break 语句

break 语句用于 while、do-while、for 循环语句中时,可以从循环体内跳出循环体,即提前结束循环(中断),接着执行循环体后面的语句。通常 break 语句总是与 if 语句联合使用,即满足条件时跳出循环。其一般形式如下。

```
if(表达式)   break;
```

【例 5-9】 求 300 以内能被 17 整除的最大的 3 个正整数。

分析：如果 m 能被 n 整除,即 m%n＝0,所以,要求 300 以内能被 17 整除的最大的 3 个正整数,可取 x 的值从 300 开始,如果 x%17＝0,表示 x 被 17 整除。由于只找三个这样的数,可用一个计数器 count 计数。其程序流程图如图 5-15 所示。根据程序流程图编写如下代码。

```
#include "stdio.h"
void main(){
    int x;
```

图 5-15　例 5-9 程序流程图

```
    int count=0;
    for(x=300; x>=17; x--)
    {
        if(x%17==0){
            count++;
            if(count>3) break;
            printf("x=%d\n",x);
        }
    }
}
```

程序运行结果：

```
x=289
x=272
x=255
```

程序说明：由于求 300 以内能被 17 整除的最大的 3 个数，因此可以从 300 开始循环地除以 17，找出 3 个数用 break 语句终止循环。

注意：一般情况下，break 语句只能出现在循环或 switch 语句中，如果一个 break 语句出现在其他地方，将导致编译错误。在循环嵌套中，break 只能退出它所在的那一层循环。

5.2.2　continue 语句

continue 语句常用于 while、do-while、for 循环语句中，与 if 语句联合使用，可以用来跳过本次循环中剩余的语句而强制执行下一次循环。其一般形式如下。

```
if(表达式) continue;
```

【例 5-10】　求 200 以内能被 17 整除的所有正整数。

分析：取从 1 到 200 的所有数 x 用来判断其是否能被 17 整除。程序流程图如图 5-16 所示，根据程序流程图编写如下代码。

```
#include "stdio.h"
void main(){
    int x;
    for(x=1; x<=200; x++){
        if(x%17!=0) continue;
        printf("%d ",x);
    }
}
```

图 5-16　例 5-10 程序流程图

程序运行结果：

```
17   34   51   68   85   102   119   136   153   170   187
```

程序说明：在 1～200 间依次递增地除以 17,若某个数不能被 17 整除,则丢弃该数而开始新的一次循环判断;若能被 17 整除,则输出该数。

5.2.3 goto 语句

goto 语句是一个无条件转移语句。goto 语句是一种让程序员任意控制流程的有效工具,充分表现程序的灵活性。在结构化程序设计中,goto 语句会使程序流程无规律、可读性差,因此,建议尽量少用或不用该语句。在实践中,在需要跳出某种嵌套较深的结构时,如果使用 break 语句,只能跳出 break 所在层。如果一次要跳出两层甚至更多层,这时使用 goto 语句就是不错的选择。

goto 语句的形式如下。

goto 标识符;

其中标识符是语句转移的目标。该标识符必须局限于当前函数之内。标号的格式与变量名相同,并在其后跟冒号。

1. 用 if 语句和 goto 语句构成循环

可以利用 if 和 goto 语句实现循环,这种方式也是早期非结构化程序设计实现循环的一种方法。其流程图如图 5-17 所示。

【例 5-11】 编程求 1～10 的平方根。

分析：利用 if 和 goto 语句构成一个循环,设置变量 num,其取值为 1～10,并计算其平方根,当 num＞10 退出循环。程序流程图如图 5-18 所示。

图 5-17　利用 goto 语句实现循环

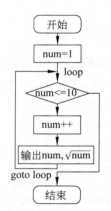

图 5-18　例 5-11 程序流程图

根据程序流程图编写以下代码。

```c
#include <stdio.h>
#include <math.h>
void main(){
```

```
    int num;
    printf("num\troot\n");
    num=1;
    loop:if (num<=10)
    {
      printf("%d\t%5.3f\n",num,sqrt((float(num))));
      num++;
      goto loop;
    }
}
```

程序运行结果：

```
num     root
1       1.000
2       1.414
3       1.732
4       2.000
5       2.236
6       2.449
7       2.646
8       2.828
9       3.000
10      3.162
```

程序说明：这里应用 goto 语句实现循环，在结构化程序设计中，不建议采用这种方法。

2. 利用 goto 语句实现跳出循环

【例 5-12】 用逐个判别法求 2～100 之间的所有素数。

分析：对 2～100 的所有整数逐个进行判断，如果是素数，则打印输出。程序流程图如图 5-19 所示。根据程序流程图编写以下代码。

```
#include <stdio.h>
#include <math 1
void main(){
  int i,j,c=0;
  for(i=2;i<100;i++)
  {
    for(j=2;j<i/2;j++)
      if(i%j==0) goto ex;
    printf("%4d",i);
    c++;
    if(c%5==0)
      printf("\n");
    ex:;
  }
}
```

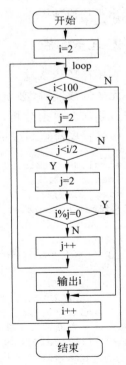

图 5-19　例 5-12 程序流程图

133

程序运行结果：

```
 2    3    4    5    7
11   13   17   19   23
29   31   37   41   43
47   53   59   61   67
71   73   79   83   89
97
```

程序说明：

(1) 程序中，语句 if(i%j==0) goto ex;的含义是，当 i 被 j 整除时，说明 i 不是一个素数，通过 goto 语句退出循环，再寻找下一个素数 i。

(2) 变量 c 是一个计数器，统计素数的个数。语句 if(c%5==0) printf("\n");表示每行输出 5 个数。

5.2.4 任务 5-2   强制中断循环

1. 任务分析

计算某门课程的平均成绩。要对某个班级学生某门课程平均成绩进行计算,需要对每个学生该课程的成绩进行累加,然后再除以学生人数。可以利用循环方法分别输入各学生的成绩并累加,在成绩录入中需要对数据有效性进行验证,然后求出平均成绩。

2. 任务实施

利用循环依次输入考试成绩,当输入的成绩是一个无效的成绩时,必须重新输入,不能将无效的数据进行累加。根据分析,其程序流程图如图 5-20 所示。根据程序流程图编写以下程序。

图 5-20   成绩统计处理流程图

```c
#include "stdio.h"
#define SUM 3            //定义学生人数
void main(){
  float score,aver;
  float total=0;
  int i;
  printf("请录入成绩：\n");
  i=0;
  for(;i<SUM;){
    printf("No. %d ",i+1);
    scanf("%f",&score);
    /* 判断输入成绩的有效性 */
    if(score<0||score>100){
      printf("输入成绩无效,请重新输入！\n");
      continue;
    }
```

```
    total+=score;           //成绩累加
    i++;
  }
  aver=total/SUM;            //求平均成绩
  printf("平均成绩为: 5.2f\n",aver);
}
```

程序说明:

(1) 语句 for(;i<SUM;)相当于 while (i<SUM)。

(2) 当输入成绩无效时,停止后面语句的执行,返回 for 语句继续执行,利用 continue 语句改变程序的执行流程。

3. 拓展训练

编程统计具备获得奖学金资格的人数。其条件是:三门课程的平均成绩在 85 分以上且没有不及格的科目。

5.3　循环程序设计的应用

在程序设计时,人们总是把复杂的不容易理解的求解过程转换为易于理解的多次重复操作。这样,一方面可以降低程序设计的难度,减少程序书写与输入的工作量;另一方面可以充分发挥计算机运算速度快、自动执行程序的优势。在循环算法中,穷举与迭代是两类具有代表性的基本应用,本节应用循环程序的设计实现这两种基本算法。

5.3.1　穷举

穷举是一种重复型算法。它的基本思想是:对问题的所有可能状态一一进行测试,直到找到解或全部可能的状态都测试过为止。

穷举算法设计有以下 3 个关键问题。

(1) 确定穷举变量:问题涉及哪些因素需进行穷举。

(2) 确定穷举范围:问题所涉及的情况有哪些,穷举范围应该如何确定。

(3) 验证条件:分析出来的这些情况,需要满足什么条件才能成为问题的答案。

利用穷举法,关键是如何控制循环。控制循环有两种方法:计数法和标志法。

计数法首先要确定循环次数,然后逐次测试,完成测试次数后,循环结束。标志法是让标志为真,循环处理相关事务,当达到某一目标后,将标志设置为假,使循环结束。

计数法使用起来方便,但要求程序执行前必须知道循环的总次数。如前面例中已知学生人数,依次输入学生的成绩。标志法是在循环中根据环境状态的变化使标志发生变化而终止循环。当不知道循环次数时采用这种方法。

【例 5-13】　编程输出九九乘法表。

分析:已知九九乘法表的行数以及每行的列数,只要"列举"所有情况就可以了。可利用二重循环,其程序流程图如图 5-21 所示。编写程序如下。

```
#include <stdio.h>
void main(){
    int i,j;
    for (i=1;i<=9;i++)
    {
        printf("\n");   //换行
        for (j=1;j<=i;j++)
            printf("%d * %d=%d  ",i,j,i * j);
    }
    printf("\n");
}
```

图 5-21　九九乘法表程序流程图

程序说明:

(1) 外循环用于控制输出的行数,内循环用于输出每列的数据。

(2) 为了实现输出的格式,在每行结束(或开始)时换行。

【例 5-14】 求水仙花数。

分析:所谓水仙花数是指一个三位数,其各位的立方之和等于该数。如 $153=1^3+5^3+3^3$,所以 153 是水仙花数。

图 5-22　求水仙花数程序流程图

从三位数中找水仙花数,用循环来"穷举"所有的三位数,只要满足水仙花数的条件,输出该数就可以了。将循环控制变量的初值设为 100,终值设为 999,步长为 1,每个循环变量分离出个位、十位、百位 3 个数字,如果将这 3 个数字的立方和相加等于循环控制变量的值,则这个循环控制变量的值就是水仙花数。该算法的流程图如图 5-22 所示。编写如下程序。

```
#include <stdio.h>
void main() {
    int unit=0,ten=0,hundred=0,itmp=0,ino=0;
    printf("水仙花数有:\n");
    for(ino=100;ino<1000;ino++) {
        unit=ino%10;                //求个位数
        ten=(ino/10)%10;            //求十位数
        hundred=(ino/100)%10;       //求百位数
        itmp=unit * unit * unit+ten * ten * tens+hundred * hundred * hundred;
        if(itmp==ino)
        printf("%d\t",ino);
    }
    printf("%d\n",ino);
}
```

程序运行结果:

```
水仙花数有:
153      370      371      407
```

136

程序说明：

(1) 表达式 ino/10％10 用于求十位数,相应地,(ino/100)％10 用于求百位数。

(2) 由于水仙花数是 3 位数,所以穷举 100 到 999 的所有数值。

5.3.2　迭代

迭代是指不断用新值取代旧值,或者由旧值递推出变量的新值的过程。迭代与下面的因素有关。

(1) 确定迭代变量。在能用迭代算法解决的问题中,至少存在一个直接或间接地不断由旧值递推出新值的变量,这个变量就是迭代变量。

(2) 建立迭代关系式。迭代关系式是指从变量的前一个值推出其下一个值的公式(或关系)。迭代关系式的建立是解决迭代问题的关键,通常能使用递推或倒推的方法来完成。

(3) 对迭代过程进行控制。迭代过程的控制通常可分为两种情况：①所需的迭代次数是个确定的值,能计算出来；②所需的迭代次数无法确定。对于前一种情况,能构建一个固定次数的循环来实现对迭代过程的控制；对于后一种情况,需要进一步分析出用来结束迭代过程的条件。

【例 5-15】 按每年 2％的增长率,现在有 13 亿人,求多少年后人口数达到 15 亿。

分析：设当年的人口数为 a,人口增长率为 rate,则第 1 年的人口数为 $a*(1+rate)$,第 2 年的为 $a*(1+rate)*(1+rate)$,依次类推,第 n 年后其人口数量为 $a*(1+rate)^n$,根据分析,其程序流程图如图 5-23 所示。编写如下程序。

图 5-23　例 5-15 程序流程图

```c
#include <stdio.h>
void main(){
    float rate=0.02f,a=13,b=15;
    int i=0;
    while(a<b){
        a=a+a*rate;
        i++;
    }
    printf("%d",i);
}
```

程序运行结果：

8

程序说明：程序中,进行 $a=a+a*rate$ 的反复迭代运算,直到 a 大于或等于 b 时结束。迭代的次数就是人口增长的年数。所以用一个计数器 i 来计数迭代的次数。

【例 5-16】 求前 30 项斐波那契数。

分析：斐波那契数列的第 1、2 项分别为 1、1,以后各项的值均是其前两项之和。

设第一个数为f_1,第二个数为f_2,第三个数为f_3,则$f_1=1$、$f_2=1$、$f_3=f_1+f_2$。根据这个规律,能归纳出下面的递推公式。

$$f_n=f_{n-2}+f_{n-1}$$

其程序流程图如 5-24 所示。

```c
#include "stdio.h"
void main(){
  long f1=1, f2=1, f3;
  int k;
  printf("%10ld%10ld", f1,f2);
  for(k=3;k<=30;k++){
    f3=f1+f2;
    printf("%10ld",f3);
    f1=f2; f2=f3;
  }
}
```

图 5-24　例 5-16 程序流程图

程序运行结果:

```
     1         1         2         3         5         8        13        21
    34        55        89       144       233       377       610       987
  1597      2584      4181      6765     10946     17711     28657     46368
 75025    121393    196418    317811    514229    832040
```

程序说明:

(1) 通过 f1=f2,f2=f3,f3=f1+f2 的反复迭代,实现了求斐波那契数列的目的。

(2) %10ld 为输出格式。

【例 5-17】　猴子吃桃问题:猴子第一天摘下若干个桃子,当即吃了一半,还不过瘾,又多吃了一个;第二天早上将剩下的桃子吃掉一半,又多吃了一个;以后每天早上都吃了前一天剩下的一半零一个。到第 10 天早上想再吃时,见只剩下一个桃子了。求第一天共摘了多少。

图 5-25　例 5-17 程序流程图

分析:采取逆向思维的方法,从后往前推断。假设共有 X 个桃子,那么,第一天猴子吃掉的桃子数是 $X/2+1$ 个,也等于$(X+2)/2$;第二天吃掉的桃子数是$(X-(X/2+1))/2+1$ 个,也等于$(X+2)/4$;到第九天吃掉的桃子个数 $F(9)$ 就是$(X-F(8))/2+1$;第十天就只剩下 $F(10)=1$ 个了。

以此类推,若第 n 天有 X_n,第 $n+1$ 天有 X_{n+1},则它们的关系为 $X_n=2(X_{n+1}+1)$,反复迭代,就可以求出第 1 天的桃子了。依此分析,其程序流程图如图 5-25 所示。编写如下程序。

```c
#include <stdio.h>
void main(){
  int day, x1, x2;
  day=9;
```

```
        x2=1;
        while(day>0){
            /* 第一天的桃子数是第二天桃子数加 1 后的 2 倍 */
            x1=(x2+1)*2; x2=x1;
            day--;
        }
        printf("第一天共摘了 %d 个桃子\n", x1);
    }
```

程序运行结果：

第一天共摘了 1534 个桃子

程序说明：x1 表示前一天的桃子数，x2 表示当天剩余的桃子数，day 表示第几天。

5.3.3　任务 5-3　穷举与迭代

1. 任务分析

本任务分别利用穷举法和迭代法求两个数的最大公约数和最小公倍数。

1）穷举法

从两个数中从较小数开始从大到小列举，直到找到公约数立即中断列举，得到的公约数便是最大公约数。再将两数的积除以最大公约数即可得最小公倍数。其程序流程图如图 5-26 所示。

2）用迭代法

设两数为 first、second，first 做被除数，second 做除数，remainder 为余数。

（1）大数放 first 中，小数放 second 中。

（2）求 first/second 的余数。

（3）若 remainder＝0，则 second 为最大公约数。转到第（6）步。

（4）如果 remainder!＝0，则把 second 的值赋给 first，remainder 的值赋给 first。

（5）返回第（2）步。

（6）计算最小公倍数，即两个数的积除以最大公约数。

其程序流程图如图 5-27 所示。

2. 任务实施

根据流程图 5-27 程编写程序。

（1）用穷举法编程如下。

```
#include <stdio.h>
void main() {
    int second=0,first=0,max=0,min=0,temp=0,flag=1;
    int loop;
    printf("请输入两个数 m,n:");
    scanf("%d,%d",&first,&second);
```

图 5-26　用穷举法求最大公约数　　　图 5-27　用辗转相除法求最大公约数

```
if(first>second) {   //如果 first>second,则交换
    temp=first;
    first=second;
    second=temp;
}
loop=first;
while(loop>1 &&flag) {   //穷举小于等于 first 的所有数
    if(first%loop==0&&second%loop==0)
    { max=loop; flag=0; }
    loop--;
}
min=first * second/max;
printf("%d 和%d 的最大公约数：%d,",first,second,max);
printf("最小公倍数：%d\n",min);
}
```

（2）用迭代法编程如下。

```
#include <stdio.h>
void main(){
    int first,second,remainder,temp,gcd;
    printf("输入两个数 m,n:");
    scanf("%d,%d",&first,&second);
    gcd=first * second;
    printf("%d 和%d 的最大公约数是:",first,second);
    if (first<second) {
      temp=first;
      first=second; second=temp;
    }
    while(second!=0) {
        remainder=first%second;
        first=second;
```

```
        second=remainder;
    }
    printf("%d ,",first);
    printf("最小公倍数%d\n",gcd/first);
}
```

3. 拓展训练

用迭代法求 a 的平方根。迭代表达式为 x=(x+a/x)＊0.5。

5.4　项目实践　考试成绩统计

1. 需求描述

每当一门课程考试结束后,统计学生的考试成绩,生成统计表,用于分析学生的学习情况。统计的内容包括平均成绩、成绩分数段、最高分、最低分、及格率、优秀率。分数段分为优 90～100、良 80～89、中 70～79、及格 60～69、不及格＜60。优秀率＝优秀人数÷总人数,及格率＝及格人数÷总人数。

2. 项目分析

数据类型的定义:定义如下变量。

考试成绩:float Score

总成绩:float sum

平均成绩:float average

最高分:Max

最低分:Min

各个分数段分别用不同的计数器来表示:优 count9,良 count8,中 count7,及格 count6,不及格 count5。

将各计数器的初始值设置为 0,最高分 Max 的初始值设置为 0,最低分 Min 的初始值设置为 100(假设考试成绩为百分制)。输入的成绩为负数时结束成绩的输入。程序流程图如图 5-28 所示。

3. 项目实施

根据需求和分析,编写以下代码。

图 5-28　考试成绩统计程序流程图

```
#include <stdio.h>
void main(){
    int count9,count8,count7;
```

```
    int count6,count5,No=0;
    int Grade;
    float Score,sum=0,average,Max,Min;
    count9=count8=count7=count6=count5=0;
    Max=0; Min=100;
    printf("请输入考试成绩(输入-1 结束)\n");
    do{
      printf("No.%d   :",No+1);
      scanf("%f",&Score);
      if(Score>100) {
          printf("数据有误,重新输入\n");
          continue;
      }
      if(Score>=0){
        if (Max<Score) Max=Score;
        if (Min>Score) Min=Score;
        sum+=Score; No++;
        if (Score<60&&Score>=0) Score=50;
        Grade= (int)Score/10-5;
        switch(Grade){
          case 5:
          case 4:count9++;break;
          case 3:count8++;break;
          case 2:count7++;break;
          case 1:count6++;break;
          case 0:count5++;break;
        }
      }
    }while(Score>=0);
    average=sum/No;
    printf("成绩统计表\n");
    printf("分数段\t 人数\n");
    printf("90--100\t%6d\n",count9);
    printf("80--89\t%6d\n",count8);
    printf("70--79\t%6d\n",count7);
    printf("60--69\t%6d\n",count6);
    printf("<60\t%6d\n",count5);
    printf("平均成绩%5.2f\n",average);
    printf("最高分%5.2f\t 最低分 %5.2f\n",Max,Min);
    printf("优秀率%5.2f\t 及格率%5.2f\n", (float) count9/No * 100, (float)(No-
count5)/No * 100);
}
```

小　　结

1. 本章重点

三种循环结构的编程。

2. 相关知识点提示

(1) 循环结构的特点是,在给定条件成立时,重复执行某程序段,直到条件不成立为止。

(2) while 循环用于在给定条件为真的情况下重复执行一组操作,while 循环先判断后执行。

(3) do-while 循环先执行后判断,因此循环体将至少执行一次。

(4) for 循环与 while 循环类似,属于先判断后执行。

for 语句中有三个表达式:表达式 1 通常用来给循环变量赋初值;表达式 2 通常是循环条件;表达式 3 用来更新循环变量的值。

for 语句中的各个表达式都可以省略,但要注意分号分隔符不能省略。

如果省略表达式 2 和表达式 3,需要在循环体内设法结束循环,否则会导致死循环。

(5) 在循环中,要注意循环控制变量初值的设定,修改循环变量的值以改变循环条件,否则有可能形成死循环。

(6) 3 种循环语句可以相互嵌套组成多重循环。循环之间可以并列但不能交叉。

(7) 如果要程序执行非正常流程,可以应用转移语句:goto、break、continue、return。其中,return 只能在函数中使用;goto 在循环中使用时,只能转出循环体,不能转入循环体。一般情况下,结构化程序设计不主张使用 goto 语句。

在具体的循环程序设计中遇到的问题往往比较复杂,因此在设计前应该认真分析要设定哪些变量,写出哪些计算公式,拟出解决问题的思路。

习   题

一、判断题

1. break 语句和 continue 语句都可用于选择结构和循环结构中。　　　　　　(　　)

2. 用 do-while 语句构成的循环,在 while 后的表达式为零时结束循环。　　(　　)

3. break 语句可以终止程序的运行。　　　　　　　　　　　　　　　　(　　)

4. exit(0) 用于终止程序的执行。　　　　　　　　　　　　　　　　　(　　)

二、选择题

1. 以下程序的输出结果是(　　)。

```c
int main() {
    int x=10,y=10,i;
    for(i=0;x>8;y=++i)
        printf("%d,%d",x--,y);
}
```

A. 10 1 9 2　　　　B. 9 8 7 6　　　　　C. 10 9 9 0　　　　D. 10 10 9 1

2. 以下程序的输出结果是(　　　)。

```
int main(){
    int n=4;
    while(n--)printf("%d ",--n);
}
```

　　A. 2 0　　　　　　B. 3 1　　　　　　C. 3 2 1　　　　　D. 2 1

3. 以下程序的输出结果是(　　　)。

```
int main) {
    int i;
    for(i='A';i<'I';i++,i++)  printf("%c",i+32);
    printf(" \n");
}
```

　　A. 编译不通过,无输出　　　　　　　　B. aceg

　　C. acegi　　　　　　　　　　　　　　　D. abcdefghi

4. 以下循环体的执行次数是(　　　)。

```
int main() {
    int i,j;
    for(i=0,j=1;  i<=j+1; i+=2, j--)printf("%d\n",i);
}
```

　　A. 3　　　　　　　B. 2　　　　　　　C. 1　　　　　　　D. 0

5. 以下叙述中正确的是(　　　)。

　　A. do-while 语句构成的循环不能用其他语句构成的循环来代替

　　B. do-while 语句构成的循环只能用 break 语句退出

　　C. 用 do-while 语句构成的循环,在 while 后的表达式为非零时结束循环

　　D. 用 do-while 语句构成的循环,在 while 后的表达式为零时结束循环

6. 以下程序的执行结果是(　　　)。

```
int main(){
    int i,sum;
    for(i=1;i<=3;sum++)sum+=i;
    printf("%d\n",sum);
}
```

　　A. 6　　　　　　　B. 3　　　　　　　C. 不确定　　　　　D. 0

7. 以下程序的执行结果是(　　　)。

```
int main() {
    int x=23;
    do {
        printf("%d",x--);
    }while(!x);
}
```

A. 321

C. 不输出任何内容

B. 23

D. 陷入死循环

8. 以下程序的输出结果是(　　)。

```
int main() {
    int num=0;
    while(num<=2) {
        num++;
        printf("%d\n",num);
    }
}
```

A. 1
   2
   3
   4

B. 1
   2
   3

C. 1
   2

D. 1

9. 以下程序的输出结果是(　　)。

```
int main() {
    int a, b;
    for(a=1, b=1; a<=100; a++)
    {
        if(b>=10)  break;
        if (b%3==1)
        {
            b+=3;    continue;
        }
    }
    printf("%d\n",a);
}
```

A. 101

B. 6

C. 5

D. 4

10. 以下程序的输出结果是(　　)。

```
int main() {
    int a=0,i;
    for(i=;i<5;i++) {
        switch(i) {
            case 0:
            case 3:a+=2;
            case 1:
            case 2:a+=3;
            default:a+=5;
        }
    }
    printf("%d\n",a);
}
```

A. 31

B. 13

C. 10

D. 20

145

11. 以下程序段中,do-while 循环的结束条件是(   )。

```
int n=0,p;
do{scanf("%d",&p);n++;}while(p!=12345 &&n<3);
```

    A. P 的值不等于 12345 并且 n 的值小于 3

    B. P 的值等于 12345 并且 n 的值大于或等于 3

    C. P 的值不等于 12345 或者 n 的值小于 3

    D. P 的值等于 12345 或者 n 的值大于或等于 3

12. 以下程序的输出结果是(   )。

```
int main() {
  int i;
  for(i=0;i<3;i++)
    switch(i){
        case  1:  printf("%d",i);
        case  2:  printf("%d",i);
        default:  printf("%d",i);
    }
}
```

    A. 011122   B. 012   C. 012020   D. 120

13. 以下程序的输出结果是(   )。

```
int main() {
  int i=0,s=0;
  do{
    if(i%2){
        i++;continue;
    }
    i++;
    s+=i;
  }while(i<7);
  printf("%d\n",s);
}
```

    A. 16   B. 12   C. 28   D. 21

14. 若有如下程序段,其中 s、a、b、c 均已定义为整型变量,且 a、c 均已赋值(c 大于 0)

```
s=a;
for(b=1;b<=c;b++) s=s+1;
```

则与上述程序段功能等价的赋值语句是(   )。

    A. s=a+b;   B. s=a+c;   C. s=s+c;   D. s=b+c;

15. 以下程序的功能是计算 $s=1+\dfrac{1}{2}+\dfrac{1}{3}+\cdots+\dfrac{1}{10}$。

```
int main(){
```

```
int n; float s;
s=1.0;
for(n=10;n>1;n--)
    s=s+1/n;
print("%6.4f\n",s);
}
```

程序运行后输出结果错误,导致错误结果的程序行是(   )。

A. s=1.0;   B. for(n=10;n>1;n--)

C. s=s+1/n;   D. printf("%6.4f/n",s);

三、填空题

1. 下面程序的功能是输出 100 以内能被 3 整除且个位数为 6 的所有整数,请填空。

```
#include <stdio.h>
int main() {
    int i, j;
    for(i=0; _____ ; i++){
        j=i * 10+6;
        if( _____ ) continue;
        printf("%d",j);
    }
}
```

2. 要使以下程序段输出 10 个整数,请填入一个整数。

```
for(i=0;i<=_____;printf("%d\n",i+=2));
```

3. 以下程序运行后,如果从键盘上输入 1298,则输出结果为_____。

```
int main(){
    int n1,n2;
    scanf("%d",&n2);
    while(n2!=0) {
        n1=n2%10;
        n2=n2/10;
        printf("%d",n1);
    }
}
```

4. 以下程序运行时,如果从键盘输入 Y?N?<回车>,则输出结果为_____。

```
#include <stdio.h>
int main() {
    char c;
    while((c=getchar())!='?')putchar(--c);
}
```

5. 执行以下程序后,输出'#'的个数是_____。

```c
#include <stdio.h>
int main() {
  int i,j;
  for(i=1; i<5; i++)
  for(j=2; j<=i; j++)  putchar('#');
}
```

四、编程题

1. 求末位数为 5 或 7 的 200 以内的素数。

2. 用迭代公式求 $x = \sqrt{a}$。求平方根的迭代公式为

$$x_{n+1} = \frac{x_n}{2} + \frac{a}{x_n}$$

3. 求 $1! + 2! + \cdots + n!$。

第6章 模块化程序设计

【技能目标】 掌握模块化程序设计的基本方法;学会如何分析问题、解决问题。

【知识目标】 C 语言通过函数支持模块化程序设计思想,使复杂问题可以轻松地解决。本章涉及以下的知识点。

(1) 函数的定义与调用。

(2) 函数间数据的传递。

(3) 变量的生存周期与作用域。

(4) 嵌套与递归。

通过本章的学习,达到以下的目标。

(1) 了解 C 语言函数的分类。

(2) 掌握函数的定义和调用方法。

(3) 了解变量的作用域与生命周期。

(4) 熟悉递归程序的设计方法。

【关键词】 标准库(standard library),实际参数(actual parameter),形式参数(formal parameter),参数表(parameter table),传地址(transfer address),传值(transfer value),引用(reference),递归调用(recursive call),回溯(backtracking),返回值(return value),静态的(static),局部变量(local variable),全局变量(global variable),模块化程序设计(modular programming)。

【项目任务】 计算机模拟算术测试。

【项目解析】 计算机随机出算术考试题,考生给出正确答案,计算机自动判断是否正确并评分。该项目模拟多人完成,采用模块化程序设计的思想完成项目设计。在多人协作中,要注意如何划分模块、各个模块的边界、模块的接口、共享数据的约定等问题。

6.1 函 数

人们在求解一个复杂问题时,通常采用逐步分解、分而治之的方法,也就是把一个大问题分解成若干个比较容易求解的小问题,然后分别求解。程序员在设计一个复杂的应用程序时,往往也是把整个程序划分为若干功能较为单一的程序模块,然后分别予以实现,最后再把所有的程序模块像搭积木一样装配起来,这种在程序设计中分而治之的策略,称为模块化程序设计方法。

在实际应用中,一个项目由若干模块构成,将一个个的模块定义为函数,通过对函数的调用实现特定的功能。函数使程序设计变得简单和直观,提高了程序的易读性和可维护性,这样可以大大地减轻程序员编写代码的工作量。

本节利用模块化程序设计思想完成学生成绩统计程序的设计。

6.1.1 函数的概念

在C语言中,函数是程序的基本组成单位。C语言不仅提供了极为丰富的库函数,还允许用户自定义函数。用户可以把自己的算法编成一个个相对独立的函数模块,然后用调用的方法来使用函数。可以说C程序的全部工作都是由各式各样的函数完成的,所以也把C语言称为函数式语言。

在C语言中可从不同的角度对函数分类。

(1) 从函数定义的角度看,函数可分为库函数和用户自定义函数两种。

① 库函数:由C系统提供,用户无须定义,也不必在程序中做类型说明,在程序前包含该函数原型所在的头文件即可直接调用。

② 用户自定义函数:由用户按需要编写的函数。对于用户自定义函数,不仅要在程序中定义函数本身,而且在主调函数模块中必须对该被调函数进行类型说明,然后才能使用。

(2) C语言的函数兼有其他语言中的函数和过程两种功能,从这个角度看,又可把函数分为有返回值函数和无返回值函数两种。

① 有返回值函数:此类函数被调用执行完后将向调用者返回一个执行结果,称为函数返回值,如数学函数即属于此类函数。由用户定义的这种要返回函数值的函数,必须在函数定义和函数说明中明确返回值的类型。

② 无返回值函数:此类函数用于完成某项特定的处理任务,执行完成后不向调用者返回值。这类函数类似于其他语言的过程。由于函数无须返回值,用户在定义此类函数时可指定它的返回为“空类型”,类型标识符为void。

(3) 从主调函数和被调函数之间数据传送的角度看又可分为无参函数和有参函数两种。

① 无参函数:函数定义、函数说明及函数调用中均不带参数。主调函数和被调函数之间不进行参数传送。此类函数通常用来完成一组指定的功能,可以返回或不返回值。

② 有参函数:在函数定义及函数说明时都有参数,这些参数称为形式参数(简称形参)。在函数调用时也必须给出参数,称为实际参数(简称实参)。进行函数调用时,主调函数将把实参的值传送给形参,供被调函数使用。

(4) C语言提供了极为丰富的库函数,这些库函数又可从功能角度作以下分类。

① 字符型函数:用于对字符按ASCII分类,如字母、数字、控制字符、分隔符、大小写字母等。

② 转换函数:用于字符或字符串的转换;在字符量和各类数字量(整型、实型等)之间进行转换;在大、小写之间进行转换。

③ 目录路径函数：用于文件目录和路径操作。

④ 诊断函数：用于内部错误检测。

⑤ 图形函数：用于屏幕管理和各种图形功能。

⑥ 输入/输出函数：用于实现输入/输出功能。

⑦ 接口函数：用作与 DOS、BIOS 和硬件的接口。

⑧ 字符串函数：用于字符串操作和处理。

⑨ 内存管理函数：用于内存管理。

⑩ 数学函数：用于数学计算。

⑪ 日期和时间函数：用于日期、时间转换等操作。

⑫ 进程控制函数：用于进程管理和控制。

⑬ 其他函数：用于其他各种功能。

在 C 语言中，所有的函数定义，包括主函数 main 在内，都是平行的。也就是说，在一个函数的函数体内，不能再定义另一个函数，即不能嵌套定义。但是函数之间允许相互调用，也允许被调函数再调用其他函数，即嵌套调用。习惯上把调用者称为主调函数，被其他函数调用的函数称为被调函数。函数还可以自己调用自己，称为递归调用。

main 函数是主函数，它可以调用其他函数，而不允许被其他函数调用。因此，C 程序的执行总是从 main 函数开始，完成对其他函数的调用后再返回 main 函数，最后由 main 函数结束整个程序。一个 C 源程序必须有也只能有一个主函数 main。

6.1.2　函数的声明与定义

1. 函数的声明

变量和数组在使用之前必须先定义。函数也类似，一般情况下，函数应先定义，后调用。若是处于先调用后定义情况下，则须加适当的声明。

在主调函数中对被调函数作声明的目的是使编译系统知道被调函数返回值的类型，以便在主调函数中按此种类型对返回值做相应的处理。

函数声明的一般形式如下。

类型标识符 函数名(类型 1［形参 1］,类型 2［形参 2］,...);

括号内给出了形参的类型和形参名，或只给出形参类型。这便于编译系统进行检错，以防止可能出现的错误。

例如，main 函数中对 max 函数的声明如下。

```
int max(int a,int b);
```

也可写为

```
int max(int,int);
```

这样在程序中调用该函数时，就不会出现编译错误。

```
void mian(){
  int x=2,y=3;
  x=max(x,y);
}
```

C语言中规定在以下几种情况时可以省去主调函数中对被调函数的函数声明。

(1) 如果被调函数的返回值是整型或字符型,可以不对被调函数的返回值类型做说明,直接调用时系统将自动将被调函数的返回值按整型处理。

(2) 当被调函数的函数定义出现在主调函数之前时,在主调函数中也可以不对被调函数再做说明。

(3) 如在所有函数定义之前,函数外预先说明了各个函数的类型,则在以后的各主调函数对库函数的调用不需要再做说明,但必须把该函数的头文件用 include 命令包含在程序的开头。

2. 函数的定义

函数定义的一般形式如下。

类型标识符 函数名(类型 1[形参 1],类型 2[形参 2],...){
　函数体
}

(1) 类型标识符:用来指定本函数返回值的数据类型,可以是各种基本数据类型,也可以是后面将要介绍的其他类型(如结构体等)。函数类型标识符可以省略。若省略,则系统默认函数返回值的数据类型是 int。函数没有返回值,函数可以定义为空类型 void。

(2) 函数名:是由用户命名的,命名规则同用户标识符。在同一个文件中,函数不允许重名。

(3) 无参函数的函数名后面的"()"不能省略。在调用无参函数时,没有参数传递。有参函数的函数名后面的"()"内用逗号分隔若干个形式参数,每个参数也必须指定数据类型。

(4) 函数体:其中包含该函数所用到的变量的定义或有关声明部分及实现该函数功能的相关程序段部分。

每个函数必须单独定义,不允许嵌套定义,即不能在一个函数的内部再定义另一个函数。

注意:函数不能单独运行,它可以被 main 函数或其他函数调用,也可以调用其他函数。所有函数均不能调用主函数。

【例 6-1】 无参函数的定义。

```
void Hello(){
  printf ("Hello,world \n");
}
```

这里只把 main 改为 Hello 作为函数名,其余不变。Hello 函数是一个无参函数,当被其他函数调用时,输出"Hello world"字符串。

【例 6-2】　有参函数的定义,求两个数的最大值。

```
int max(int a,int b){
    return a>b ? return a: return b;
}
```

这个函数名为 max,有两个整型参数 a、b,函数的返回值为整型。函数体是{return a>b? return a:return b;}。

3. 形式参数

形式参数的作用是实现主调函数与被调函数之间的联系,通常将函数所处理的数据、影响函数功能的因素或者函数处理的结果作为形参。没有形参的函数的形参表中可以写 void。

函数在没有被调用时形参是静止的,此时的形参只是一个符号,它标志参数出现的位置、类型和个数。函数调用时才执行。发生函数调用时,主调函数把实参的值传送给被调函数的形参,从而实现主调函数向被调函数的数据传送。这与数学中的函数概念相类似。

形参出现在函数定义中,在整个函数体内都可以使用,离开该函数则不能使用。

4. 函数的返回值

函数的返回值是指函数被调用后,执行函数体中的程序段所取得的并返回给主调函数的值。

(1) 函数的返回值只能通过 return 语句返回主调函数。

return 语句的一般形式如下。

return 表达式;

或者为

return (表达式);

在函数中允许有多个 return 语句,但每次调用只能有一个 return 语句被执行,因此只能返回一个函数值。

(2) 函数值的类型和函数定义中函数的类型应保持一致。如果两者不一致,则以函数类型为准,自动进行类型转换。

(3) 如果函数值为整型,在函数定义时可以省去类型说明。

(4) 不返回函数值的函数,可以明确定义为空类型,类型标识符为 void。为了使程序有良好的可读性并减少出错,凡不要求返回值的函数都应定义为空类型。

6.1.3　函数的调用

1. 函数的调用形式

函数在调用前必须在主调函数中声明函数原型或在调用函数之前定义被调函数。

C 语言中,函数调用的一般形式如下。

函数名(实际参数表)

无参函数被调用时可无实际参数表。实际参数表中的参数可以是常数、变量或其他构造类型数据及表达式。各实参之间用逗号分隔。

在 C 语言中,可以用以下几种方式调用函数。

(1) 函数表达式:函数作为表达式中的一项出现在表达式中,以函数返回值参与表达式的运算。这种方式要求函数是有返回值的。

例如,z＝max(x,y)是一个赋值表达式,把 max 的返回值赋予变量 z。

(2) 函数语句:函数调用的一般形式加上分号即构成函数语句。

例如:

```
printf ("%d",a);
scanf ("%d",&b);
```

都是以函数语句的方式调用函数。

(3) 函数实参:函数作为另一个函数调用的实际参数出现。这种情况是把该函数的返回值作为实参进行传送,因此要求该函数必须是有返回值的。

例如:

```
printf("%d",max(x,y));
```

即把 max 调用的返回值又作为 printf 函数的实参来使用。

在函数调用中还应该注意的一个问题是求值顺序的问题。求值顺序是指对实参表中各量是自左至右使用还是自右至左使用。对此,各系统的规定不一定相同。

【例 6-3】 输入两个数,求其最大值。

```
#include <stdio.h>
float Max(float a, float b);
void main(){
    float x,y,z;
    printf("输入两个数 x,y");
    scanf("%f,%f",&x,&y);
    z=Max(x,y);
    printf("Max=%6.2f\n",z);
}
float Max(float a,float b){
    if(a>b) return a;else return b;
}
```

程序运行结果:

```
输入两个数x,y56,78
Max= 78.00
```

程序说明:

(1) 首先声明函数 Max,函数的类型为 float,形式参数为 a、b,形式参数的类型为

float，函数的返回值类型为 float。

（2）在主调函数中调用函数 z＝Max(x,y);，x、y 为实际参数，实参与形参的类型必须一致或赋值兼容。将函数的返回值赋值给变量 z，z 的类型与函数的类型一致。

（3）声明一个函数后，使编译系统知道被调函数的存在，要链接运行必须定义函数，函数的定义可以在主调函数前，也可以在主调函数的后面。如果在主调函数之前定义，则可以不声明函数。

（4）形参只在函数调用时才分配内存单元，调用结束时内存单元被释放，变量 a、b 只在函数 max 中起作用，在 main 中不起作用。

（5）实参可以是常量、变量或表达式，但必须是定值。可以如下调用。

```
c=max(3,a+b);
```

2. 函数调用的执行过程

在程序的执行过程中，如果遇到了对其他函数的调用，则暂停当前函数的执行，保存下一条指令的地址（即返回地址，作为从子函数返回后继续执行的程序入口），并保存现场，然后转到子函数的入口地址，执行子函数。

当遇到 return 语句或函数结束时，则恢复先前保存的现场，并从先前保存的返回地址开始继续执行。图 6-1 显示了函数调用和返回的过程，图 6-1 中的标号标明了执行顺序。

图 6-1　函数调用和函数返回过程

6.1.4　函数间的数据传递

在函数没有被调用之前，函数的形式参数并没有分配存储空间，也没有实际的值，只有在函数调用时形式参数才分配存储空间，并实现主调函数与被调函数之间的数据传递。函数间数据传递的方式主要有以下几种：利用函数参数传递、函数返回值和全局变量进行数据传递。函数参数的传递方式有传值方式、传地址方式。

1. 传值方式

传值方式就是指进行函数调用时，为形式参数分配内存空间，并用实际参数来初始化形式参数（实现将实际参数的值传递给形式参数）。这一过程是参数值的单向传递。此后形式参数的值无论发生什么变化，都不会影响实际参数。

【例 6-4】 分析下面程序执行的结果。

```c
#include <stdio.h>
void swap(int x,int y);              //函数声明
void main(){
  int a=3,b=4;
  swap(a,b);
  printf("a=%d,b=%d\n",a,b);
}
void swap(int x,int y){
  int temp;
  temp=x; x=y; y=temp;
  printf("x=%d,y=%d\n",x,y);
}
```

程序运行结果:

x=4,y=3

程序说明:这里实参是 main 函数中的整型变量 a、b,值分别为 3、4,形式参数为 swap 函数中的 x、y。当调用 swap 函数时,将 a、b 的值赋值给 x、y,虽然在函数 swap 中, x 和 y 的值相互交换,但不影响 a、b 的值。图 6-2 表示了程序执行过程中变量的变化情况。

(a) 执行main函数中
    的函数调用语句
    swap(a,b)

(b) 在swap函数中,
    参数的变化情况

(c) 返回main函数后

图 6-2 程序执行时变量的情况

2. 引用调用

值传递参数时是单向传递,如何使在子函数中对形式参数的改变对主函数的实际参数产生影响呢? 如例 6-4,希望函数中的参数 a、b 的变化影响调用函数 x、y 的值,这时使用引用调用就可以了。

引用是一种特殊类型的变量,可以被认为是变量的一个别名。访问引用名和访问被引用的变量名的效果是一样的。

【例 6-5】 引用调用。

```c
#include <stdio.h>
void main(){
  int i,j=5;
```

```
int &r=i;        //建立一个 int 型的引用 r,并将其初始化为变量 i 的一个别名
i=10;
printf("i=%d,j=%d,r=%d\n",i,j,r);
r=j;             //相当于 i=j
printf("i=%d,j=%d,r=%d\n",i,j,r);
}
```

程序运行结果：

```
i=10,j=5,r=10
i=5,j=5,r=5
```

使用引用必须注意以下两点。

(1) 声明引用时,必须同时对它进行初始化,使其指向一个已经存在的变量。

(2) 一旦一个引用被初始化后,就不能指向其他对象。

也就是说,一个引用从它诞生起,就必须确定是哪个变量的别名,并且始终只能作为这一个变量的别名,不能另作他用。

当引用作为形式参数时,其实际参数只能是变量。通过主调函数调用来初始化形式参数的引用。这样引用类型的参数就通过形实结合,称为实际参数的一个别名,对形式参数的任何操作都会直接影响实际参数。

【例 6-6】　使用引用调用改写例 6-4 的程序,实现两数的交换。

```
#include <stdio.h>
void swap(int &x,int &y);
void main(){
  int a=3,b=4;
  swap(a,b);
  printf("a=%d,b=%d\n",a,b);
}
void swap(int &x,int &y){
  int temp;
  temp=x;x=y;y=temp;
  printf("x=%d,y=%d\n",x,y);
}
```

程序运行结果：

```
x=4,y=3
a=4,b=3
```

程序说明：从运行结果看,函数的形式参数改用引用后成功地实现了交换。引用调用与值调用的区别是函数的形式参数的写法不同,主调函数中的调用语句是完全一样的。其执行的过程如图 6-3 所示。

3. 利用参数返回结果

这种传递方式实际上就是主调函数通过实际参数和形式参数将数据传递给被调函数,被调函数中的处理结果值返回到主调函数中。

(a) 执行main函数中
的函数调用语句
swap(a,b)

(b) 在swap函数中,
参数的变化情况

(c) 返回main函数后

图 6-3　程序执行时变量的情况

【**例 6-7**】　输入一组正整数并求和。

其程序处理流程如图 6-4 所示。

```c
#include <stdio.h>
//输入一个正整数。当输入大于 0 时返回真,否则返回假
int input(int &x){
    scanf("%d",&x);
    return (x>0);
}
void main(){
    int data,i=0;
    long int sum=0;
    printf("输入正整数(<=0结束输入)\n");
    printf("NO.%d:",i+1);
    while(input(data)){
        sum+=data;i++;
        printf("NO.%d:",i+1);
    }
    printf("其和为:%ld\n",sum);
}
```

图 6-4　例 6-7 程序流程图

程序运行结果:

```
输入正整数(<=0结束输入)
NO.1:1
NO.2:2
NO.3:3
NO.4:0
其和为:6
```

程序说明:

(1) 函数 input 的形式参数 x 是引用类型,调用该函数时,类似实现函数间数据双向传递。将函数参数 x 的值传递给主调函数 main 的 data。

(2) while (input(data)){...}表示当输入的是有效数据时进行累计求和。

4. 利用函数返回值传递数据

从被调函数传递值给调用函数,也可以利用函数的返回值来实现。返回值是被调函数执行返回主调函数的一个值,它通过 return 语句来实现。

【例 6-8】 求 1!＋2! ＋3!＋…＋n!的值。

分析:编写程序求阶乘的函数,然后在主函数中循环调用求和。其处理流程图如图 6-5 所示。

图 6-5　例 6-8 程序流程图

```c
#include <stdio.h>
long fact(int n){
  long f;
  int i;
  f=1;
  for (i=1;i<=n;i++)
   f * =i;
  return f;
}
void main(){
  int i;
  long sum=0;
  for (i=1;i<5;i++)
  sum+=fact(i);
  printf("sum=%d\n",sum);
}
```

程序运行结果:

sum=33

程序说明:

(1) 函数 fact(n)求 n 的阶乘,主调函数传递 i,通过调用函数 fact 求 i 的阶乘。

(2) main()函数循环调用 fact 函数,依次求 1!、2! 直到 5!,并累计求和,达到求阶乘和的目的。

5. 传地址

地址复制方式称为传地址方式,它是将地址常量(而不是数据)传递给被调函数的形参。这种方式可以很好地实现大量数据的传递,并能实现数据的双向传递。当数组、指针、函数作为函数的参数时,就是采用传地址的形式。

6. 利用全局变量传递数据

这种方式是在程序中设置一个全局变量,该变量供程序中的所有函数所共享。

6.1.5　任务 6-1　学生成绩统计的模块化编程

1. 任务分析

本任务实现学生考试成绩的统计,统计的内容包括平均成绩、成绩分数段、最高分、最低分、及格率、优秀率。其分数段分为,优 90～100,良 80～89,中 70～79,及格 60～69,不及格＜60。优秀率＝优秀人数÷总人数,及格率＝及格人数÷总人数。将整个任务分解为如下几个模块。

（1）成绩输入模块：输入有效的考试成绩，要求输入的成绩为大于 0 小于 MAXSCORE(成绩的最高分)。

（2）成绩统计模块：统计各个分数段的人数。

（3）显示模块：显示统计报告。

（4）主控模块：调用上面的函数，完成相应的功能。

模块间的调用关系和部分程序流程如图 6-6 所示。

(a) 模块间的调用关系　　　　　　　(b) 程序流程图

(c) total程序流程图　　(d) Display程序流程图　　(e) input程序流程图

图 6-6　任务 6-1 示意图

2. 任务实施

根据任务分析，编写如下代码。

```
#include <stdio.h>
#include <iostream.h>
```

```
#define MAXSCORE 150        //成绩的最高分
#define MINSCORE 0          //成绩的最低分
//功能：输入有效的考试成绩
//出口参数：x 为有效的考试成绩
//返回值：若成绩>0 返回真,否则返回假
int input(int &x){
  do{
   cin>>x;
   if (x>MAXSCORE)
     cout<<"请重新输入";
  }while(x>MAXSCORE);
  return x>=0;
}
//功能：按一定的格式输出显示考试成绩的统计情况
//参数：c0,c1,c2,c3,c4 为分数段人数,sum 为总分,max 为最高分,min 为最低分
void Display(int c0,int c1,int c2,int c3,int c4,int sum,int max,int min){
  int n;
  n=c0+c1+c2+c3+c4;//总人数
   cout<<"成绩统计表"<<endl;
   cout<<"分数段       人数"<<endl;
   cout<<"优           "<<c3<<endl;
   cout<<"良           "<<c3<<endl;
   cout<<"中           "<<c2<<endl;
   cout<<"及格         "<<c1<<endl;
   cout<<"不及格       "<<c0<<endl;
   cout<<"平均成绩"<<(float)sum/n<<endl;
   cout<<"最高分:"<<max<<" 最低分"<<min<<endl;
   cout<<"优秀率:"<<100*c4/(float)n<<"及格率"<<100*(n-c0)/(float)n<<endl;
}
//功能：统计考试成绩的分数段人数以及总分
//出口参数：c0,c1,c2,c3,c4 为分数段人数,sum 为总分：max 为最高分,min 为最低分
void Total(int x,int &c0,int &c1,int &c2,int &c3,int &c4,int &sum)
{
  sum+=x;
  x=x*100/MAXSCORE;         //考试成绩百分化处理
    if (x<60) x=50;
  switch(x/10-5){           //根据成绩的等级计数
    case 0:c0++;break;
    case 1:c1++;break;
    case 2:c2++;break;
    case 3:c3++;break;
    case 4:c4++;break;
  }
}

void main(){
  int score;
  int c0,c1, c2, c3, c4, sum=0;
  int max=MINSCORE,min=MAXSCORE;
```

161

```
    int i=0;
    c0=c1=c2=c3=c4=0;
    cout<<"No"<<i+1<<":  ";
    while(input(score)){                        //循环输入考试成绩,直到输入负数结束
      if (score>max) max=score;                 //求最高分
      if (score<min) min=score;                 //求最低分
      Total(score,c0,c1,c2,c3,c4,sum);          //统计分数段人数
      i=i+1;                                    //计数,作为输入顺序号
      cout<<"No"<<i+1<<":  ";
    }
    Display(c0,c1,c2,c3,c4,sum,max,min);        //显示统计结果
}
```

3. 拓展训练

编写函数判断一个数是否为素数,利用该函数求 200 以内的所有素数。

6.2　变量的作用域与生存周期

在程序设计中,对于设计量较大的程序,通常由几个人或更多人共同协作完成,每人编写其中一个或几个模块程序,程序调试成功后,再合并到一起联编,最终完成整个项目。

在共同设计时,有些数据和函数是需要程序都共享,有些数据和函数只在一些模块起作用,有些数据需要在整个程序的运行过程中都存储,要求在开发前确定模块的边界和各自的任务。本节介绍如何实现多人合作开发并实现数据与函数的共享。

整型变量、实型变量和字符型变量等各种类型变量是从变量中存放的数据类型的角度来划分的。若从变量定义的位置或者说从变量的作用域(即变量的有效范围)来划分,变量还可以分为局部变量和全局变量。从变量存在的时间(即生存期)角度来分,可以分为静态存储方式和动态存储方式。

作用域和可见性可以说是对一个问题的两种角度的思考。"域",就是范围;而"作用",应理解为"起作用",也可称为"有效"。所以作用域就是讲一个变量或函数在代码中起作用的范围,或者说,一个变量或函数的"有效范围"。就像不同的管理人员有不同的管理范围,所有领导都有一定的任期,这里的任期就相当于变量的生存周期。

6.2.1　变量的作用域与可见性

变量的作用域是指一个范围,是一个标识符在程序正文中有效的区域。从代码空间的角度考虑问题,它决定了变量的可见性。作用域有函数原型作用域、块作用域(局部作用域)、函数作用域(局部作用域)、文件作用域(全局作用域),根据变量的作用域范围,将变量分为局部变量(local variable)和全局变量(global variable)。

1. 局部变量

所谓"局部变量"是指在一定范围内有效的变量。在 C 语言中,在以下各位置定义的变量均属于局部变量,其作用域也不同。

(1) 在函数体内定义的变量,在本函数范围内有效,即其作用域为本函数。

(2) 有参函数中的形式参数也是局部变量,只在其所在的函数范围内有效。

例如,有如下的函数定义:

```
int f1(int a){          /* 函数 f1 */
    int b,c;
    …
}
int f2(int x){          /* 函数 f2 */
    int y,z;
    …
}
main(){
    int m,n;
    …
}
```

在函数 f1 内定义了三个变量,a 为形参,b、c 为一般变量。在 f1 的范围内 a、b、c 有效,或者说 a、b、c 变量的作用域限于 f1 内。同理,x、y、z 的作用域限于 f2 内。m、n 的作用域限于 main 函数内。

(3) 在声明函数原型时形式参数的作用域就是函数原型。例如,有如下函数声明:

```
double Area(double radius);
```

其中变量 radius 的作用范围就在函数 Area 的左右括号之间,在程序的其他地方不能引用这个变量。

(4) 在复合语句内定义的变量,仅在本复合语句范围内有效,也称块作用域。

例如:

```
void main(){
  int s,a;
    …
  {
    int b;
    s=a+b;
    …                    /* b 作用域 */
  }
    …                    /* s、a 作用域 */
}
```

关于局部变量的作用域还要说明以下几点。

(1) 主函数中定义的变量也只能在主函数中使用,不能在其他函数中使用。同时,主函数中也不能使用其他函数中定义的变量。因为主函数也是一个函数,它与其他函数是

163

平行关系。这一点是与其他语言不同的,应予以注意。

(2) 形参变量是属于被调函数的局部变量,实参变量是属于主调函数的局部变量。

(3) 允许在不同的函数中使用相同的变量名,它们代表不同的对象,分配不同的单元,互不干扰,也不会发生混淆。

【例 6-9】 各函数局部变量同名的应用。

```c
#include <stdio.h>
int fun1(int x){           //x 值参
  int i=5;                 //函数内局部变量 i
  i=x*i;
  return i;
}
void fun2(int &i){         //引用参数 i
  int x=5;
  i=x*i;
}
void main(){
  int i;                   //函数内的局部变量
  i=5;
  {
    int i;                 //定义局部变量,具有块作用域
    i=7;
    printf("i=%d\n",i);
  }
  printf("i=%d\n",i);
  printf("fun1:%d,i=%d\n",fun1(i),i);   //调用函数
  fun2(i);                 //调用函数
  printf("i=%d\n",i);
}
```

程序运行结果:

```
i=7
i=5
fun1:25,i=5
i=25
```

程序说明:

(1) main、fun1、fun2 三个函数是平行的,在函数中所定义的变量,只在它所在的函数内有效。

(2) 在 main 函数中定义了一个块级作用域的变量且 i 与函数开始时定义的变量同名。这两者各自有自己的存储空间,在块内引用其变量 i 时,块级变量优先。所以输出结果为 7。当离开块,再引用变量 i 时,函数内的变量 i 有效,块内的变量 i 已经释放了所占用的存储空间。所以输出结果为 5。

(3) 在 main 中调用 fun1 函数,这里参数 x 是值参,函数 fun1 中定义的变量 i,其作用域仅限定在该函数范围内。所以输出函数的值为 25,而 i 的值仍然是 main 函数中当前的值。

（4）函数 fun2 的参数是引用型参数，它就是 main 函数中变量 i 的别名，在函数内变量 i 的变化实际上就是改变 main 函数中变量 i 的值，所以调用函数返回后，i 的值为 25。

2. 全局变量

全局变量声明在函数的外部，因此又称为外部变量，其作用域一般从变量声明的位置起，在程序源文件结束处结束。全局变量作用范围最广，甚至可以作用于组成该程序的所有源文件。当将多个独立编译的源文件链接成一个程序时，在某个文件中声明的全局变量或函数，在其他相链接的文件中也可以使用它们，但是用之前必须进行 extern 外部声明。extern 可以置于变量或者函数前，以标识变量或者函数的定义在别的文件中，提示编译器遇到此变量和函数时在其他模块中寻找其定义。例如：

```
int a,b;              /* 外部变量 */
void f1(){            /* 函数 f1 */
  ...
}
float x,y;            /* 外部变量 */
int f2(){             /* 函数 f2 */
  ...
}
void main(){
  ...
}
```

a、b、x、y 都是在函数外部定义的外部变量，都是全局变量。但 x、y 定义在函数 f1 之后，而在 f1 内又无对 x、y 的声明，所以它们在 f1 内无效。a、b 定义在源程序最前面，因此在 f1、f2 及 main 内不加声明也可以使用。

【例 6-10】　全局变量和局部变量的应用。

```
# include <stdio.h>
int a=30,b=40;
void sub(int x,int y)
{ a=x;x=y;y=a; }
void main()
{ int c=10,d=20;
  sub(c,d);
  sub(b,a);
  printf("%d,%d,%d,%d\n",a,b,c,d);
}
```

程序的运行结果：

```
40, 40, 10, 20
```

程序说明：该程序在运行过程中，全局变量 a 发生两次变化。第一次是调用 sub 函数后，a 变为 10；第二次也是调用 sub 函数后，a 变为 40。

🔔 **注意：**

（1）在全局变量和局部变量不同名时，其作用域是整个程序。

（2）全局变量可以和局部变量同名，当局部变量有效时，同名的全局变量不起作用。

（3）因为全局变量的定义位置都在函数之外（且作用域范围较广，不局限于一个函数内），所以全局变量又可称为外部变量。

（4）使用全局变量可以增加各个函数之间数据传输的渠道，即在某个函数中改变某一全局变量的值，就可能影响到其他函数的执行结果。但它会使函数的通用性降低，使程序的模块化、结构化变差，所以应慎用、少用全局变量。

【例 6-11】 观察下面程序的运行结果。

```
#include <stdio.h>
long gy=1900,gm=1,gd=1;        //定义一个全局变量
//修改日期的值，即修改全局变量的值
void setday(int year,int month,int day){
  gy=year;gm=month,gd=day;
}
//显示日期。即显示全局变量的值
void display(){
  printf("%ld/%ld/%ld\n",gy,gm,gd);
}
void main(){
  int y,m,d;
  display();                     //显示默认日期
  printf("输入日期 yy/mm/dd :");
  scanf("%ld/%ld/%ld",&y,&m,&d);
  setday(y,m,d);                                                    //修改日期
  display();
}
```

程序运行结果：

```
1900/1/1
输入日期yy/mm/dd :2019/12/12
2019/12/12
```

程序说明：

（1）程序中定义了三个全局变量 gy、gm、gd，这三个变量被 setday、display、main 三个函数共享。

（2）在程序设计中一般少用全局变量。不然会出现不可预知的麻烦。

想一想，如果不用全局变量，达到同样的效果，程序该如何写？

3. 可见性

下面从另一个角度——标识符的引用，来看变量的有效范围，即标识符的可见性。程序运行到某一点，能够引用到的标识符，就是该处可见的标识符。文件的作用域最大，接下来依次是函数作用域和块作用域。图 6-7 描述了作用域的一般关系。可见性表示从内存作用域向外层作用域"看"时能看到什么。因此，可见性和作用域之间有密切的关系。

FILE.cpp

图 6-7　作用域关系图

作用域可见性的一般规则如下。

（1）标识符要声明在前,引用在后。

（2）在同一作用域中,不能声明同名的标识符。

（3）在没有相互包含关系的不同的作用域中声明的同名标识符互不影响。

（4）如果在两个或多个具有包含关系的作用域中声明了同名标识符,则外层标识符在内层不可见。

【例 6-12】　作用域与可见性。

```cpp
#include <iostream.h>
using namespace std;
int i=5,j=5;          //全局变量,文件作用域
void fun(){
  i=40;                                 //给具有文件作用域的 i 赋值
  cout<<"global i="<<i<<endl;          //数据全局变量的值
}
void main(){
  int i;             //局部变量,函数级作用域。和全局变量同名,局部变量优先
  i=10;             //局部变量赋值
  {
    int i;           //块级作用域,局部变量,与函数级作用域变量同名,块级变量优先
    i=30;            //给块级作用域变量赋值
    cout<<"block i="<<i<<endl;
  }
  fun();                                 //调用函数
  cout<<"local  i="<<i<<endl;           //输出函数级的局部变量
  cout<<"global j="<<j<<endl;           //数据全局变量的值
}
```

程序运行结果:

167

```
block i=30
global i=40
local  i=10
global j=5
```

程序说明:

(1) 函数之前声明的变量 i、j 具有文件作用域,它的作用域是整个源文件。

(2) 在 main 函数中声明了同名的变量 i,其作用域限定在该函数内。在函数内的 i 就是对该变量的引用。

(3) 在函数 main 的块内,又定义一个同名变量 i,此时,在块内相对于块外的 i 不可见,所以在块内对 i 的引用就是块内的 i。一旦退出该块,块内的 i 就失效。在 main 中引用了全局变量 j,所以 j 输出为 5。

(4) 在函数 fun 中引用了全局变量 i,并修改了 i 的值为 40,所以输出为 40,若在同样文件下还有其他函数引用 i,此时 i 的值为 40。

6.2.2 变量的生存周期

变量的生存期取决于变量的存储方式。在生存期内,变量将保持它的值不变,直到它被更新为止。在 C 语言中,变量的存储方式可分为以下两种。

1. 动态存储方式

所谓"动态存储"指的是在程序运行期间根据需要为相关的变量动态分配存储空间。动态生存期变量诞生于声明点,结束于该标识符作用域结束处。在 C 语言中,变量的动态存储方式主要有自动型存储方式和寄存器型存储方式两种形式。

1) 自动型存储方式

自动型存储方式是 C 语言中使用最多的存储方式,也是系统默认的存储方式。自动型存储的变量也称自动变量。

自动变量定义的一般格式如下。

[auto] 数据类型 变量名 1[,变量名 2]...;

其中,auto 为自动存储型标识符,它可以省略。当其省略时,系统默认为 auto。

前面各章中所有程序中所用到的变量,都未说明存储方式,都是自动存储的,都属于自动变量。

在函数体内定义变量时,下面两种写法是等价的。

```
int x,y,z;
auto int x,y,z;
```

说明:

(1) 自动变量属于局部变量。通常情况下,其作用域局限于定义它的函数范围内。

(2) C 语言允许在复合语句内定义自动变量,此时,其作用域就是该复合语句。

(3) 当自动变量所在函数(或复合语句)执行后,系统即动态地为相应的自动变量分配存储单元。

（4）自动变量的生存期为该变量所在的函数（或复合语句）的执行时间,当函数（或复合语句）执行结束后,自动变量已失效,即其存储单元被系统释放掉了。所以,其原来的值不能保留下来。若对同一函数再次进行调用,系统会为相应的自动变量重新分配存储单元。

2）寄存器型存储方式

为了提高效率,C 语言允许将局部变量的值存放在 CPU 中的寄存器中,这种变量叫寄存器变量,用关键字 register 做声明。寄存器变量也属于局部变量。由于计算机的运算器和通用寄存器均集成在 CPU 芯片内,所以,从通用寄存器内读取数据比从内存中读取数据要快得多。因此,对于一些需要反复操作的数据,可使用寄存器型存储方式。寄存器变量定义的一般格式如下。

register 数据类型 变量名 1[,变量名 2]...;

其中,register 是寄存器型存储方式类别符,不可省略。

【例 6-13】　寄存器变量的应用。

```c
#include <stdio.h>
long fun(register int n){        //fun 函数的形参 n 是寄存器存储的整型变量
  register long sum;             //sum 是寄存器存储的长整型变量
  for(sum=0;n;n--)
    sum+=n;
  return sum;
}
void main(){
  int num;
  long s;
  printf("Enter number:");
  scanf("%d",&num);
  s=fun(num);
  printf("sum=%ld\n",s);
}
```

程序运行结果:

```
Enter number:5
sum=15
```

程序说明:寄存器变量 n 和 s 均只在 fun 函数中有效。

🔔 注意:

（1）只有具备自动变量和形式参数才可以定义成寄存器变量,全局变量不行。

（2）允许使用的寄存器数目有限,不能定义任意多个寄存器变量。

（3）寄存器变量是局部变量。

2. 静态存储方式

所谓"静态存储"指的是在程序编译时就给相关的变量分配固定的存储空间(即在程序运行的整个期间都不变)。如果变量的生存期与程序运行期相同,就称其为静态生存期。

1) 静态存储的局部变量

由静态存储方式存储的局部变量称为静态局部变量。其定义的一般形式如下。

static 数据类型 变量名[=初始化值][,...];

其中,static 是静态型存储方式类别符,不可省略。

例如:

static int a=10,b;

说明:

(1) 静态局部变量的存储空间是在程序编译时由系统分配的,且在程序运行的整个期间都固定不变。因此,该类变量在其所在函数调用结束后仍然可以保留变量值。

(2) 静态局部变量的初值是在程序编译时一次性赋予的,即在程序运行期间不再赋初值。如上例在程序编译时给变量 a 赋予 10,对未给定初值的变量 b,C 编译系统自动给它赋 0 值。若变量 b 为字符型变量,则 C 编译系统自动给它赋'\x0'(即 ASCII 代码为 0 的字符)。

【例 6-14】 静态局部变量的应用。

```
#include <stdio.h>
void print();
void main(){
  int i=0;
  for (;i<5; i++)
    print();
  printf("\n");
}
void print(){
    static int st=-1;        //st 为静态变量
    st++;
    printf("s=%d ", st);
}
```

程序运行结果:

s=0 s=1 s=2 s=3 s=4

程序说明:

(1) st 为静态变量,在编译时赋予了初值-1,当每次循环调用 print 函数时,不再给 st 赋值。

(2) 每次调用 printf 函数,实现将 st 变量增加 1,该变量的值在整个程序运行期间都固定不变。所以在调用后返回再调用时,其值仍然被保存。

2) 静态存储的全局变量

在 C 语言中,全局变量的存储都采用静态存储方式,即在程序编译时就对相应的全局变量分配固定的存储单元,且在程序执行的全过程中始终保持不变。全局变量赋初值的方法同静态局部变量,即在程序编译时一次性完成。

在定义全局变量时,要在其最前面加上 static 关键字。一般形式如下。

```
static int 变量名;          /* 在函数外定义 */
```

静态全局变量只能用于本文件,不能被其他文件所引用,不加 static 关键字声明的全局变量可以被其他文件所引用。这两种形式所定义的全局变量都是静态存储方式,只是作用范围不同而已。

3) 外部变量

外部变量和全局变量是对同一类变量的两种不同角度的提法。全局变量是从作用域的角度提出的,外部变量是从存储的角度提出的,表示变量的生存周期。

【例 6-15】　在多个文件中声明全局变量。

在一个项目中创建两个文件。

(1) File1.cpp:

```
#include <stdio.h>
int x=1;
void func(int a);
void main(){
    int i=3;
    func(i);
    printf("%d\n",x);
}
```

(2) File2.cpp:

```
#pragma once
extern int x;
void func(int a){
    x=x+a;
}
```

程序运行结果:

```
4
```

程序说明:文件 1(File1.cpp)中定义了一个全局变量 x,文件 2(File2.cpp)中要引用,必须在引用前的适当位置用 extern 声明全局变量 x。也就是说,采用 extern 来声明。

【例 6-16】　在一个文件中声明全局变量。

```
#include <stdio.h>
int min(int a,int b);
```

```
void main(){
   extern gx,gy;                    /* 声明全局变量 gx、gy */
   printf("%d\n",min(gx,gy));
}
int gx=22,gy=11;                    /* 定义全局变量 gx、gy */
int min(int a,int b){
   int c;
   c=a<b?a:b;
   return(c);
}
```

程序运行结果：

11

本例中，全局变量 gx、gy 是在 main 和 min 两个函数之间定义的，其作用域并不包含 main 函数。而 main 函数中要使用全局变量 gx、gy，在使用之前加以声明即可。

可见，由于在 main 函数首部采用 extern 来声明全局变量 gx、gy 后，已使变量 gx、gy 的作用域由 min 函数范围扩展到 main 函数。当然，若在 main 函数之前定义全局变量 gx、gy，就可以省略声明全局变量的语句。

6.2.3　内部函数和外部函数

C 语言程序是由函数构成的。函数的本质是属于全局的(外部的)、通用的。也就是说，函数既可以被本文件中的各个函数调用，也可以被其他文件中的函数调用。如 C 语言所提供的库函数，任何用户的任何程序均可调用。当然，为了某种需求，也可以限定函数不能被其他文件中的函数调用。因此，在 C 语言中，根据函数的使用范围，可分为内部函数和外部函数。

1. 内部函数

内部函数是指只能被本文件中的各个函数所调用，不能被其他文件中的函数所调用的函数。它们必须用 static 来声明，其一般形式如下。

```
static 函数类型 函数名(形式参数){
    …
}
```

说明：

(1) 内部函数又称静态函数。它的使用范围仅限于定义它的源程序文件内。对其他文件而言，它是屏蔽的、不可见的。因而，内部函数的保密性很好。

(2) 不同文件中的内部函数可以同名，因它们的作用范围不同，不会造成混淆。

(3) 内部函数的 static 不可省略。

2. 外部函数

外部函数是指可以被任何文件的任何函数调用的函数。它们用 extern 来声明，其一般形式如下。

```
extern 函数类型 函数名(形式参数){
    ...
}
```

说明：

（1）extern 可省略。如果在定义函数时省略 extern，则系统默认该函数是外部函数。本章前面介绍的函数，其定义时均没有 extern，故都是外部函数。

（2）外部函数可以被其他文件调用。当某文件需调用其他文件定义的外部函数时，需在该文件的适当位置（通常在其首部）用 extern 来声明所用的函数是外部函数。

【例 6-17】 外部函数的应用。

在一个项目中创建两个程序。

（1）File1.cpp

```
#include <stdio.h>
void main(){
    extern long fun(int i);
    int n;
    printf("enter n:");
    scanf("%d",&n);
    printf("sum=%ld\n",fun(n));
}
```

（2）fun.cpp

```
#pragma once
static long fact(int n){
    long f=1;
    int i;
    for (i=1;i<=n;i++)
     f*=i;
    return f;
}
extern long fun(int n){
    int i;
    long s=0;
    for (i=1;i<=n;i++)
        s+=fact(i);
    return s;
}
```

程序运行结果：

```
enter n:5
sum=153
```

程序说明：在文件 fun.cpp 中，函数 fact(n)是一个静态函数，该函数只限定在该文件内调用，而 fun(n)是一个外部函数，可以提供给该文件之外的文件调用。

有了内部函数和外部函数这个概念,可以将一些函数设置为内部函数,封装在一个文件中,其他文件不能访问;将一些函数设置为外部函数,作为提供给外部用户的一个接口。

6.2.4　任务6-2　多人协作完成一个任务

1. 任务分析

本任务模拟多人共同完成一个任务,随机生成一个随机数列,并判断该随机序列中奇数的个数。这次任务分为两部分,一个人编写生成一个随机数的函数,另一个人利用随机函数生成随机序列。各模块间的调用关系如图6-8所示。

图 6-8　任务 6-2 示意图

（1）随机函数 Rand()：产生一个随机数序列,表达式如下。

R=(R * 123+59)%65536

只要给出一个 R 的初值,就能计算下一个 R,将 R 定义为一个全局静态变量。程序流程图如图 6-8(b)所示。

（2）设置随机种子 Randomstart(n)：其作用是设置 R 的一个初始值。

（3）判断一个数是否为奇数 odd(n),如果 n 是奇数,返回真,否则返回假。程序流程图如图 6-8(a)所示。

（4）main 函数的程序流程图如图 6-8(c)所示。

2. 任务实施

实现该任务,假设由两个人来完成,一个人负责 odd(n)、Randomstart(n)、Rand 函数的编写;另一个人负责 main 函数的编写。在编写程序时要正确处理各个函数的任务的边界、数据共享变量的定义,函数接口参数的定义,以保证模块和数据的共享。

因为任何程序必须有一个主函数,所以负责 odd(n)、Randomstart(n)、Rand 函数编写的人在测试编写模块时要临时加 main 函数。

在联合调试时,所有的模块放在同一个项目中,注意包含文件的使用、已经共享的变量、函数返回值类型的一致性。根据上面的分析,编写如下的程序。

（1）文件 Random.cpp。

```
#define NUMMAX 100
static long number;
//产生一个随机数
long Rand() {
    number= (number * 123+59)%NUMMAX;
    return number;
}
//设置随机种子
void Randomstart(int seed) {
  number=seed;
}
```

（2）文件 main.cpp。

```
#include <stdio.h>
int odd(int n) {
    return n%2!=0;
}

void main() {
    int m;
    int c=0,i;
    long rand;
    extern void Randomstart(int seed);
    extern long Rand();
    printf("请输入随机种子");
    scanf("%d",&m);
    Randomstart(m);
    for (i=0;i<50;i++) {
      rand=Rand();
      printf("%d\t",rand);
      if (odd(rand)) c++;
    }
    printf("n=%d",c);
}
```

3. 拓展训练

利用上面的随机函数,模拟投掷骰子的程序。

6.3　嵌套与递归

模块化程序设计是一个细化模块、逐步求精的过程,模块间存在相互的联系。用函数来描述模块时,函数之间存在相互调用,这种函数间的相互调用称为嵌套调用。本节模拟公司发放工资时的币额数量的计算,在程序设计时,将问题逐步细化求解,以便理解模块化程序设计的基本思想。

6.3.1　嵌套

C语言中不允许进行嵌套的函数定义,各函数之间是平行的,不存在上一级函数和下一级函数的问题。但是C语言允许在一个函数的定义中出现对另一个函数的调用,这样就出现了函数的嵌套调用,即在被调函数中又调用其他函数。这与其他语言的子程序嵌套的情形是类似的。

C语言不能嵌套定义函数,但可以嵌套调用函数。图6-9所示为两层嵌套的执行过程。

【例6-18】　求$1^k+2^k+3^k+\cdots+n^k$。

分析:编写两个函数,即powers(m,n)求m^n,add(a,b)求a个$a^b(a=1\sim n)$之和。main函数调用add函数。其函数之间的调用关系如图6-10所示。

图6-9　函数的嵌套调用

图6-10　例6-18示意图

```c
#include <stdio.h>
long powers(int m,int n){
    int j;
    long p=1;
    for (j=1;j<=n;j++)
      p=p*m;
    return p;
}
long add(int a,int b){
    int i;
    long s=0;
    for(i=1;i<=b;i++)
      s+=powers(i,a);
    return s;
}
void main(){
    int n=6,k=4;
    long sum;
    sum=add(k,n);
    printf("sum=%ld",sum);
}
```

程序运行结果：

```
sum=2275
```

程序说明：程序中有 3 个函数 min、add 和 powers。主函数 main 调用 add 函数，其功能是进行累加；在 add 函数中调用 powers 函数，其功能是进行累乘。

6.3.2　递归

函数的递归调用是指调用一个函数的过程中，直接或间接地调用该函数自身，C 语言允许函数的递归调用。

递归算法的执行过程分递推和回归两个阶段。在递推阶段，把较复杂的问题（规模为 n）的求解推到比原问题简单一些的问题（规模小于 n）的求解。

例如，前面求斐波那契数列的例子中，求 fib(n)，把它倒推解 fib(n−1) 和 fib(n−2)。也就是说，为计算 fib(n)，必须先计算 fib(n−1) 和 fib(n−2)，而计算 fib(n−1) 和 fib(n−2)，又必须先计算 fib(n−3) 和 fib(n−4)。以此类推，直至计算 fib(1) 和 fib(0)，即能立即得到 1 和 0。在递推阶段，必须要有终止递归的情况。例如，在函数 fib 中，当 n 为 1 和 0 时，递归终止。

在回归阶段，当获得最简单情况的解后，逐级返回，依次得到稍复杂问题的解，例如，得到 fib(1) 和 fib(0) 后，返回得到 fib(2) 的结果……在得到了 fib(n−1) 和 fib(n−2) 的结果后，返回得到 fib(n) 的结果。

在编写递归函数时要注意，函数中的局部变量和参数的值局限于当前调用层，当递推进入简单问题层时，原来层次上的参数和局部变量便被隐藏起来。在一系列简单问题层，它们各有自己的参数和局部变量。

递归函数要避免死循环，编写递归调用程序时，必须在递归调用语句的前面写上终止递归的条件，常采用以下格式。

```
if(条件)
    终止递归语句
else
递归调用语句
...
```

在编写递归函数时，必须注意以下两点。
（1）如何实现递归，递归算法的描述。
（2）递归的结束条件。

【例 6-19】　用递归法计算 $n!$。
分析：求 $n!$ 可用下面的递推公式。

$$n!=\begin{cases}1 & (n=0,1)\\ n\times(n-1)! & (n>1)\end{cases}$$

这里递归的结束条件是 $n=0$ 或 $n=1$，递归算法为 $n!=n\times(n-1)!$。

```
#include <stdio.h>
long fact(int n){
    long f;
    if(n<0) printf("n<0,input error");
    else if(n==0||n==1) f=1;
            else f=fact(n-1) * n;
    return(f);
}
void main(){
    int n;
    long y;
    printf("\n输入一个整数:");
    scanf("%d",&n);
    y=fact(n);
    printf("%d!=%ld\n",n,y);
}
```

程序运算结果:

```
输入一个整数:5
5!=120
```

程序说明: 递归调用的过程如图 6-11 所示。

图 6-11　例 6-19 示意图

（1）递归过程。将原始问题求 $n!$ 不断转化为规模小一级即求 $(n-1)!$ 的新问题,从未知向已知推进,即当 n=1、n=0 时,$n!=1$。最终达到递归终结条件。

（2）回溯过程。从已知条件(1!＝1,0!＝1)出发,沿递归的逆过程,逐一求值返回,直至递归初始处,完成到递归结束条件。

在解某一问题时,若满足以下 3 个条件,即可考虑采用递归法进行设计。

（1）需要解决的问题可以转换为一个解决方法与原问题相同的新问题,只是问题的规模发生了规律性的变化(如递增或递减)。

（2）应用这个转换过程可以使原来的问题得到解决。

（3）必须存在一个明确的使递归结束的条件。

🔔 **注意**: 由于递归引起一系列的函数调用,并且可能会有一系列的重复计算,递归算法的执行效率相对较低。当某个递归算法能较方便地转换成递推算法时,通常按递推算法编写程序。

6.3.3　任务 6-3　币额数量的计算

1. 任务分析

某单位发放职工工资时,采用现金发放,需要根据职工工资总额计算出各种面额人民币的张数,即根据从键盘输入的工资总额,分别计算面额为 100 元、50 元、10 元、5 元、1 元的张数,以此作为工资发放依据。

将问题分解为 4 个模块:统计模块(Total)、输入模块(Input)、计算模块(calculate)、显示模块(Display),它们之间的调用关系如图 6-12(a)所示,程序流程图如图 6-12(b)所示。

图 6-12　任务 6-3 示意图

（1）输入模块:实现工资数据的输入并校验,要求输入的工资数必须是正整数。程序流程图如图 6-12(d)所示。

（2）计算模块:计算指定工资额所需要的各种面额人民币的张数。程序流程图如图 6-12(c)所示。

（3）统计模块:通过工资总额计算出各种面额人民币的张数。程序流程图如图 6-12(f)所示。

（4）显示模块:显示统计结果。程序流程图如图 6-12(e)所示。

2. 任务实施

根据任务分析,编写如下代码。

```
#include <iostream.h>
#include <iomanip.h>
//功能:根据金额计算各种面额人民币的张数
//入口参数:amount 金额,RMB 人民币种类
```

```
//出口参数：amount 金额
//返回值：各种面额人民币的张数
int calculate(int &amount,int RMB){
    int count;
    count=amount/RMB;
    amount=amount-count * RMB;
    return count;
}
//功能：输入工资并效验
//出口参数：x 输入金额
//返回值：当输入小于 0 时返回 TRUE,否则返回 FALSE
int Input(int &x){
    cin>>x;
    return x>=0;
}
//功能：依次输入工资数,统计各种面额人民币的张数
//入口参数：无
//出口参数：c1,c5,c10,c50,c100,即各种面额人民币的张数；sum,即总额
//返回值：员工人数
int Total(int &c1,int &c5,int &c10,int &c50,int &c100,double &sum){
    int i=0;
    int salary;
    cout<<"No."<<setw(3)<<i+1<<": ";
    while(Input(salary)){
        sum+=salary;
        c100+=calculate(salary,100);
        c50+=calculate(salary,50);
        c10+=calculate(salary,10);
        c5+=calculate(salary,5);
        c1+=calculate(salary,1);
        i++;
        cout<<"No."<<setw(3)<<i+1<<": ";
    }
    return i;
}
//功能：按格式输出统计结果
//入口参数：c1,c5,c10,c50,c100,即各种面额人民币的张数；sum,即总额
//返回值：无
void Display(int c1,int c5,int c10,int c50,int c100,double sum){
    cout<<"合计:"<<sum;
    cout<<"    100 元币:"<<c100;
    cout<<"    50 元币:"<<c50;
    cout<<"    10 元币:"<<c10;
    cout<<"    5 元币:"<<c5;
    cout<<"    1 元币:"<<c1<<endl;
}

void main(){
    int c100=0,c50=0,c10=0,c5=0,c1=0,n;
```

```
    double sum=0;
    n=Total(c1,c5,c10,c50,c100,sum);
    cout<<"共"<<n<<"人"<<endl;
    Display(c1,c5,c10,c50,c100,sum);
}
```

3. 拓展训练

编程将十进制转换为二进制。

6.4　项目实践　自动出题

1. 需求描述

本任务编程实现计算机自动出题程序。计算机随机出 100 以内的算术运算题,计算机自动计分并统计成绩。

2. 项目分析

本任务包括 7 个模块,分别由 4 个人共同完成。模块间的调用关系如图 6-13 所示。

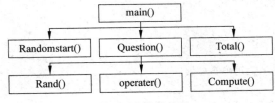

图 6-13　调用关系

(1) 主函数(main)。

(2) 随机种子(Randomstart):设置随机函数的随机种子。

(3) 出题(Question):随机出题并判断答题结果。

(4) 统计成绩(Total):统计正确率。

(5) 随机函数(Rand):产生一个随机数。

(6) 计算正确答案(Compute):计算算术题的正确答案。

(7) 随机产生运算符号(operater):随机产生加、减、乘、除运算符号。

程序流程图如图 6-14 所示。

3. 项目实施

4 个人编写 4 个不同的程序,调试正确后,再统一调试。根据上面的分析进行如下操作。

图 6-14　程序处理流程图

（1）建立项目 Compute。

（2）将任务 6-2 中的文件 Random.cpp 加入项目。

（3）新建文件 question.cpp。

```
//文件 question.cpp
#include <stdio.h>
//功能：统计成绩
//参数：m 为出题数，n 为正确答案数
//返回值：正确率
float Total(int m, int n){
    return (float) n/m * 100;
}
//功能：随机出题
//返回值：返回运算的正确结果
float Question(){
    extern char opreater();
    extern float Compute(float opd1, char opr, float opd2);
    extern int Rand();
    float first, second;
    float answer;
    char opr;
    first=(float) Rand();
    second=(float) Rand();
    opr=opreater();
    printf("%d%c%d=?", (int)first, opr, (int)second);
    answer=Compute(first, opr, second);
    return answer;
}
```

（4）新建文件 compute.cpp。

```
//文件 compute.cpp
extern int Rand();
//随机产生一个运算符
char opreater(){
    char op;
    switch(Rand()%4){
        case 0:op='+';break;
        case 1:op='-';break;
        case 2:op='*';break;
        case 3:op='/';break;
    }
    return op;
}
//功能：根据给定的操作数和操作符运算
//参数：opd1、opd2 为操作数，opr 为运算符
//返回值：opd1 opr opr2 的运算的运算结果
float Compute(float opd1,char opr,float opd2){
    float Result;
    switch(opr){
        case '+':Result=opd1+opd2;break;
        case '-':Result=opd1-opd2;break;
        case '*':Result=opd1*opd2;break;
        case '/':Result=(float)opd1/(float)opd2;break;
    }
    return Result;
}
```

（5）新建文件 main.cpp。

```
//main.cpp 文件
#include <stdio.h>
#include <math.h>
void main(){
    extern float Total(int m,int n);
    extern void Randomstart(int seed);
    extern float Question();
    int score=0,counter=0;          //题目和成绩计数
    float ok,answer;                //答案
    char choose='y';
    int sd;                         //随机种子
    printf("请输入随机种子");
    scanf("%d",&sd);
    Randomstart(sd);
    while(choose=='y' || choose=='Y')
    { answer=Question();
        scanf("%f",&ok);
        if (fabs(ok-answer)<1e-6){
            score++;
```

```
            printf("回答正确\n");
        }
        else
            printf("回答错误,正确答案为%6.2f\n", answer);
        counter++;
        printf("继续吗(y/n)");
        getchar();
        choose=getchar();
    }
    printf("你的成绩为%6.2f",Total(counter,score));
}
```

(6) 编译并运行。

小　　结

1. 本章重点

(1) 函数的定义与调用。
(2) 变量的作用域与生存周期。

2. 相关知识点提示

(1) 函数的分类

① 库函数:由 C 系统提供的函数。

② 用户自定义函数:由用户自己定义的函数。

③ 有返回值函数和无返回值函数:函数的返回值类型即为函数的类型。无返回值函数声明为空类型 void。

④ 有参函数和无参函数:有参函数由主调函数向被调函数传递参数。

⑤ 内部函数和外部函数:只能在本源文件中使用的为内部函数,用 static 来声明。可以在整个源程序中使用的为外部函数,用 extern 来声明,默认为外部函数。

(2) 函数说明的一般形式

[extern]类型标识 函数名(类型 1 形参 2,类型 2 形参 2,...);

函数在被调用前必须被声明或定义,否则出现编译错误。

(3) 函数定义的一般形式

[extern/static]类型标识符 函数名(类型 1 形参 1,类型 2 形参,2...)
{
  语句序列
}

函数在调用时必须已经被定义。

184

（4）函数调用的一般形式

函数名（［实际参数表］）

函数既可以在表达式中调用，也可以作为函数语句。

（5）函数间数据的传递方式

函数间数据的传递方式有以下三种。

① 函数参数传递：有传值、传地址、引用调用三种形式。在进行参数传递时，实际参数的类型、参数个数、顺序必须和形式参数严格保持一致。传值方式是单向传递方式，实际参数是值参，可以是常量、变量、表达式，并且有确定的值。引用（可以理解为变参），则实际参数只能是变量。传地址是将实际参数变量的地址传递给形式参数，被调函数中对形式参数的操作就是对主调函数实际参数变量的操作。

② 函数的返回值进行传递：主调函数通过实际参数和形式参数将数据传递给被调函数，被调函数中的处理结果值返回到主调函数。

③ 全局变量进行传递：定义全局变量，实现所有函数共享数据。

（6）变量的作用域与生存周期

① 变量的作用域指变量在程序中的有效范围，变量可分为全局变量和局部变量。

② 变量的生存期取决于变量的存储方式。变量的存储类型是值变量在内存中的存储方式，分为静态存储和动态存储。动态存储方式主要有自动型（auto）和寄存器型（register）两种形式。静态存储方式（static）有局部静态和全局静态方式。

（7）函数的嵌套与递归

在被调函数中又调用其他函数称为函数的嵌套，函数不能嵌套定义，但可以嵌套调用。函数直接或间接地自己调用自己，称为递归调用，递归函数要避免死循环。

（8）模块化程序设计

一个复杂的问题可以划分为若干个简单的问题来解决，即模块，模块是由函数来实现的。划分模块的基本原则如下。

① 模块相对独立。

② 模块具有共享性。

③ 模块能够独立封装并能提供相应的接口供其他函数调用。

习　　题

一、判断题

1. 局部变量在进入代码块时生成，退出代码块时消失。　　　　　　　　（　　）

2. 函数可以嵌套定义，也可嵌套调用。　　　　　　　　　　　　　　（　　）

3. 如果在程序中定义静态变量和全局变量时未明确指明其初始值，那么它们可以在程序编译阶段自动被初始化为 0 值。　　　　　　　　　　　　　　　（　　）

4. 在 C 语言中，实参与其对应的形参各占独立的存储单元。　　　　　（　　）

5. 在 C 语言中,函数的定义可以嵌套。　　　　　　　　　　　　　　　(　)

6. 不同的函数中可以使用相同的变量名。　　　　　　　　　　　　　　(　)

7. 形式参数是局部变量。　　　　　　　　　　　　　　　　　　　　　(　)

8. C 语言中,函数调用时,只有当实参与其对应的形参同名时,才共同占一个存储单元。　　　　　　　　　　　　　　　　　　　　　　　　　　　　　　(　)

9. 凡是函数中未指定存储类别的局部变量其隐含的存储类别是自动型(auto)。

　　　　　　　　　　　　　　　　　　　　　　　　　　　　　　　　(　)

二、选择题

1. 以下程序的输出结果是(　 　)。

```c
#include <stdio.h>
int func(int a, int b) {
  int c;
  c=a+b;
  return c;
}
int main() {
  int x=6, y=7, z=8, r;
  r=func(x--,y==,x+y),z--);
  printf("%d\n",r);
}
```

　 A. 11　　　　　　　　B. 20　　　　　　　C. 21　　　　　　　D. 31

2. 以下程序的输出结果是(　 　)。

```c
int fun3(int x){
    static int a=3;
    a+=x;
    return(a);
}
int main(){
  int k=2, m=1, n;
  n=fun3(k);
  n=fun3(m);
  printf("%d\n",n);
}
```

　 A. 3　　　　　　　　B. 4　　　　　　　C. 6　　　　　　　D. 9

3. 以下程序的输出结果是(　 　)。

```c
int runc(int a,int b){
  return(a+b);
}
int main(){
    int x=2,y=5,z=8,r;
    r=func(func(x,y),z);
    printf("%d\n",r);
}
```

A. 12　　　　　　　　B. 13　　　　　　　　C. 14　　　　　　　　D. 15

4. 以下程序的输出结果是(　　)。

```
int x=3;
int main() {
    int i;
    for (i=1;i<x;i++)  incre();
}
void incre()
{
    static int x=1;
    x*=x+1;
    printf("  %d",x);
}
```

A. 3　3　　　　　　　B. 2　2　　　　　　　C. 2　6　　　　　　　D. 2　5

5. 以下程序的输出结果是(　　)。

```
int a=3;
int main() {
    int s=0;
    { int a=5;   s+=a++; }
    s+=a++;printf(" %d\n",s);
}
```

A. 8　　　　　　　　B. 10　　　　　　　　C. 7　　　　　　　　D. 11

三、填空题

1. 以下程序的输出结果是_____。

```
#include <stdio.h>
int fun(int x) {
    int p;
    if(x==0||x==1) return(3);
    p=x-fun(x-2);
    return p;
}
int main(){
    printf("%d\n", fun(9));
}
```

2. 以下程序的输出结果是_____。

```
void fun(){
    static int a=0;
    a+=2;
    printf(" %d",a);
}
int main(){
```

```
    int cc;
    for(cc=1;cc<4;cc++) fun()
      printf("\n");
}
```

3. 以下程序输出的最后一个值是_____。

```
int ff(int n){
    static int f=1;
    f=f*n;
    return f;
}
int main(){
    int i;
    for(i=1;i<=5;i++  printf("%d\n",ff(i));
}
```

4. 以下函数的功能是求 x 的 y 次方,请填空。

```
double fun(double x, int y){
    int i;
    double z;
    for(i=1, z=x; i<y;i++)   z=z* _____;
    return z;
}
```

四、编程题

1. 编写函数 fun 计算 $m = 1 - 2 + 3 - 4 + \cdots + 9 - 10$。
2. 编写函数判定一个 n 是否为素数。
3. 编写函数求 $s = 1 + \dfrac{1}{2!} + \dfrac{1}{3!} + \cdots + \dfrac{1}{n!}$。

第7章 简单构造类型

【技能目标】 掌握对数据集合的访问与处理方法。

【知识目标】 在实际应用中,常常需要对具有相同属性的数据集合中的元素进行处理,如对学生信息的增加、查找、修改、删除、统计等。要实现这些基本的要求,C 语言提供了处理大量相同类型数据的一种类型——数组。本章主要包括以下内容。

(1) 一维数组的应用。

(2) 二维数组与多维数组的应用。

(3) 字符数组的应用。

(4) 数组与函数。

通过本章的学习,要求达到以下目标。

(1) 了解数组的概念,掌握数组的定义方法。

(2) 掌握数组的初始化及数组元素的引用。

(3) 掌握数组作为函数参数的使用方法。

(4) 能运用字符数组来存储和处理字符串。

(5) 熟悉数据的查找、修改、删除、插入、排序等常用算法。

【关键词】 数组(array),多维数组(multi-dimensional array),数组初始化(array initialization),数组大小(array size),数组声明(array declaration),数组下标(array subscript),维数(dimension),数组元素(elements in array)。

【项目任务】 实现对学生考试成绩数据的添加、删除、修改、查找与排序等功能。

【项目解析】 管理信息系统设计的最基本要求是实现相关数据的存储与管理,以及对数据的增、删、改、查找、统计等功能。为了完成本项目,必须实现对数据的有效存储和访问,即应用数组来存储学生的考试信息,访问和处理数组的数据元素。

7.1 一 维 数 组

当处理的数据量不是很大时,可以使用简单的数据类型,设几个简单的变量来完成。但对于大规模的数据,尤其是相互间有一定联系的数据,通过简单变量的方法就不方便了。C 语言提供了处理大量相同类型数据的一种类型——数组。

例如,当考试结束后,要统计 50 个学生考试的平均成绩、最高分和最低分。为解决这个问题,可以设置 50 个变量用来存储 50 个学生的成绩,再分别用三个变量来存储平均分、最高分和最低分。这种方法虽然能解决问题,但程序的可扩展性、可读性很差,当学生人数发生变化时,程序也将作大量的修改。最好的方法就是使用数组来存放学生的考试成绩,然后对数组元素进行运算处理。

在程序设计中,把具有相同类型数据元素组织起来,在 C 语言中就是利用数组。数组是具有一定顺序关系的若干数据的集合体,组成数组的元素称为数组元素。数组中的每个元素(即每个成员)具有同一个名称、不同的下标。

在 C 语言中,数组属于构造数据类型。一个数组可以分解为多个数组元素,这些数组元素可以是基本数据类型或构造类型。因此按数组元素的类型不同,数组又可分为数值数组、字符数组、指针数组、结构数组等。

数组可分为一维数组和多维数组(如二维数组、三维数组等)。数组的维数取决于数组元素的下标个数,每个元素有 n 个下标的数组称为 n 维数组,即一维数组的每个元素只有一个下标,二维数组的每个元素有两个下标,三维数组的每个元素都有三个下标,以此类推。

7.1.1　一维数组的定义与初始化

1. 一维数组的定义

在 C 语言中使用数组必须先进行定义,然后使用。

一维数组的定义形式如下。

数据类型　数组名[常量表达式];

其中:

(1) 数据类型可以是任意基本数据类型或构造数据类型,它表示数据元素的类型。

(2) 数组名是用户定义的数组标识符。

(3) 方括号中的常量表达式表示数据元素的个数,也称为数组的长度,即数组元素的个数。例如:

```
int number[10];        //定义整型数组 number,有 10 个元素
float sale[10];        //定义实型数组 sale,有 10 个元素
char chars[20];        //定义字符数组 chars,有 20 个元素
```

对于数组的定义应注意以下几点。

(1) 数组的类型是指数组元素的取值类型。同一个数组中所有元素的数据类型都是相同的。

(2) 数组名的命名规则必须符合标识符的命名规则。

(3) 数组名不能与其他变量名相同。例如:

```
main(){
  int a;
  float a[10];
    ...
}
```

是错误的。

（4）方括号中常量表达式表示数组元素的个数，它是一个整型常量，如 number[5]表示数组 number 有 5 个元素。其下标从 0 开始计算，因此 5 个元素分别为 number[0]、number[1]、number[2]、number[3]、number[4]。

（5）不能在方括号中用变量来表示元素的个数，但可以是符号常数或常量表达式。例如：

```
#define N 5                //声明一个常量
void main(){
    int number[3+2],number[7+N];
}
```

是合法的。但是下述说明方式是错误的。

```
void main(){
    int n=5;
    int number[n];
}
```

（6）允许在同一个类型说明中定义多个数组和多个变量。例如：

```
int n,score[10];
```

（7）定义一个数组后，C 编译程序为数组在内存中分配了相应个连续的数据单元，每个单元占有的存储空间由数组的类型来确定，如图 7-1 所示。

图 7-1　一维数组与内存单元

这里分配了 10 个连续的存储单元，每个单元占用 2 个字节，共分配了 20 个字节的存储单元。

（8）C 编译程序指定数组名为数组的首地址，即 score 与 &score[0]等价；也就是说，在 C 语言中，每个已定义的数组，其数组名有两个作用，一是代表该数组的名称；二是代表该数组在内存中的首地址。

2. 一维数组的初始化

在定义的同时赋予初值，称为数组的初始化。对一维数组进行初始化，有以下几种形式。

（1）为全部数组元素赋初值。将数组元素的初值依次放在一对大括号内，数值之间用逗号分隔。数组的长度可以省略。例如：

```
int score[6]={1,2,3,4,5,6};
```

191

也可写为

```
int score[ ]={1,2,3,4,5,6};
```

score数组初始化后,a[0]=1,a[1]=2,a[2]=3,a[3]=4,a[4]=5,a[5]=6。

(2) 为部分元素赋初值。当值的个数少于元素个数时,C语言会自动给后面的元素补上初值0。例如:

```
int score[10]={1,2,3};
```

score数组初始化后,score[0]=1,score[1]=2,score[2]=3,其余各元素均为0。

(3) 为数组的所有元素均赋0值。例如:

```
int score[10]={0};
int score[10]={0,0,0,0,0,0,0,0,0,0};
```

7.1.2 一维数组元素的引用

定义一个数组后,就可以引用该数组中的任何元素了,其方法为数组名后跟一个下标,数组元素的引用形式如下:

数组名[下标]

下标只能是整型常量或整型表达式,如果是小数,C编译将自动取整。下标表示了元素在数组中的顺序号。

🔔 注意:

(1) 引用数据元素只能引用单个数据元素,不能引用整个数组。

例如,对有10个元素的数组必须使用循环语句逐个输出各个元素。

```
for(i=0; i<10; i++)
    printf("%d",number[i]);
```

不能用一个语句输出整个数组,例如,下面的写法是错误的。

```
printf("%d",number);
```

(2) 在引用数组元素时,下标可以是整型常数、已赋值的变量或含变量的表达式。例如,number[5]、number[i+j]、number[i++]都是合法的数组元素。

(3) 由于数组元素本身可看作同一类型的单个变量,因此,对变量的各种操作也都适用于数组元素。

(4) C语言在引用数组元素时不检查数组边界,程序员在编写程序时要自己检查数组元素的边界,下标上限(即最大值)不能越界,也就是说,若数组含有n个元素,下标的最大值为n−1(因下标从0开始);若越出界限,C编译程序并不给出错误信息,程序仍可以运行,但可能会改变该数组以外其他变量或其他数组元素的值,由此出现不可预料的后果。例如:

```
int number[10],i;
for (i=0;i<100;i++)
    number[i]=i;        //当 i>=10 时,出现数组越界错误
```

【例 7-1】 阅读下面的程序,观察其运行结果。

程序 1:

```
#include <stdio.h>
void main(){
  int i,number[10];
  for(i=0;i<=9;i++)
    number[i]=i;
  for(i=9;i>=0;i--)
    printf("%d ",number[i]);
}
```

程序 2:

```
#include <stdio.h>
void main(){
    int i,number[10];
    for(i=0;i<10;)
        number[i++]=i;
    for(i=9;i>=0;i--)
      printf("%d",number[i]);
}
```

程序 3:

```
#include <stdio.h>
void main() {
  int i,number[10];
  for(i=0;i<10;)
    number[i++]=2*i+1;
  for(i=0;i<=9;i++)
    printf("%d ",number[i]);
  printf("\n%d %d\n",number[5.2],number[5.8]);
}
```

程序说明:

在程序 1 中,首先定义一个可以存储 10 个整型数的数组 number,利用循环语句将数组元素依次赋值为 0~9,然后按逆序输出这 10 个数。

在程序 2 中,第一个 for 语句省略了表达式 3,在下标变量中使用了表达式 i++用以修改循环变量,实现了相同的功能。想一想,如果将语句 number[i++]=i;改为 number[++i]=i;将会产生什么结果?

在程序 3 中,用一个循环语句为 number 数组各元素赋予奇数值,然后用第二个循环

193

语句输出各个奇数。C语言允许用表达式表示下标,程序中最后一个 printf 语句输出了两次 number[5] 的值,可以看出当下标不为整数时将自动取整。

【例 7-2】 统计选票数。现在有三个人参加选举,统计每个人的得票数。

分析:将参选人编号为 1、2、3,设置数组 Count,数组元素 Count[1]、Count[2]、Count[3] 分别用于存放编号为 1、2、3 的参选人的得票数,Count[0] 用于存放其他得票数。当输入选票编号 No 时,则对应的数组元素 Count[No] 加 1,相当于对应参选人累计。程序流程图如图 7-2 所示。

根据上面的分析,编写如下代码。

定义数组Count[4] 选票编号No、 循环控制变量		
初始化Count		
i=0		
i=<N		
输入选票编号No		
No>0&&No<4		
Count[No]++		Count[0]++
输出统计结果		

图 7-2 例 7-2 程序流程

```c
#include <stdio.h>
#define N 6
void main(){
    int i;
    int No;                    //选票编号
    int Count[4]={0,0,0,0};    //初始数组
    for (i=0;i<N;i++){
        printf("输入选票编号:");
        scanf("%d",&No);
        if (No>0 && No<4)
            Count[No]++;       //有效票计数
        else
            Count[0]++;        //无效票计数
    }
    printf("编号\t 票数\n");
    for (i=0;i<4;i++)          //输出统计结果
        printf("%d \t%d\n",i,Count[i]);
}
```

程序运行结果:

```
输入选票编号:1
输入选票编号:3
输入选票编号:2
输入选票编号:2
输入选票编号:3
输入选票编号:1
编号      票数
0         0
1         2
2         2
3         2
```

程序说明:

(1) 数组 Count 的元素必须初始化,否则其初始值为随机值,也可以用循环来初始化数组中的元素。

```
for (i=0;i<N;i++) count[i]=0;
```

（2）当输入的选票编号不为 1、2、3 时，将其计入 Count[0]，表示无效票。

7.1.3　一维数组作为函数参数

在实际应用中，常常需要在函数中对数组进行处理，因此在调用函数时需要将数组作为函数的参数。数组用作函数参数有两种形式，一种是把数组元素（下标变量）作为实参使用；另一种是把数组名作为函数的形参和实参使用。

1. 数组元素作为函数实参

数组元素就是下标变量，它与普通变量并无区别。因此它作为函数实参使用与普通变量是完全相同的。在进行函数调用时，把作为实参的数组元素的值传送给形参，被调函数的形式参数用一个简单变量来接收数组元素的值，实现单向的值传送。

【例 7-3】　统计数组中零值元素的个数。

```
#include <stdio.h>
//判断 n 是否为 0
int is0(int n){
  return n==0;
}
void main(){
  int num[10]={1,2,0,312,0,45,21,0},i,count=0;
  for(i=0;i<10;i++)
    if (is0(num[i])) count++;
  printf("零值元素的个数为:%d\n",count);
}
```

程序运行结果：

零值元素的个数为:5

程序说明：is0(int n)的功能就是判断 n 是否为 0，如果为 0 返回真，否则返回假。在main 函数中循环调用 is0 函数，将数组元素作为参数传递给 is0 函数，依次判断数组元素是否为 0 并计数。

2. 数组名作为函数参数

用数组名作函数参数时，要求形参和相对应的实参都必须是类型相同的数组，都必须有明确的数组说明。当形参和实参不一致时，就会发生错误。

在用数组名作函数参数时，不是进行值传送，编译系统不为形参数组分配内存。所传送的只是数组地址，也就是说把实参数组的首地址赋予形参。形参取得该首地址之后，也就等于有了实参的数组。实际上是形参数组和实参数组为同一数组，拥有同一段内存空间。

一维数组名作为函数形式参数而进行定义时,有下面三种形式。

```
int fun(int array[]);
float fun(int array[],int n);
void fun(int array[MAX]);
```

【例 7-4】 数组 Array 中存放了一个学生 5 门课程的成绩,求平均成绩。

```
#include <stdio.h>
//求数组 Array 数据元素的平均值
float average(float Array[5]){
    int i;
    float av,sum=Array[0];
    for(i=1;i<5;i++)
      sum=sum+Array[i];
    av=sum/5;
    return av;
}
void main(){
    float score[5]={89,87,96,78,69},av;
    av=average(score);
    printf("平均值为%5.2f\n",av);
}
```

程序运行结果:

平均值为83.80

程序说明:本程序首先定义了一个实型函数 average,有一个形参为实型数组 Array,长度为 5。在函数 average 中,把各元素值相加然后求出平均值,返回给主函数。主函数 main 中定义数组 score 并初始化,然后以 score 作为实参调用 average 函数,函数返回值赋予 av,最后输出 av 值。

当用数组名作函数参数时,由于实际上形参和实参为同一数组,因此当形参数组发生变化时,实参数组也随之变化。当然,这种情况不能理解为发生了"双向"的值传递。但从实际情况来看,调用函数之后实参数组的值将由于形参数组值的变化而变化。

【例 7-5】 将数组中小于 0 的元素置为 0。

```
#include <stdio.h>
void setvalue(int Array[5]){
    int i;
    for(i=0;i<5;i++){
        if(Array[i]<0) Array[i]=0;
    }
}
void display(int Array[5]){
    int i;
    for(i=0;i<5;i++)
      printf("%d",Array[i]);
}
```

```
void main(){
    int data[5]={12,-34,56,-1,-2};
    printf("\n数组元素为:\n");
    display(data);
    setvalue(data);
    printf("\n将数组中小于0的元素置为0后:\n");
    display(data);
    printf("\n");
}
```

程序运行结果：

```
数组元素为:
12 -34 56 -1 -2
将数组中小于0的元素置为0后:
12 0 56 0 0
```

程序说明：函数 setvalue 的功能是将数据元素为负数的值设置为 0，形参为整型数组 Array，长度为 5；函数 display 的功能是显示数组元素的值，形参为整型数组 Array，长度为 5。在 main 函数中定义数组 data 并初始化。然后以数组名 data 为实参调用 setvalue 函数。返回 main 函数之后，再调用函数 display 输出数组 data 的值。从运行结果可以看出，数组 data 通过函数 setvalue 修改了数组中元素的值。这说明实参和形参为同一数组，它们的值同时得以改变。

用数组名作为函数参数时还应注意以下 3 点。

(1) 形参数组和实参数组的类型必须一致，否则将引起错误。

(2) 形参数组和实参数组的长度可以不相同，因为在调用时，只传送首地址而不检查形参数组的长度。当形参数组的长度与实参数组不一致时，虽不至于出现语法错误（编译能通过），但程序执行结果将与实际不符。

【例 7-6】　观察下面程序的运行结果。

```
#include <stdio.h>
void display(int Array[8]){
    int i;
    for(i=0;i<8;i++)
      printf("%d,",Array[i]);
    printf("\n");
}
void main(){
    int a[5]={1,2,3,4,5};
    int b[10]={1,2,3,4,5,6,7,8,9,10};
    display(a);
    display(b);
}
```

程序运行结果：

```
1,2,3,4,5,-858993460,-634238925,2554772,
1,2,3,4,5,6,7,8,
```

程序说明：display 函数的形参数组 Array 的长度为 8,其功能是显示数组 Array 元素的值。在主函数中定义了两个数组 a[5]和 b[10],数组 a 和数组 b 的长度不一致。编译能够通过,但从结果看,数组 a 的元素 a[5]、a[6]、a[7]显然是无意义的。

(3) 在函数形参表中,允许不给出形参数组的长度,或用一个变量来表示数组元素的个数。例如,可以写为以下两种形式。

```
void Display(int Array[])
void Display (int Array[],int n)
```

其中,形参数组 Array 没有给出长度,而由 n 值动态地表示数组的长度。n 的值由主调函数的实参进行传送。

【例 7-7】 观察下面程序的运行结果。

```
#include <stdio.h>
void display(int Array[],int n){
  int i;
    for(i=0;i<n;i++)
      printf("%d,",Array[i]);
  printf("\n");
}
void main(){
  int a[5]={ 1,2,3,4,5};
  int b[10]={1,2,3,4,5,6,7,8,9,10};
  display(a,5);
  display(b,10);
}
```

程序运行结果：

```
1,2,3,4,5,
1,2,3,4,5,6,7,8,9,10,
```

程序说明：display 函数的形参数组 Array 没有给出长度,由 n 动态确定该长度。在 main 函数中,函数调用语句为 display(a,5)、display(b,10),其中实参 5 和实参 10 将赋予形参 n 作为形参数组的长度。

7.1.4 任务 7-1 统计分析学生的考试成绩

1. 任务分析

本任务输入学生的编号、C 语言的考试成绩,统计平均成绩并输出。先输入学生的学号、考试成绩,分别用数组保存,然后统计并显示。

2. 任务实施

定义两个数组,一个数组用来存放学生编号,另一个数组用来存放其考试成绩。将其划分为以下两个模块。

（1）函数 Input(No[],score[],int n)用于输入学生编号、考试成绩。

（2）函数 Display(No,score[],int n)用于统计学生平均成绩并显示相关信息。

程序流程图如图 7-3 所示。

图 7-3　任务 7-1 程序流程图

编写如下程序。

```
#include <stdio.h>
#define N 10
//输入学生学号和考试成绩信息
void Input(int No[],int score[],int n){
    int i;
    for(i=0;i<n;i++){            //输入 n 个学生的编号和成绩
        printf("编号:");
        scanf("%d",&No[i]);
        printf("成绩:");
        scanf("%d",&score[i]);
    }
}
//统计学生平均成绩并显示相关信息
void Display(int No[],int score[],int n){
    int i, sum=0;
    float averge=0;
    printf("------------------\n");
    printf("编号\t\t 成绩\n");
    printf("------------------\n");
    //输出 n 个学生的编号和成绩
    for(i=0;i<n;i++){
        sum+=score[i];
        printf("%d\t\t%d\n",No[i],score[i]);
    }
    averge=(float)sum/n;            //计算平均成绩
```

199

```
        printf("平均成绩：%5.2f\n",averge);
    }
void main(){
    int No[N],score[N];
    printf("请输入%d个学生的编号和成绩\n",N);
    Input(No,score,N);
    printf("学生成绩表\n");
    Display(No,score,N);
    }
```

程序说明：在计算平均成绩时，由于 sum 和 n 是整型数，因此 sum/n 为整型，所以必须将 sum 强制转换为 float，然后再除以 n，才能得到正确结果。

3. 拓展训练

编写程序，从键盘输入每个员工的工资，计算平均工资，并输出最高工资和最低工资。

7.2   一维数组的应用

计算机信息管理最基本的数据处理就是实现信息的增、删、改、查找、统计等功能。本节将实现对学生成绩信息进行处理。

7.2.1   数据元素的复制与选择

1. 数据元素的复制

在实际应用中，常常要实现对数据的备份。程序中的备份通常是将数组中数据元素复制到另一个数组中。在进行备份时，备份数组的数据类型必须和源数组的类型一致，数组的长度必须大于或等于源数组的长度，备份时数据的顺序也必须与原来的数据顺序一致。

【例 7-8】　随机产生 100 个正整数存放到数组 Soure 中，将该数组中的数据复制到数组 Object 中。

分析：定义三个函数。

Create(data,n)利用循环将随机函数产生的 n 个随机数存放到 data 数组中。

Copy(Soure,Object,n)利用循环将 Soure 数组的元素依次赋值给 Object 数组，实现数组的复制。

Display(data,n)用于显示数组 data 元素的值。

main 函数先利用 Create 函数和 Display 函数产生 n 个随机数存放到数组 Soure 中并显示。再利用 Copy 函数将 Soure 数组的元素复制到 Object 数组中，然后利用 Display 函数显示 Object 数组元素的值。程序的流程图如图 7-4 所示。

图 7-4　例 7-8 程序的流程图

```
#include <stdio.h>
#include <stdlib.h>
//产生 n 个随机数存放在数组 data 中
void Create(int data[],int n){
  int i;
  for (i=0;i<n;i++)
      data[i]=rand()%1000;
}
//显示数组 data 中数据元素的值
void Display(int data[],int n){
  int i;
  for (i=0;i<n;i++){
   if (i%10==0) printf("\n");
    printf("%d ",data[i]);
  }
}
//将数组 Soure 中的 n 个元素复制到数组 Object 中
void Copy(int Soure[],int Object[],int n){
  int  i;
  for (i=0;i<n;i++)
      Object[i]=Soure[i];
}
void main(){
  int Soure[100], Object[100],n;
  printf("输入数组的大小(<100)");
  scanf("%d",&n);
  Create(Soure,n);           //生成 n 个随机数
  printf("Soure Array:");
  Display(Soure,n);          //显示
  Copy(Soure,Object,n);      //复制数组元素
  printf("\nObject Array:");
  Display(Object,n);
  printf("\n");
}
```

程序运行结果：

```
输入数组的大小<<100>5
Soure Array:
41 467 334 500 169
Object Array:
41 467 334 500 169
```

程序说明：

(1) rand 是 C 语言库函数中提供的一个随机函数,该函数的作用是产生一个大于或等于 0 且小于 32767 的整数。rand( )％1000 产生小于 1000 的整数。该函数包含在 stdlib.h 中,所以使用该函数必须在程序中包含头文件 stdlib.h。

(2) Object 数组的长度与类型必须与 Soure 数组一致。

(3) 数组的赋值、数组的输出必须通过逐个元素进行,如 Object＝Soure 是错误的,因此要用循环来实现。不能直接赋值和输出。

(4) if (i％10) printf("\n")实现每行输出 10 个元素。

讨论与思考：程序每次运行时,产生的随机数序列是相同的,从某种意义上来说,这不是一个真正的随机数序列,如何使得每次产生的随机数序列不同?

提示：在 C 语言的库函数中提供了一个 srand(r)函数,其作用是初始化伪随机数发生器,r 是函数的参数,其值为一个正整数,称为随机种子。不同的种子在调用随机函数时产生不同的数据。

2. 数据选择

在实际应用中,常常将满足某条件的数据选择出来,如从一个存储学生考试成绩的数组中,选择考试成绩不及格的学生存放到另一个数组中。

【例 7-9】 将随机产生的 20 个 0～100 的正整数存放到数组 Soure 中,将该数组中小于 60 的数据元素存放到 Object 中。

分析：定义三个函数。

Create(data,n)：利用循环将随机函数产生的 n 个随机数存放到 data 数组中。

Select(Soure,Object,n,exp)利用循环选择数组 Soure 满足条件 exp 的数据依次赋值给 Object 数组,实现元素的选择的功能。函数返回满足条件的元素的个数。

Display(data,n)用于显示数组 data 元素的值。

main 函数先利用 Create 函数和 Display 函数产生 n 个随机数存放到数组 Soure 中,并显示。再利用 Select 函数将 Soure 数组中满足条件的元素复制到 Object 数组中,然后利用 Display 函数显示 Object 数组元素的值。程序的流程图如图 7-5 所示。

图 7-5 例 7-9 程序流程图

```c
#include <stdio.h>
#include <stdlib.h>
#include <time.h>
//产生 n 个随机数存放在数组 data 中
void Create(int data[],int n){
    int i;
```

```
    srand(int(time(0)));           //设置随机种子
    for (i=0;i<n;i++)
        data[i]=rand()%100;
}
//显示数组 data 中数据元素的值
void Display(int data[],int n){
  int i;
  for (i=0;i<n;i++){
   if (i%10==0) printf("\n");
    printf("%d ",data[i]);
  }
}
//将 Soure 中的 n 个小于 exp 的元素复制到 Object 中
//返回满足条件的元素的个数
int Select(int Soure[],int Object[],int n,int exp)
{
  int i,count=0;
  for (i=0;i<n;i++)
    if (Soure[i]<exp)
      Object[count++]=Soure[i];
  return count;
}
//主函数
void main(){
  int Soure[100], Object[100],n,c;
  printf("输入数组的大小(<100)");
  scanf("%d",&n);
  Create(Soure,n);
  printf("Soure Array:");
  Display(Soure,n);
  c=Selct(Soure,Object,n,60);
  printf("\nObject Array:");
  Display(Object,c);
  printf("\n");
}
```

程序运行结果：

```
输入数组的大小(<100):5
Soure Array:
47 23 94 6 92
Object Array:
47 23 6
```

程序说明：

（1）time(0)是 C 语言库函数中提供的时间函数，返回以秒为单位的当前值，它包含在 time.h 文件中，所以程序中必须包含文件 time.h。

（2）运用 srand(time(0))函数初始化随机函数发生器，由于每次运行时 time(0)的值不同，因此每次运行时产生了不同的随机数序列。

　　(3) 在程序中设置变量 count,一方面作为计数器存储 Soure 数组中小于 60 的元素的数量;另一方面作为 Object 数组的下标变量,实现将 Soure 数组中小于 60 的数据元素依次存放到 Object 数组中。

7.2.2　数据元素的移动

　　排队购物时,人们是依次向前移动的,将排队的人这个集合存放到一个数组中,人就是数组中的元素,人的移动就是数组元素的移动。广告屏上文字的左右移动也是同样的道理。

　　如图 7-6 所示,数据右移一位是将下标为 i 的元素赋值到下标为 i+1 的元素中,数据左移一位是将下标为 i 的元素赋值到下标为 i-1 的元素中。连续右移是从被移动的数据的最右边开始,连续左移是从被移动的左边开始。

图 7-6　数组元素的移动

　　右移: word[i+1]=word[i](0<=i<=n)或 word[i]=word[i-1](0<i<=n)。

　　左移: word[i-1]=word[i](0<i<=n)或 word[i]=word[i+1](0<=i<n)。

　　如果是循环移动,最后一个元素必须移动到第一个元素的位置,这时数据元素 i 移动的位置 pos 为 pos=(i+1)%m,m 为数组的长度。

　　【例 7-10】　将数组 element 中的数据元素循环移动一位。

```
//将 data 数据元素循环移动一位
void Move(int Data[],int n)
{
  int i,pos,temp;
  i=n-1;
  temp=Data[0];                     //暂存元素第一个元素
  while(i>0){
    pos=(i+1)%n;                     //确定循环移动后的元素的位置
    Data[pos]=Data[i--];            //移动数据元素
  }
  Data[i+1]=temp;
}
void main(){
  int Soure[100], n;
  printf("输入数组的大小(<100)");
  scanf("%d",&n);
  Create(Soure,n);                  //例 7-9 中的函数
  printf("element before Move:");
  Display(Soure,n);                 //例 7-9 中的函数
```

```
    Move(Soure,n);
    printf("\nelement after Move :");
    Display(Soure,n);
    printf("\n");
}
```

程序运行结果：

```
输入数组的大小<<100>5
element before Move:
13 34 8 24 11
element after Move :
11 13 34 8 24
```

程序说明：

（1）利用例 7-9 的 Create 函数生成 10 个随机数，用来模拟数据元素的移动，并利用 Display 函数来显示移动前后的情况。

（2）在函数 Move(data,n)中，为了防止最后一个元素在循环移动到第一元素时，元素 data[0]丢失，利用 int temp＝data[0]将 data[0]暂存在 temp 中。

（3）pos＝(i＋1)%n 中，n 为数组的长度，pos 表示右移动一位后元素的位置，当 i＝n－1 时，(i＋1)%n＝0，实现了 element[0]＝element[n－1]，达到循环移动的目的。

（4）利用例 7-9 中的 Create、Display 函数。

讨论与思考：

（1）如何实现右循环移动。

（2）如何将元素左移 n 位。

7.2.3　数据元素的查找与统计

1. 数据查找

数据的查找是管理信息系统设计的重要方面，如查询学生的考试成绩、火车时刻表、在图书馆查找图书等。在 C 语言中，可以将要查找的信息存放到数组中，然后按照一定的查找方式在数组中查找满足条件的数据元素。查找一方面是查找该元素是否存在，另一方面是查找满足条件的数据元素的相关信息。

查找的算法有很多，这里采用最简单的方法，即顺序查找的方法，就是在数组中依次扫描各个元素，与要查找的元素进行比较判断。

【例 7-11】　查找指定编号（学号）学生的考试成绩。

分析：将学生学号和成绩分别存放到不同的数组中，但下标一致，然后对学号数组从下标 0 到 n 进行扫描比较，如果找到要查找的学号，则停止扫描，否则直到比较完所有元素为止。其处理过程如图 7-7 所示，程序流程图如图 7-8 所示。

```
#include <stdio.h>
#define N 3
//在数组 data 中查找指定元素 Number
```

205

图 7-7　例 7-11 示意图

图 7-8　例 7-11 程序流程

```
int Find(int data[],int n,int Number){
    int i=0;
    while(i<n && data[i]!=Number)
        i++;
    if (i<n) return i+1; else return 0;
}
//输入 n 个学生的成绩信息和学号信息
void input(int No[],int score[],int n)
```

```
{
    printf("请输入各个学生的编号和成绩\n");
    for (int i=0;i<n;i++){
        printf("编号:");
        scanf("%d",&No[i]);
        printf("成绩:");
        scanf("%d",&score[i]);
    }
}
//主函数
void main(){
    int No[N],score[N],pos,Number;
    input(No,score,N);
    printf("输入要查找学生的编号");
    scanf("%d",&Number);
    pos=Find(No,N,Number);
    if (pos)
        printf("编号：%d,成绩:%d",Number,score[pos-1]);
    else
        printf("没有找到");
}
```

程序运行结果：

```
请输入各个学生的编号和成绩
编号:981101
成绩:67
编号:981102
成绩:98
编号:981103
成绩:78
输入要查找学生的编号981102
编号：981102，成绩:98
```

程序说明：

（1）分别用数组 No 和 score 存放学生学号和学生考试成绩，其下标变量相对应。定义变量 Number，用来存储需要查找的学生的学号。

（2）函数 Find(int data[],int n,int Number)中，使用循环语句对数组 data 的元素进行查找，如果 data[i]＝Number，则找到要查找学生，这时 i＋1 就是要查找元素的位序，退出循环。如果 i＝N，即扫描完所有元素，其条件 data[i]＝Number 都不成立，表示没有找到要查找的元素，返回 0。

（3）在 main 函数中，调用 input(No,score,N)输入学生学号和考试成绩，输入要查找的学生学号 Number，调用 Find(data,n,Number)函数实现查找。

讨论与思考：如果扫描时，从下标最大值 N 开始扫描到 0，程序该如何修改？

2. 数据统计

数据统计包括无条件统计和条件统计，如统计月销售情况，统计考试平均成绩、最高分、最低分、分数段情况,统计工资低于平均工资的人数,等等。要解决此类问题,可以使用数组和循环语句来实现。

【例 7-12】 查找某班考试的最高分和最低分,并求其平均成绩。

分析:设定两个变量 min、max 分别存放数组中的最小数和最大数在数组中的下标值,初始值为 0,将其与数组 score 的第二个元素 score[1]到最后一个元素依次进行比较,如果 score[i]大于 max,则 max=i,如果 score[i]<min,则 min=i,当扫描完所有元素时,数组中最大元素的下标为 max,最小元素的下标为 min。在扫描的过程中利用变量 sum 来实现对成绩的累积求和。其处理过程如图 7-9 所示,程序流程图如图 7-10 所示。

图 7-9 例 7-12 处理过程示意图

```
#include <stdio.h>
#define N 5
//功能:统计数组 data 数据元素的和以及最大值、最小值在数组中的位置
//入口参数:data 为要统计处理的数组,n 为数组元素的个数
//出口参数:max 为最大元素的下标,min 为最小元素的下标
//返回值:data 为数据元素的和
long Total(int data[],int n,int &max,int &min){
    //设置最大值和最小值的初始位置为 0
    max=min=0;
    long sum=0;
    int i;
    //扫描数组中的每一元素并比较
```

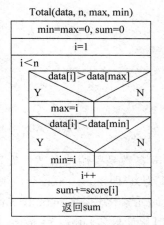

图 7-10 例 7-12 程序流程图

```
for(i=0;i<n;i++){
    //max 始终指示最大元素的位置
       if (data[max]<data[i]) max=i;
    //min 始终指示最小元素的位置
    if (data[min]>data[i]) min=i;
       sum+=data[i];   //求和
}
    return sum;
}
//功能：输入数据
//参数：data 为存放数据元素的数组，n 为数组的大小
//返回值：无
void Input(int data[],int n){
    int i;
    for(i=0;i<n;i++){
        printf("No.%d:",i+1);
        scanf("%d",&data[i]);
    }
}
//主函数
void main(){
    int min,max,score[N];
    float averge;
    printf("输入考试成绩\n");
    Input(score,N);
    //求平均值
    averge=(float)Total(score,N,max,min)/N;
    printf("最高分:%d\r\n 最低分:%d\r\n 平均分:%5.2f\n",score[max],
        score[min],averge);
}
```

209

程序运行结果:

```
输入考试成绩
No.1:89
No.2:87
No.3:67
No.4:56
No.5:87
最高分:89
最低分:56
平均分:77.20
```

程序说明:

(1) 函数 Total 的 max、min 参数是引用型参数。设置最大值元素指示器 max 和最小值元素指示器 min,其初始值为 0,即 max＝min＝0,扫描数组的所有元素并分别与 max 指示器和 min 指示器指示的元素比较,使 max 和 min 始终指示已比较元素的最大值和最小值。在扫描过程中同时累计求和 sum＋＝score[i],函数返回其和 sum。

(2) 在函数 main 中,先调用函数 Input 输入学生考试成绩,然后调用函数 Total 求考试成绩的和以及最高分和最低分。

7.2.4 数据元素的插入

在信息管理系统中,常常要修改不正确的信息,对一些错误的信息或无效的信息必须删除,而且随时有可能增加信息。C 语言中,要实现数据的插入和删除操作,可以利用移位数据元素的方法;对于修改,可以先找到要修改的数据元素所在的位置,然后直接使用赋值语句覆盖原有的数据。

【例 7-13】 在一个数组中的指定位置之前插入一个元素。

分析:要插入一个元素,当前数组中数据元素的个数必须小于所定义的数组大小,数据插入的位置必须适当。定义一个数组 Element[SIZEMAX],并用一个变量 length 来表示当前在数组中存放的有效数据元素的数量,其有效数据元素的下标为 0～length－1,则数据元素插入的位置必须满足 0＜position＜＝length。插入一个元素到 position 之前,实际上是将下标为 position～length－1 的元素依次向后移动一位,然后将要插入的元素 e 赋值给下标为 position－1 的元素。插入结束后,当前数组中有效元素的个数就增加一个。其处理过程如图 7-11 所示,程序流程图如图 7-12 所示。

```c
#include <stdio.h>
#define SIZEMAX 10
//在数组 Element 指定位置 pos 之前插入一个元素 e,length 为当前元素的个数
void Insert(int Element[],int &length, int pos,int e){
    int i;
    if (pos<=0 || pos>length+1)
        printf("\n 插入位置不正确");
    else{
        for (i=length;i>=pos;i--)
            Element[i]=Element[i-1];    //移位
        Element[i]=e;
```

210

图 7-11 例 7-13 示意图

图 7-12 例 7-13 程序流程图

```
        length++;
    }
}
//输出数组 Element 中所有的元素,length 为当前元素的个数
void Traverse(int Element[],int length)
```

```
    {
        int i;
        for (i=0;i<length;i++)
        printf("%d ",Element[i]);
    }
void main(){
    int List[SIZEMAX]={1,2,3,4,5};      //初始化数组
    int pos,e;
    int length=5;
    printf("插入元素前\n");
    Traverse(List,length);
    printf("\n 请输入插入元素的位置:");
    scanf("%d",&pos);
    printf("\n 请输入要插入的元素:");
    scanf("%d",&e);
    Insert(List,length,pos,e);
    printf("\n 插入元素后\n");
    Traverse(List,length);
}
```

程序说明：由于要修改指定位序的数据元素，所以其元素在数组中的下标为 pos-1。

7.2.5　数据的排序

在日常生活中，常常对一些数据进行排序处理，如考试结束后，对考试成绩进行排序，学生按身高体重进行排序，等等。有很多方法来实现数据排序，常见的如选择法、交换法、插入法等。在这里分析一下简单选择排序法。

【例 7-14】　将考试成绩排序。

分析：简单选择排序的基本思想就是，对数组元素进行扫描比较，在第 i 趟扫描时，选择数组中第 i+1～n 中的最大(小)的数组元素与第 i 个数组元素交换，通过 n-1 次的扫描后，完成对数组的排序操作，如图 7-13 所示，程序流程图如图 7-14 所示。

```
#include <stdio.h>
#define N 10
//对 data 数组中的 n 个元素排序
void Sort(int data[],int n){
  int i,j,k;
  int temp;
  for(i=0;i<n-1;i++) {
    k=i;
    for (j=i+1;j<n;j++)
      if(data[k]<data[j]) k=j;
    if (i!=k){
      temp=data[i];
      data[i]=data[k];
```

图 7-13   例 7-14 示意图

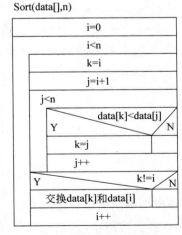

图 7-14   例 7-14 程序流程图

```
        data[k]=temp;
      }
    }
}
//输出数组 data 中的所有元素
void Traverse(int data[],int n){
  int i;
    for (i=0;i<n;i++)
      printf("%8d", data[i]);
}
//主函数
void main(){
    int Score[N]={12,45,67,78,43,65,90};
    printf("\n 排序前:");
    Traverse(Score,7);
    Sort(Score,7);
    printf("\n 排序后:");
    Traverse(Score,7);
    printf("\n");
}
```

程序运行结果:

```
排序前:     12      45      67      78      43      65      90
排序后:     90      78      67      65      45      43      12
```

程序说明:

(1) 变量 k 用来指示第 i 趟扫描后,数组的下标为 i~n−1 的 n−i 个数组元素的最大(小)值。

(2) 如果 i=k,表示在第 i+1 趟扫描结束后,k 值没有发生变化,下标为 i 的元素就是本次扫描的最大(小)元素。

(3) 在第 i 趟扫描结束后,将最大(小)值存放到下标为 i−1 的位置(因为数组的下标从 0 开始)。下一趟扫描时,从第 i+1 个元素开始扫描,到第 n 个元素结束。

(4) 只须通过 n−1 趟的扫描比较和数据的交换就完成了数据的排序。

讨论与思考:

分析冒泡排序法并编写程序。

7.2.6 任务 7-2 创建学生成绩表

1. 任务分析

本任务创建学生成绩表并根据学生的考试成绩排名次。

先将学生的学号、学生成绩保存到数组中,然后根据学生的考试成绩进行排序,在排序过程中,确定每个人的名次,成绩相同的并列。最后将排序后的成绩按照一定的格式输出并统计平均成绩、最高分和最低分。

2. 任务实施

定义 4 个全局变量。Score[N]：保存学生成绩；No[N]：保存学生学号；mc[N]：保存学生名次；length：当前学生的人数，即数组中元素的数量。

将任务分解 4 个模块。①创建学生成绩表（Create）；②按照平均成绩排序（Sort）；③生成成绩报告（Report）；④输入学生有效成绩（input(&No,&sc)）。

各个模块的调用关系及程序流程图如图 7-15 所示。

(a) 模块间的调用关系　　　　(b) main程序流程图

图 7-15　任务 7-2 程序流程图

```
#include <stdio.h>
#define N 10
#define TRUE 1
#define FALSE 0
```

```
//功能：输入学号和考试成绩
//出口参数：No为学号，sc为成绩
//返回值：如果No为0，返回FALSE，否则返回TRUE
int input(long &No,int &sc){
    printf("学号：");
    scanf("%ld",&No);
    if (No==0)
    return FALSE;
    printf("成绩：");
    scanf("%d",&sc);
    return TRUE;
}
//功能：创建学生成绩表
//参数：Code[]为学号，Score[]为成绩
//返回值：学生人数
int Create(long Code[],int Score[]){
    int sc;
    long no;
    int length=0;
    printf("No.%d\n",length+1);
    while(length<N && input(no,sc)){        //输入学号和成绩
        Score[length]=sc;
        Code[length]=no;
        length++;                           //当前成绩表中的人数
        printf("No.%d\n",length+1);
    }
    return length;
}
//功能：按成绩进行排序
//参数：Code[]为学号，Score[]为成绩，mc[]为名次，length为学生人数
//返回值：无
void Sort(long Code[],int Score[],int mc[],int length){
    int i,j,k;
    long temp;
    for(i=0;i<length;i++){
        k=i;
        for (j=i+1;j<length;j++)
            if(Score[k]<Score[j]) k=j;
        if (i!=k){
            //交换成绩和学号
            temp=Score[i];Score[i]=Score[k];Score[k]=temp;
            temp=Code[i];Code[i]=Code[k];Code[k]=temp;
        }
        if (Score[i]==Score[i-1])           //学生名次
            mc[i]=mc[i-1];
        else
            mc[i]=i+1;
    }
```

216

```
}
//功能：生成成绩报告
//参数：Code[]为学号,Score[]为成绩,mc[]为名次,length 为学生人数
//返回值：无
void Report(long Code[],int Score[],int mc[],int length){
    int i, Max=0,Min=0,av=0,count=0;
    printf("-----------------------\n");
    printf("  \n学号\t 成绩\t 名次 \n");
    printf("-----------------------\n");
    for (i=0;i<length;i++){
        av+=Score[i];                       //累加
        if (Score[i]>=60) count++;          //合格人数
        if (Score[i]>Score[Max]) Max=i;     //最高分
        if (Score[i]<Score[Min]) Min=i;     //最低分
        printf("%5d%8d%6d\n",Code[i],Score[i],mc[i]);
    }
    printf("-----------------------\n");
    printf("平均成绩%6.2f 合格率 %6.2f\n",(float)av/length,
            (float)count/length * 100);
    printf("最高分 %d   最低分 %d\n",Score[Max],Score[Min]);
    printf("-----------------------\n");
}
//主函数
void main(){
    int Score[N];                           //成绩
    int length=0;                           //当前学生人数
    int mc[N];                              //名次
    long Code[N];                           //学号
    printf("输入学生考试成绩,学号为 0：结束");
    length=Create(Code,Score);
    printf("成绩排位表\n");
    Sort(Code,Score,mc,length);
    Report(Code,Score,mc,length);
}
```

3. 拓展训练

根据例,编写函数实现学生信息的增加、删除与修改。

7.3　二维数组及其应用

在日常生活中,常常有一些二维表格,如成绩表、工资表、课程表等,这些表格在 C 语言中如何来表达呢？一种方法是用多个一维数组,另一种方法是用一个二维数组来表达。例如,现在需要解决如下的问题,一个学习小组有 5 个人,每个人有三门课的考试成绩表。求全组各科的平均成绩和各科总平均成绩。然后按平均成绩排序。

对于一维数组来讲,它只有一个下标,其数组元素也称为单下标变量。实际上 C 语言允许构造多维数组。多维数组元素有多个下标,以标识它在数组中的位置,所以也称为多下标变量。

由于数组中的元素是顺序存储的,数据元素的类型可以是简单的数据类型,也可以是复杂的构造类型,数组的元素还可以是数组,所以如果对于一个一维数组,其数据元素是一个一维数组时,就构成了二维数组。如果一个二维数组的数据元素是一个一维数组,就构成三维数组…… 以此类推。可以这么理解,对于一个 n 维数组,相当于一个 $n-1$ 维数组的数据元素是一个一维数组。

7.3.1 二维数组的定义与初始化

1. 二维数组的定义

定义二维数组的一般形式如下。

数据类型 数组名[常量表达式 1][常量表达式 2]

其中常量表达式 1 表示第一维下标的长度,常量表达式 2 表示第二维下标的长度。例如,要表示某 4 个人 3 门课程的成绩,可以如下定义一个二维数组。

int score[4][3]

将 score 看成有 4 个元素的一维数组,分别是 score[0]、score[1]、score[2]、score[3],而每个一维数组中的元素又是各为 3 个整型(int)元素的一维数组。如元素 score[0] 是一个含有 4 个元素{a00,a01,a02,a03}的一维数组。

二维数组在概念上是二维的,即其下标在两个方向上变化,下标变量在数组中的位置也处于一个平面之中,而不是像一维数组只是一个向量。可以将数组元素在数组中的位置理解为数据在一个二维表格中的几行几列,如数组 score 中元素 score[2][1]相当于数组元素在表格的第 3 行第 2 列。

但是,实际的硬件存储器却是连续编址的,也就是说存储器单元是按一维线性排列的。如何在一维存储器中存放二维数组呢? 在 C 语言中,二维数组是按行优先的方式排列的,即先存放 0 行,再存放 1 行,最后存放 2 行。每行中有 4 个元素也是依次存放。每个元素占用的字节数由数组的类型来确定,如图 7-16 所示。

0	1	2	3	4	5	6	7	8	9	10	11
a00	a01	a02	a03	a10	a11	a12	a13	a20	a21	a22	a23

	0	1	2	3
0	a00	a01	a02	a03
1	a10	a11	a12	a13
2	a20	a21	a22	a23

图 7-16 二维数组存储空间分配

如果定义二维数组中第一个元素的位置为 a,对于一个 m 行 n 列的二维数组,则第 i 行 j 列的元素在存储空间的相当位置为 a+(i * n+j)。

2. 二维数组的初始化

二维数组的初始化是指在类型定义时给各下标变量赋予初值。二维数组可按行分段赋值，也可按行连续赋值。

（1）分行给二维数组赋初值。例如，int score[3][2]={{90,87},{82,93},{85,78}}；相当于 score[0][0]=90,score[0][1]=87,score[1][0]=82,score[1][1]=93,score[2][0]=85,score[2][1]=78。

（2）不分行给所有元素赋值，将按数组排列的顺序对各元素赋初值。例如，int score[3][2]={90,87,82,93,85,78}；相当于 score[0][0]=90,score[0][1]=87, score[1][0]=82,score[1][1]=93, score[2][0]=85,score[2][1]=78。

如果元素赋初值的数据的个数少于数组定义的元素个数，则后面没有数据的元素值为 0。例如，int score[3][2]={90,89}相当于 score[0][0]=90,score[0][1]=89,其余元素为 0。

（3）可以只对每行的前几个元素赋初值，其余为 0。例如，int score[3][2]={{90},{89,87},{95}}；相当于 score[0][0]=90,score[1][0]=89,score[1][1]=87,score[2][0]=95。

（4）如果对全部元素显式赋初值，则数组第一维的元素个数在说明时可以不指定，但第二维的元素个数必须指定。例如，对于语句 int score[][3]={ 90,87,86,82,93,80,85,78,92,91,88,83}；，系统会根据数据的总数和每行的个数（列数）自动分配存储空间，确定二维数组的行数。

7.3.2　二维数组元素的引用

二维数组的元素也称为双下标变量，其引用的形式如下。

数组名[下标][下标]

其中下标应为整型常量或整型表达式。例如，score[3][2]表示 score 数组 3 行 2 列的元素。

🔔 **注意**：下标变量和数组的定义在形式上有些相似，但这两者具有完全不同的含义。数组说明的方括号中给出的是某一维的长度，即可取下标的最大值；而数组元素中的下标是该元素在数组中的位置标识。前者只能是常量，后者可以是常量、变量或表达式。

【例 7-15】　将二维数组 A_array 中的元素按行的顺序存放到一维数组 B_array 中。

分析：要将二维结构转换为一维线性结构，在转换时可以按行优先，也可以按列优先。对于二维数组在存储空间的存放，C 语言采用的是行优先的方式。这里，只要确定第 i 行 j 列的元素按行优先的方式存放时在一维数组中的存储位置 k 就可以了。如果数据元素在数组中存储的位置从 0 开始，则它们的关系为 k=i*N+j。其中，N 为每行元素的个数，即二维数组的列数。

```
#include <std5io.h>
#define M 3
#define N 3
#define SIZE (M) * (N)
void main() {
  int A_array[M][N]={1,2,3,4,5,6,7,8,9};
  int B_array[SIZE];
  int i,j,k;
  //二维数组 A_arrary 中的元素按行的顺序存放到一维数组 B_array 中
  for(i=0;i<M;i++)
    for (j=0;j<N;j++)
      B_array[i*N+j]=A_array[i][j];
  //输出数组 A_array 的元素
  printf("\nA_array 数据元素\n");
  for (i=0;i<M;i++){
    printf("\n");
    for(j=0;j<N;j++)
      printf("%d\t",A_array[i][j]);
  }
  //输出数组 B_array 的元素
  printf("\nB_array 数据元素序列\n");
  for (k=0;k<SIZE;k++){
    if (k%N==0) printf("\n");
    printf("%d\t", B_array[k]);
  }
}
```

程序运行结果:

程序说明:

(1) 注意 ♯define SIZE M * N 与 ♯define SIZE (M) * (N) 的区别。

(2) 通过二重循环一行一行地依次扫描,将二维数组中每个元素赋值给数组 B_array,第 i 行 j 列的元素存储在一维数组中 i * N+j 的位置,所以有 B_array[i * N+j]= A_array[i][j]。当然,这里也可以如下编写代码。

```
k=0;
for (i=0;i<M;i++)
  for (j=0;j<N;j++)
    B_array[k++]=A_array[i][j];
```

讨论与思考:

(1) 如果要将二维数组中数据元素按列优先的方式存储到一维数组中,程序将如何编写？

（2）如果将二维数组中的元素按行的优先次序存储到一维数组中，数组元素 B_array[p]对应的是数组 A_array 的第几行几列的元素？

【例 7-16】　求两个矩阵的和：$C_{i,j}=A_{i,j}+B_{i,j}$。

分析：矩阵相加，必须是具有相同行数和相同列数的两个矩阵相加。用两个二维数组分别存放两个矩阵的数据元素，然后将对应行列元素相加，赋值给另一个具有相同列的二维数组的相应的行和列。

```
#include <stdio.h>
void main(){
    int MatrixA[3][3]={1,2,3,4,5,6,7,8,9};
    int MatrixB[3][3]={11,12,13,14,15,16,17,18,19};
    int MatrixC[3][3];
    int row,col;
    for (row=0;row<3;row++)
      for (col=0;col<3;col++)
          MatrixC[row][col]=MatrixA[row][col]+MatrixB[row][col];
    printf("矩阵的和为:");
    for (row=0;row<3;row++){
        printf("\n");
        for (col=0;col<3;col++)
            printf("%d ",MatrixC[row][col]);
    }
    printf("\n");
}
```

程序运行结果：

```
矩阵的和为:
12 14 16
18 20 22
24 26 28
```

讨论与思考：

如何实现矩阵相乘？

【例 7-17】　已知有 5 个人的 3 门课程成绩，编程计算每门课程的平均成绩和班级各课程总平均成绩。

分析：这个成绩表是一个二维的表格，同样，用一个二维数组来存放这个二维表中的数据，行数表示参加考试的人数，列数表示课程门数。单独用一个一维数组来存放每门课程的平均成绩，在统计每门课程的平均成绩时，按列循环累加求每门课程的总成绩，然后计算平均成绩。有了每门课程的平均成绩，总平均成绩为每门课程平均成绩之和除以课程门数。

```
#include <stdio.h>
void main(){
    int i,j,sum, average,course[3];
```

```
int score[5][3]={{90,87,86},{82,93,80},
                 {85,78,92},{91,88,83},{76,77,85}};
for(i=0;i<3;i++){
    sum=0;
  for(j=0;j<5;j++)
    sum=sum+score[j][i];
    course[i]=sum/5;
}
average=(course[0]+course[1]+course[2])/3;
printf("各科平均分\n");
printf("数学:%d\nC 语言:%d\n英语 :%d\n",course[0],course[1],course[2]);
printf("总平均分:%d\n", average);
}
```

程序的运行结果:

```
各科平均分
数学:84
C语言:84
英语:85
总平均分:84
```

程序说明:程序中首先用了一个双重循环,在内循环中依次把某一门课程的各个学生的成绩累加起来,退出内循环后再把该累加成绩除以 5 送入 course[i] 中,这就是该门课程的平均成绩。外循环共循环三次,分别求出三门课各自的平均成绩并存放在 course 数组中。退出外循环之后,把 course[0]、course[1]、course[2] 相加除以 3 即得到各课程的总平均成绩。

7.3.3 二维数组作为函数参数

二维数组作为函数参数与一维数组相同,也有两种形式:一种是将数组元素作为参数;另一种是将数组名作为函数的参数。

二维数组名作为函数形式参数而进行说明时,可以不指定第一维数组的长度,但必须指定第二维数组的长度。例如:

```
void fun(array[][3],int length)
void fun(array[5][3])
```

【例 7-18】 二维数组作为函数参数。

```
#include <stdio.h>
#define M 4
#define N 3
void display(int Array[][N],int m){
  int i,j;
  for (i=0;i<m;i++){
    printf("\n");
      for(j=0;j<N;j++)
```

```
        printf("%d,",Array[i][j]);
    }
    printf("\n");
}
void main(){
    int a[M][N]={1,2,3,4,6,7,8,9,10};
    display(a,4);
}
```

程序运行结果：

```
1,2,3,
4,6,7,
8,9,10,
0,0,0,
```

程序说明：函数 display 有两个参数：第一个参数是二维数组，其第一维的长度为 N，第二维的长度由函数的第二个参数 m 确定。所以在调用函数时，函数的实际参数为二维数组的名称以及该二维数组的第二维长度。

7.3.4 任务 7-3 统计分析多门课程的成绩

1. 任务分析

一个学习小组有 5 个人，每个人有三门课的考试成绩。求全班各课程的平均成绩和各课程总平均成绩。然后按平均成绩排序，生成成绩表。

首先输入学生的学号以及每门课程的成绩，分别保存到一个一维数组和一个二维数组中，利用二维数组的最后一列存放三门课程的平均成绩；然后计算每门课程的平均成绩，存放到课程平均成绩数组中；最后按学生的平均成绩排序，输出成绩表并计算班级的平均成绩。

2. 任务实施

定义以下的数据结构。

（1）int No[N]：存放学生的编号。

（2）float Score[N][M]：存放 N 个学生 M－1 门课程的成绩，数组元素 Score[i][M]表示第 i＋1 个学生的 M－1 门课程的平均成绩。

（3）Course[M－1]：存放某门课程的平均成绩。

以上三个数组定义为全局变量。

本任务分成 4 个模块。

（1）InputScore：输入 N 个学生 M－1 门课程的考试成绩，并求每个学生的平均成绩。

（2）process：统计第 i 门课程的平均成绩。

（3）Sort：按学生的平均成绩排序。

（4）Output：按格式要求输出成绩表。

各个模块间的调用关系如图 7-17 所示。各模块的程序流程图如图 7-18 所示。

(a) 模块调用关系   (b) main程序流程图

图 7-17 模块间的调用关系

(a) process程序流程图   (b) Sort程序流程图

图 7-18 任务 7-3 程序流程

根据上面的分析，编写如下程序。

```
#include <stdio.h>
#define N 5                          //学生人数
#define M 4                          //课程数+1
//功能：输入学生编号 No 和各门课程的成绩 Score,并计算学生平均成绩 Score[i][M-1]
//参数：No[N]为学号,Score[N][M]为 M 科成绩
//返回值：无
void InputScore(int No[N],float Score[N][M]){
    int i,j;
    for (i=0;i<N;i++){
        printf("编号:");
        scanf("%d",&No[i]);          //输入学生编号
        Score[i][M-1]=0;             //第 i 个学生的平均成绩
```

224

```
        for (j=0;j<M-1;j++){           //输入第 i 个学生 M-1 门课程的成绩
            printf("成绩%d:",j+1);
            scanf("%f",&Score[i][j]);
            Score[i][M-1]+=Score[i][j];
        }
        Score[i][M-1]=Score[i][M-1]/(M-1);    //计算平均成绩
    }
}
//功能：显示成绩表
//参数：No[N]为学号,Score[N][M]为 M 科成绩
//返回值：无
void Output(int No[N],float Score[N][M],float Course[]){
    int i,j;
    float sum;
    //输出表头
    printf("编号\t\t");
    for (i=0;i<M-1;i++)
        printf("成绩%d\t\t",i+1);
    printf("平均成绩\t\t",i+1);
    printf("\n");
    for (i=0;i<N;i++){
        printf("%d\t\t",No[i]);                //输出第 i 个学生的编号
        for (j=0;j<M;j++)
            printf("%5.2f\t\t",Score[i][j]);   /*输出第 i 个学生 M-1 门课程的成绩
                                                  及平均成绩*/
        printf("\n");
    }
    printf("平均成绩\t");
    sum=0;
    for (i=0;i<M-1;i++){                        //输出课程平均成绩
        sum+=Course[i];                         //累计班级成绩
        printf("%5.2f\t\t",Course[i]);
    }
    printf("%5.2f",sum/(M-1));                  //计算班级的平均成绩
    printf("\n\n");
}
//功能：按学生的平均成绩排序
//参数：No[N]为学号,Score[N][M]为 M 科成绩
//返回值：无
void Sort(int No[N],float Score[N][M]){
    int i,j,k;
    float Scoretemp;
    int Notemp;
    for (i=0;i<N;i++)
        for (j=0;j<N-i;j++){                    //比较学生 j 和 j+1 的平均成绩
            if (Score[j][M-1]<Score[j+1][M-1]){
                //交换学生 j 和 j+1 的编号
                Notemp=No[j];No[j]=No[j+1];No[j+1]=Notemp;
                for (k=0;k<M;k++){              //交换学生 j 和 j+1 的成绩
```

```
                    Scoretemp=Score[j][k];
                    Score[j][k]=Score[j+1][k];
                    Score[j+1][k]=Scoretemp;
                }
            }
        }
    }
//功能：计算课程平均成绩
//参数：Score[N][M]为 M 科成绩,Course 为平均成绩
//返回值：无
void process(float Score[N][M],float Course[M-1]){
    int i,j;
    for(i=0;i<M-1;i++){                              //计算 M-1 门课程的平均成绩
        Course[i]=0;
        for(j=0;j<N;j++)
            Course[i]+=Score[j][i];                 //累计课程 i 的 N 个学生的成绩
        Course[i]=Course[i]/N;                      //求课程 i 的平均成绩
    }
}
//主函数
void main(){
float Score[N][M];                                  //存放学生成绩
    int No[N];                                      //学生编号
    float Course[M-1];                              //课程平均成绩
    printf("输入%d 个学生的成绩\n",N);
    InputScore(No,Score);                           //输入学生编号和各门课程的成绩
    process(Score,Course);                          //计算每门课程的平均成绩
    printf("排序后:\n");
    Sort(No,Score);                                 //排序
    Output(No,Score,Course);                        //输出成绩表
}
```

程序说明：

（1）函数 InputScore 在输入学生成绩的同时计算学生的平均成绩,并将学生的平均成绩存放到数组 Score[i][M-1]中,相对于成绩表的最后一列。

（2）函数 process 用来计算每门课程的平均成绩,相对于成绩表的最后一行。当要统计第 i 门课程的平均成绩时,相当于对 N 个学生的课程 i 的成绩 Score[j][i]进行一趟扫描并累加。

（3）函数 Sort 采用冒泡法,按照学生的平均成绩进行排序。在比较学生成绩时,如果要交换学生的平均成绩 Score[i][M-1],必须将数组 No 和数组 Score 第 i 行和 i+1 行的所有数据元素进行交换。

3. 拓展训练

根据例,编写一个函数,根据输入的学生编号,输出学生的各科成绩及平均成绩。

7.4　字符数组与字符串

在用计算机描述现实世界中的事物时,不仅仅是数字,更多地用到字符或字符串,如姓名、地址、个人简介等。C 语言中提供了对字符串处理的函数,以方便对字符串的处理。例如,需要对学生按学生姓名进行排序,按学生姓名进行查询、检索等,这就涉及对字符串的处理。

用来存放字符量的数组称为字符数组。字符数组是存放字符型数据的数组,其中每个数组元素存放的值均是单个字符。字符数组也有一维数组和多维数组之分。比较常用的是一维字符数组和二维字符数组。

7.4.1　字符数组的定义、初始化及引用

字符数组的定义、初始化及引用与前面介绍的一维数组、二维数组类似,只是类型说明符为 char,对字符数组初始化或赋值时,数据使用字符常量或相应的 ASCII 码值。例如:

```
char  c[10],str[5][10];              //字符数组的定义
char c[3]={'r', 'e', 'd'};           //字符数组的初始化
printf("%c%c%c\n",c[0],c[1],c[2]);   //字符数组元素的引用
```

字符数组中的每个元素均占一个字节,且以 ASCII 形式存放字符数据。

7.4.2　字符串与字符数组

1. 字符串的存储方法

字符串是指若干有效字符的序列。有效字符是系统允许使用的字符。C 语言中的字符串可以包括字母、数字、专用字符、转义字符。

在 C 语言中没有专门的字符串变量,通常用一个字符数组来存放一个字符串。字符串存放在字符数组中,但字符数组与字符串可以不等长。字符串以'\0'字符作为结束标志。

C 语言允许用字符串的方式对数组做初始化赋值。例如:

```
char c[]={'c', ' ','p','r','o','g','r','a','m'};
```

可写为

```
char c[]={"C program"};
```

或去掉{}写为

```
char c[]="C program";
```

用字符串方式赋值比用字符逐个赋值要多占一个字节,用于存放字符串结束标志
'\0'。上面的数组 c 在内存中的实际存放情况如下:

C	P	r	o	g	r	a	m	\0

'\0'是由 C 编译系统自动加上的。由于采用了'\0'标志,所以在用字符串赋初值时一
般无须指定数组的长度,而由系统自行处理。

2. 字符数组的输入/输出

在采用字符串方式后,字符数组的输入/输出将变得简单方便。除了上述用字符串赋
初值的办法外,还可用 printf 函数和 scanf 函数一次性输出和输入一个字符数组中的字
符串,而不必使用循环语句逐个输出和输入每个字符。

【例 7-19】 输入一字符串并统计其中的字符个数。

```
#include"stdio.h"
void main(){
    char str[255];
    int n;
    printf("please enter string!\n");
    scanf("%s",str);
    n=0;
    while(str[n])
        n++;
    printf("string Length:%d\n",n);
}
```

程序运行结果:

```
please enter string!
this is a computer
string Length:4
```

程序说明:

(1) 使用 scanf 函数输入字符赋值给 str 字符数组,输入时不能有空格。

(2) 字符串的结束标记为'\0',所以当字符数组中的字符不为'\0'时(非数值 0),循环
计数完成统计字符串中字符的个数。

7.4.3   字符串的处理

C 语言提供了丰富的字符串处理函数,大致可分为字符串的输入、输出、合并、修改、
比较、转换、复制、搜索几类。使用这些函数可大大减轻编程的负担。用于输入/输出的字
符串函数,在使用前应包含头文件 stdio.h,使用其他字符串函数则应包含头文件
string.h。

下面介绍几个最常用的字符串函数。

1. 字符串输出函数 puts

格式：

```
puts (字符数组名)
```

功能：把字符数组中的字符串输出到显示器，即在屏幕上显示该字符串。

2. 字符串输入函数 gets

格式：

```
gets (字符数组名)
```

功能：从标准输入设备——键盘上输入一个字符串。

本函数得到一个函数值，即为该字符数组的首地址。

【例 7-20】 字符串的输入/输出。

```
#include <stdio.h>
void main(){
    char str1[5], str2[5], str3[5], str4[5];
    printf("输入 str1 str2\n");
    scanf("%s%s", str1, str2);
    printf("输入 str3 str4\n");
    gets(str3);gets(str4);
    printf("str1:\n");
    puts(str1);
    printf("str2:\n");
    puts(str2);
    printf("str3:\n");
    puts(str3);
    printf("str4:\n");
    puts(str4);
}
```

程序运行结果：

```
输入str1 str2
aa bb
输入str3 str4
cc dd
str1:
aa
str2:
bb
str3:

str4:
cc dd
```

程序说明：根据 scanf 和 gets 这两个函数输入字符串的功能可知，str1 数组存储了 "aa"串；str2 数组存储了"bb"串；str3 数组存储了""串（空串）；str4 数组存储了"cc dd"串。

然后利用 puts 函数依次输出这 4 个字符串。

对于字符串的输入,建议不要使用 scanf 函数,而采用 gets 或输入流 cin>>语句。

3. 字符串连接函数 strcat

格式:

strcat(字符数组 1, 字符数组 2);

功能:将字符数组 2 连接到字符数组 1 的后面,且从字符数组 1 的'\0'所在单元连接起,即自动覆盖了字符数组 1 的结束标志'\0'。本函数返回值是字符数组 1 的首地址。

说明:

(1) 字符数组 1 要留有足够的空间,以确保两个字符串连接后不出现超界现象。

(2) 字符数组 2 既可以是字符数组名、指向字符数组的指针变量,也可以是字符串常量。

【例 7-21】 实现字符串的连接。

```c
#include "string.h"
void main(){
    char str1[20]="good ",str2[ ]="bye!";
    strcat(str1,str2);
    puts(str1);
    strcat(str1,"2002");
    puts(str1);
}
```

程序运行结果:

```
good bye!
good bye!2002
```

4. 字符串复制函数 strcpy

格式:

strcpy (字符数组 1,字符数组 2)

功能:把字符数组 2 中的字符串复制到字符数组 1 中,串结束标志'\0'也一同复制。字符数组 2 也可以是一个字符串常量。这时相当于把一个字符串赋予一个字符数组名。

【例 7-22】 字符串复制。

```c
#include"string.h"
void main(){
  char st1[15]="program",st2[]="C Language";
  strcpy(st1,st2);
  puts(st1);printf("\n");
}
```

程序运行结果：

```
C Language
```

程序说明：这里利用字符串复制函数将 st2 复制到 st1，所以 st1 和 st2 的值都为"C Language"。

5. 字符串比较函数 strcmp

格式：

```
strcmp(字符数组 1,字符数组 2)
```

功能：按照 ASCII 码顺序比较两个数组中的字符串，并由函数返回值返回比较结果。

字符串 1＝字符串 2，返回值＝0；字符串 1＞字符串 2，返回值＞0；字符串 1＜字符串 2，返回值＜0。

字符串之间比较的规则是，从第一个字符开始，依次对 str1 和 str2 为首地址的两个字符串中对应位置上的字符按 ASCII 值的大小进行比较，直至出现第一个不同的字符（包括'\0'）时，即由这两个字符的大小决定其所在串的大小。

说明：

（1）字符数组 1 和字符数组 2 既可以是字符数组、指向字符数组的指针变量，也可以是字符串常量。

（2）两个字符串的比较结果即函数返回值等于第一个不同字符的 ASCII 值比较结果。如"ABC"与"ABE"比较，其函数返回值为－1（即'C'、'E'的 ASCII 值比较：67＞68）。反之，"ABE"与"ABC"比较，函数返回值为 1。

（3）注意：对两个字符串比较，不能写成 if(str1＝＝str2)、if(str1＞str2)、if(str1＜str2)的形式。

【例 7-23】　字符串的比较。

```c
#include"stdio.h"
#include"string.h"
void main(){
  char str1[]="that is a computer",str2[]="this is a computer";
  int n;
  if((n=strcmp(str1,str2))>0)
    puts(str1);
  else
    puts(str2);
  printf("n=%d\n",n);
}
```

程序运行结果：

```
this is a computer
n=-1
```

程序说明：程序中字符串 str1 和 str2 依次逐个字符比较，'a'＜'i'，所以返回为－1。

231

6. 测字符串长度函数 strlen

格式:

strlen(字符数组名)

功能:测字符串的实际长度(不含字符串结束标志'\0')并作为函数返回值。

【例 7-24】 测字符串长度。

```
#include <string.h>
#include <stdio.h>
void main(){
  char str1[ ]="\t\v\\\0will\n\0";
  char str2[ ]="ab\n\012\\\";
  printf("str1: %d\t\t",strlen(str1));
  printf("str2: %d\n",strlen(str2));
}
```

程序运行结果:

```
str1: 3          str2: 6
```

程序说明:strlen 函数在测定一个字符串的长度时,遇到第一个'\0'(字符串结束标志)就结束。但遇到符合'\ddd'的转义字符时,系统将按'\ddd'处理,而不看作为'\0'、'1'、'2'。因此第 1 个字符串的长度为 3,第 2 个字符串的长度为 6,而不是 3。

7.4.4 任务 7-4 查找学生信息

1. 任务分析

本任务建立学生的信息表,包括学生学号、姓名、成绩,根据学生姓名查找学生的信息。

建立三个数组,分别用来存放学生的姓名、学号、成绩,查找时,输入学生的姓名,在学生姓名数组中找到该学生在数组中的位置下标,然后在学号数组、成绩数组中输出对应学生的信息。

2. 任务实施

定义以下全局数组。

(1) int No[SIZE]:存放学生学号,全局变量。

(2) float Score[SIZE]:存放学生考试成绩,全局变量。

(3) char Name[SIZE][20]:存放学生姓名,全局变量。

(4) Length:存放成绩表中学生人数,全局变量。每增加一个学生,Length 必须加 1。

将任务划分为 4 个模块,模块间的调用关系如图 7-19 所示。

(a)模块间的调用关系　　(b) InputNumber程序流程图　(c) Display程序流程图

(d) Find 程序流程图　　(e) Append程序流程图　　(f) main程序流程图

图 7-19　任务 7-4 程序流程

（1）void Dispay()：显示学生的信息。

（2）int InputNumber()：输入学号模块。

（3）int Append()：增加学生信息。

（4）Find()：给定学生姓名，查找该学生在数组中的位序。

具体操作如下。

（1）创建项目 STUMIS。

（2）在项目中建立一个 data.h 头文件，代码如下。

```
//文件 data.h
#include "string.h"
#include <iostream>
#include <stdio.h>
#include <stdlib.h>
#define MENUHAED "1、增加学生记录 \n2、按姓名查找 \n"
#define HEAD "学号\t 姓名\t 成绩\n"
#define MAXSIZE 50            //分配数组的最大空间
using namespace std;
```

（3）在项目中新建 IO.cpp 文件，代码如下。

```
#pragma once
#include "data.h"
//功能：显示学生信息
//参数：No 为学号数组，Name 为姓名数组，pos 为下标值
//返回值：无
void Display(int No[],char Name[][20],float Score[],int pos){
  cout<<No[pos]<<"\t"<<Name[pos]<<"\t"<<Score[pos]<<endl;
```

```
}
//功能：输入学生编号
//参数：无
//返回值：返回有效的输入值
int InputNumber(){
  int no;
  do {
    cout<<"编号：";
    cin>>no;
    if (no<0)cout<<"编号必须是正整数"<<endl;
  }while(no<0);
  return no;
}
//功能：菜单程序
//返回值：菜单的选择
//参数：Menu 为菜单项,min 为选择值最小值,max 为选择值最大值
int Menu(char Menu[],int min,int max){
    int choose;
    do {
        cout<<Menu;
        cin>>choose;
    }while(choose<min||choose>max);
    return choose;
}
```

(4) 在项目中新建 processes.cpp 文件,代码如下。

```
#include "data.h"
extern int InputNumber();
//功能：增加学生信息
//参数：No 为学号数组,Name 为姓名数组,Length 为学生人数
//返回值：成功返回 1,否则返回 0,输入学号为 0 时结束
int Append(int No[],char Name[][20],int &Length){
  int number;
  cout<<"输入学号、姓名,学号为 0 输入结束"<<endl;
  number=InputNumber();          //输入学号
  while(number>0 && Length<MAXSIZE){
    Length++;                    //成绩表中人数+1
    //将学生信息加入到表中
    No[Length-1]=number;
    cout<<"姓名：";
    cin>>Name[Length-1];
    number=InputNumber();
  }
  return Length<MAXSIZE;
}
//功能：在数组 Name 中查找 Key
//参数：Name 为姓名数组,Key 为学生姓名
```

```
//返回 Key 在 Name 中的位序,若不存在,返回 0
int Find(char Name[][20],char Key[],int Length){
  int i;
  for (i=0;strcmp(Name[i],Key)&&i<Length;i++);
  if (i>=Length) return 0;
  else return i+1;
}
```

（5）在项目中新建文件 Main.cpp,代码如下。

```
#pragma once
#include "data.h"
extern void Display(int No[],char Name[][20],float Score[],int pos);
extern int Menu(char Menu[],int min,int max );
extern int Append(int No[],char Name[][20],int &Length);
extern int Find(char Name[][20],char Key[],int Length);
//学生成绩表数据类型的定义
//No:学生编号数组,Score:学生成绩数组,Name:学生姓名数组
//Length:当前数组中元素的数量
//学生成绩表数据类型的定义
void main() {
  int No[MAXSIZE];                    //存放学生编号
  char Name[MAXSIZE][20];             //存放学生姓名
  float Score[MAXSIZE];
  int ch,pos,Length=0;
  char temp[20];
  while(1){
      ch=Menu(MENUHAED,0,2);
      switch(ch){
          case 0:exit(0);break;
          case 1:Append(No,Name,Length);break;    //增加学生记录
          case 2:printf("输入要查找的学生姓名:");
          gets(temp);
          pos=Find(Name,temp,Length);             //查找
          printf(HEAD);                           //显示表头
          if (pos)
            Display(No,Name,Score,pos-1);         //显示查找结果
          else
            printf("没有找到");
      }
  }
}
```

（6）编译并运行。

3. 拓展训练

根据上面的程序,将成绩表按学生姓名序。

7.5　项目实践　考试成绩管理

1. 需求描述

实现对学生考试成绩的管理,包括增加学生信息,录入学生成绩,查找成绩,输出成绩表等功能。

2. 项目分析

为了实现上述功能,定义如图 7-20 所示的模块结构。

图 7-20　项目实践的程序结构

根据程序功能要求,设计以下功能模块。

```
void Output();                    //输出成绩表
int Find(int number);             //查找指定姓名在成绩表中的位置
int InputNumber();                //输入学号
float InputScore();               //输入成绩
void Display(int position);       //显示指定位置的学生信息
int Append();                     //增加学生
void Message(int MessageNo);      //显示错误信息
```

3. 项目实施

(1) 新建项目 STUMIS。

(2) 将任务 7-4 中的头文件 data.h 加入项目,并添加如下代码。

```
#define MENUHAED "1.创建成绩记录 2.按学号查找成绩 \n 3.录入成绩 4.输出成绩表 \n"
//修改
/* 错误信息编码 */
#define SUCCSE   -100             //创建成功
#define OVERFLOWER -101           //存储空间已满!
#define NOTFIND -109              //没有找到
```

(3) 将任务 7-4 中的 IO.cpp 加入项目,并添加如下代码。

```
//功能:根据错误编码显示错误信息
//参数:MsgNo 为错误编码
void Message(intMsgNo){
    switch(MsgNo){
        case OVERFLOWER:cout<<"存储空间已满!"<<endl;break;
        case NOTFIND: cout<<"没有找到"<<endl;break;
        case SUCCSE:cout<<"创建成功"<<endl;break;
    }
}
//功能:输入学生成绩
//参数:无
//返回值:返回有效的输入值
float InputScore(){
  float score;
  do{
    cout<<"成绩:";
    cin>>score;
    if (score<0)
      cout<<"输入的成绩必须大于 0,重新输入"<<endl;
  }while(score<0);
  return score;
}
```

(4) 将任务 7-4 中的 processes.cpp 加入项目,并添加如下代码。

```
//功能:录入学生成绩信息
//参数:无
//返回值:无
```

```
void Modify(int No[],char Name[][20],float Score[],int Length){
    int i;
    for (i=0;i<Length;i++){
        cout<<"----------"<<endl;
        cout<<"学号:"<<No[i]<<"    姓名:"<<Name[i]<<endl;
        Score[i]=InputScore();
    }
}
//功能:按指定格式输出成绩表
//参数:无
//返回值:无
void Output(int No[],char Name[][20],float Score[],int Length){
    int i,min,max;
    float average;
    cout<<"\t 成绩表"<<endl;
    cout<<"------------------"<<endl;
    cout<<"序号\t 编号\t 姓名\t 成绩"<<endl;
    average=0;
    max=min=0;
    for (i=0;i<Length;i++){
    if (Score[max]<Score[i]) max=i;     //求最高分和最低分
    if (Score[min]>Score[i]) min=i;
        average+=Score[i];                 //累计求和
        cout<<i+1<<"\t";
        Display(No,Name,Score,i);          //显示第 i 个学生的信息
    }
    average=average/Length;                //平均成绩
    cout<<"----------------"<<endl;
    cout<<"最高分:"<<Score[max]<<"\t 最低分:"<<Score[min]<<endl;
    cout<<"平均成绩:"<<average<<endl;
}
```

(5) 将任务 7-4 的 Main.cpp 加入项目,并作如下修改。

```
...
void main(){
    ...
    while(1){
        ...
        case 0:exit(0);break;
        case 1:Append(No,Name,Length);break;              //增加学生记录
        case 2:printf("输入要查找的学生姓名:");
            ...
        case 3: Modify(No,Name,Score,Length);break;       //录入成绩
        case 4: Output(No,Name,Score,Length);break;       //输出成绩表
    }
    ...
}
```

（6）编译并运行。

小　结

1. 本章重点

（1）数组的定义、初始化以及数组元素的引用。

（2）字符数组与字符串。

（3）数组在数据处理方面的常见算法。

2. 相关知识点提示

（1）数组的定义与初始化。数组是一个顺序存储的具有相同类型的数据元素的集合，属于构造类型的数据结构。与简单变量一样，必须先定义、后使用。

数组的元素可以是任何已定义的类型，如果数组元素也是数组，则构成二维数组，如果数组元素是二维数组，则构成三维数组，以此类推可以构成多维数组。

数组可以在定义时给其赋初值实现数组的初始化。

（2）数组的存储。数组的所有元素均按顺序存放在一个连续的存储单元中，数组名就是这个存储空间的首地址。二维数组中的各元素，在内存中按行优先存放。

（3）数组元素的引用。数组的下标从 0 开始，最后一个下标是数组长度减 1，在使用时，数组的下标超出数组定义时的长度-1，否则会出现数组越界错误。

（4）字符数组与字符串。如果数组元素是字符型，称为字符数组，字符数组可以用于存储字符串。字符数组只有在定义时才允许整体赋值。字符串以'\0'作为结束标记，存储字符串占用的存储空间为字符串的长度加 1 个字节。对字符串的运算（赋值、复制、比较、连接等）应该使用 C 语言的库函数。

（5）数组作为函数参数。数组用作函数参数有两种形式，一种是把数组元素（下标变量）作为实参使用；另一种是把数组名作为函数的形参和实参使用。二维数组名作为函数形式参数而进行说明时，可以不指定第一维数组的长度，但必须指定第二维数组的长度。数组元素作为函数实参使用与普通变量是完全相同的，在用数组名作为函数参数时，不是进行值的传送，而是地址的传递。

习　题

一、判断题

1. 数组不可以整体赋值。　　　　　　　　　　　　　　　　　　　　　（　　）

2. 一个数组能够存储不同类型的数据。　　　　　　　　　　　　　　　（　　）

3. 设有定义：char a[2][3]={1,2,3,4};，则数组元素 a[1][1]的值为 0。　（　　）

4. 若用数组名作为函数的实参,传递给形参的是数组第一个元素的值。　　　　(　　)

二、选择题

1. 执行下面的程序段后,变量 k 中的值为(　　)。

```
int k=3, s[2];
s[0]=k;  k=s[1] * 10;
```

　　A. 不定值　　　　　　　B. 33　　　　　　　　C. 30　　　　　　　　D. 10

2. 设有数组定义:char array[]="China";,则数组 array 所占的空间为(　　)。

　　A. 4 个字节　　　　　B. 5 个字节　　　　　C. 6 个字节　　　　　D. 7 个字节

3. 以下程序的输出结果是(　　)。

```
int main(){
    int n[5]={0,0,0},i,k=2;
    for(i=0;i<k;i++)   n[i]=n[i]+1;
    printf("%d\n",n[k]);
}
```

　　A. 不确定的值　　　　B. 2　　　　　　　　C. 1　　　　　　　　D. 0

4. 以下程序的输出结果是(　　)。

```
int main(){
 int a[3][3]={ {1,2},{3,4},{5,6} },i,j,s=0;
 for(i=1;i<3;i++)
     for(j=0;j<=i;j++)s+=a[i][j];
 printf("%dn",s);
}
```

　　A. 18　　　　　　　　B. 19　　　　　　　　C. 20　　　　　　　　D. 21

5. 以下程序的输出结果是(　　)。

```
int main(){
    char st[20]="hello\0\t\\\";
    printf("%d %d \n",strlen(st),sizeof(st));
}
```

　　A. 9 9　　　　　　　　B. 5 20　　　　　　　C. 13 20　　　　　　　D. 20 20

6. 以下程序的输出结果是(　　)。

```
int main(){
 int aa[4][4]={{1,2,3,4},{5,6,7,8},{3,9,10,2},{4,2,9,6}};
 int i,s=0
   for(i=0;i<4;i++)   s+=aa[i][1];
 printf("%d\n ",s);
}
```

　　A. 11　　　　　　　　B. 19　　　　　　　C. 13　　　　　　　　D. 20

7. 以下程序的输出结果是(　　)。

```
int main(){
  int p[7]={11,13,14,15,16,17,18},i=0,k=0;
  while(i<7&&p[i]%2){k=k+p[i];i++;}
  printf("%d\n",k);
}
```

  A. 58   B. 56   C. 45   D. 24

8. 以下函数的功能是,通过键盘输入数据,为数组中的所有元素赋值,则在下画线处应填入(　　)。

```
#define N 10
void arrin(int x[N]){
  int i=0;
  while(i<N)
  scanf("%d",_____);
}
```

  A. x+i   B. &x[i+1]   C. x+(i++)   D. &x[++i]

9. 以下不能正确定义二维数组的选项是(　　)。

  A. int a[2][2]={{1},{2}};   B. int a[][2]={1,2,3,4};

  C. int a[2][2]={{1},2,3};   D. int a[2][]={{1,2},{3,4}};

10. 以下程序的输出结果是(　　)。

```
int main(){
  char a[]={'a','b','c','d', 'e', 'f', 'g','h','\0'};
  int i,j;
  i=sizeof(a); j=strlen(a);
  printf("%d,%d\b"i,j);
}
```

  A. 9,9   B. 8,9   C. 1,8   D. 9,8

11. 以下程序的输出结果是(　　)。

```
int f(int b[],int m,int n){
  int i,s=0;
  for(i=m;i<n;i=i+2) s=s+b[i];
  return s;
}
int main(){
  int x,a[]={1,2,3,4,5,6,7,8,9};
  x=f(a,3,7);
  printf("%d\n",x);
}
```

  A. 10   B. 18   C. 8   D. 1

12. 以下程序中函数 reverse 的功能是将 a 所指数组中的内容进行逆置,程序输出的结果是(　　)。

```
void reverse(int a[ ],int n){
```

```
int i,t;
for(i=0;i<n/2;i++){
    t=a[i]; a[i]=a[n-1-i];a[n-1-i]=t;
  }
}
int main(){
  int b[10]={1,2,3,4,5,6,7,8,9,10}; int i,s=0;
  reverse(b,8);
  for(i=6;i<10;i++) s+=b[i];
  printf("%d\n",s);
}
```

      A. 22   B. 10   C. 34   D. 30

三、填空题

1. 以下 fun 函数的功能是将形参 x 的值转换成二进制数,所得二进制数的每一位数放在一维数组中返回,二进制数的最低位放在下标为 0 的元素中,其他以此类推。请填空。

```
void fun(int x,int b[]) {
  int k=0,r;
  do {
      r=x%_____;
    b[k++]=r;
    x/=_____;
  } while(x);
}
```

2. 若想通过以下输入语句使 a 中存放字符串"1234",b 中存放字符'5',则输入数据的形式是_____。

```
char a[10],b;
scanf("a=%s b=%c",a, &b);
```

3. 以下程序的功能是,从键盘上输入若干个学生的成绩,计算出平均成绩,并输出低于平均分的学生成绩,用输入负数结束输入。请填空。

```
int main(){
  float x[1000], sum=0.0, ave, a;
  int n=0, i;
  printf("Enter mark: \n");scanf("%f",&a);
  while(a>=0.0&& n<1000){
     sum+_____;
     x[n]=_____;
     n++;
       scanf("%f",&a);
    }
    ave=_____;
    printf("Output:\n");
```

```
      printf("ave=%f\n",ave);
      for (i=0;i<n;i++)
         if _____ printf ("%f\n",x[i]);
   }
```

4. 下面程序的功能是,将字符数组 a 中下标值为偶数的元素从小到大排列,其他元素不变。请填空。

```
#include <stdio.h>
#include <string.h>
int main(){
  char a[]="clanguage",t;
  int i, j, k;
  k=strlen(a);
  for(i=0; i<=k-2; i+=2)
    for(j=i+2; j<=k; _____)
      if(_____)
        { t=a[i]; a[i]=a[j]; a[j]=t; }
      puts(a);
      printf("\n");
}
```

5. 以下程序的输出结果是_____。

```
void main(){
   char b[]="Hello,you";
   b[5]=0;
   printf("%s \n", b);
}
```

6. 以下程序的输出结果是_____。

```
void main(){
   char s[]="abcdef";
   s[3]='\0';
   printf("%s\n",s);
}
```

7. 以下程序的输出结果是 _____。

```
void main(){
    int i, n[]={0,0,0,0,0};
    for(i=1;i<=4;i++){
       n[i]=n[i-1] * 2+1;
       printf("%d",n[i]);
    }
}
```

8. 下面的 findmax 函数返回数组 s 中最大元素的下标,数组中元素的个数由 t 传入,请填空。

```
int findmax(int s[], int t) {
    int k, p;
    for(p=0, k=p; p<t; p++)
        if(s[p]>s[k]) _____;
    return k;
}
```

9. 下面 invert 函数的功能是将一个字符串 str 的内容颠倒过来。请填空。

```
void invert(char str[]) {
    int i,j,_____;
    for(i=0,j=strlen(str) _____; i<j; i++,j--)
    {
        k=str[i]; str[i]=str[j]; str[j]=k;
    }
}
```

10. 若已定义：int a[10],i;,以下 fun 函数的功能是，在第一个循环中将前 10 个数组元素依次赋值为 1、2、3、4、5、6、7、8、9、10；在第二个循环中使 a 数组前 10 个元素中的值对称折叠，变成 1、2、3、4、5、5、4、3、2、1。请填空。

```
void fun(int a[]) {
    int i;
    for(i=1; i<=10; i++)_____i;
    for(i=0; i<5; i++)_____=a[i];
}
```

四、编程题

1. 定义一个函数，实现与函数 strlen 相同的功能，即任意输入一个字符串，调用该函数可以计算输入字符串的实际长度，然后输出。

2. 定义一个函数求数组元素中最接近所有元素平均值的数据元素在数组中的位置。

3. 编程查找数组中的最小值和次小值。

4. 将一组数据去掉最高分和最低分求平均值。

5. 输入 3 个学生 4 门课程的考试成绩，计算每个学生的平均成绩并输出。

6. 有一个 3×4 的矩阵，找出最大值及该值所在的位置。

第8章 复杂构造类型

【技能目标】 掌握对批量的、具有一定内在联系的数据的处理方法。

【知识目标】 在实际应用中,一组数据中的每个数据之间都存在密切的关系,它们作为一个整体来描述一个事物或实体对象的几个方面,它们有不同的数据类型。如描述一个人的基本属性(姓名、性别、身高、体重),每个属性的数据类型不同,不能用数组来描述。如果用不同的变量来描述,又难以体现其内在的联系。C 语言引入了一种数据类型——结构体类型。这种类型可以有不同的数据类型的成员。本章主要介绍结构体、共用体、枚举数据类型。主要内容如下。

(1) 结构体类型的定义与引用。

(2) 共用体类型的定义与引用。

(3) 枚举类型的定义与引用。

通过本章的学习,要求达到以下目标。

(1) 了解结构体、共用体、枚举的概念,掌握结构体类型、共用体类型、枚举类型的定义和使用方法。

(2) 在实际编程中能够灵活运用结构体数组来解决实际问题。

【关键词】 结构体(structure),结构体变量(structure variable),结构体成员(structure member),结构体成员运算符(structure member operator),结构体数组(array of structure),共用体(union),枚举(enumeration),枚举表(enumeration-definition-list)。

【项目任务】 利用结构体数据类型实现对学生处理对象的定义,完成对学生基本信息的增加、删除、修改、查询、统计等功能。

【项目解析】 必须了解学生的基本属性、学生数据对象如何定义、如何建立学生基本信息表以及如何对学生信息表进行操作。

8.1 结 构 体

前几章中介绍了 C 语言中的一些基本数据类型,如整型、字符型、浮点数型、数组、指针等。在实际应用中,计算机要处理的数据往往要比这些基本数据类型复杂,计算机表达一个对象常常有多方面的属性,这些属性又需要用不同类型的数据进行描述。这些数据元素既是独立的,又有着密切的联系。例如,要建立学生的通信录,如何描述一个学生?学生有学号、姓名、性别、年龄、成绩、地址等信息。学号可用长整型表示,姓名可用字符数

组表示,性别可用字符表示,成绩可用浮点数表示,等等。对于一名学生来说,可以把他的数据分开来表示,例如:

```
char ID[10];          //学号
char name[20];        //姓名
float score;          //成绩
```

上述数据是相互独立的,从它们的定义中很难反映它们之间的联系。如果要处理 100 名学生的姓名,就需要定义 100 个元素的二维字符数组,而且学生的姓名和其他的数据没有足够的对应关系和联系。在实际编程中,需要花很多精力去寻找数据之间、与其他数据之间的对应关系,这不仅费时,而且极易出错。如何表达它的整体性和它们之间的关系呢? 这就引入了结构体的概念。

8.1.1　结构体与结构体变量的定义

结构体是一种复杂的数据类型,用来表示一组相关的数据项,这些数据项称为它的"成员"。在上面的例子中,可以把学生的数据信息设计成一个结构体,这个结构体包含学号、姓名、成绩等成员。

1. 结构体的声明

一般形式如下:

```
struct 结构体
{
    数据类型 1 成员 1;
    数据类型 2 成员 2;
        …
    数据类型 n 成员 n;
};
```

其中,struct 是 C 语言中的关键字,是结构体类型的标志。

🔔注意:声明结构体同样要以分号(;)结尾。结构体可由若干个成员组成,每个成员都是该结构体的组成部分。对每个成员也必须进行类型说明。成员的命名应符合标识符的书写规定。

例如,定义一个 student 类型的结构体:

```
struct student{
    char ID[10];
    char name[20];
    float score;
};
```

在这个结构体定义中,结构体名为 student,该结构体由 3 个成员组成:ID、name、score。应注意在右括号后的分号是不可少的。结构体定义之后,即可进行变量说明。凡声明为 student 类型的变量都由上述 3 个成员组成。由此可见,结构体是一种复杂的数据类型,是数目固定、类型不同的若干有序变量的集合。

2. 结构体变量的定义

定义结构体变量有以下 3 种方法。以上面定义的 student 为例来加以说明。

(1) 先定义结构体类型,再单独定义变量。例如:

```
struct student{
    char ID[10];
    char name[20];
    float score;
};
struct student boy1,boy2,person[3];
```

此处先定义了结构体类型 struct student,再由一条单独的语句定义了变量 boy1、boy2 及数组 person。使用这种定义方式时应注意,不能只使用 struct 而不写结构体名 student,因为 struct 不像 int、char 可以唯一地标识一种数据类型。

(2) 在定义结构体类型的同时定义结构体变量,即紧跟在结构体类型说明之后进行定义。例如:

```
struct student{
    char ID[10];
    char name[20];
    float score;
}boy,person[3];
```

此处在声明结构体类型 struct student 的同时,定义了一个结构体变量 boy 及具有 3 个元素的结构体数组 person。

(3) 在定义一个无名结构体类型的同时,直接进行定义。

```
struct {
    char ID[10];
    char name[20];
    float score;
} boy,person[3];
```

这种方式与前一种的区别仅仅是省去了结构体名,通常用在不需要再次定义此类型结构体变量的情况。

🔔 **注意**:结构体的定义和结构体变量的定义是两个概念。定义结构体相当于告诉编译系统,现在存在某一个特殊的类型,这种类型包含一些不同类型的数据项,在定义结构体时并没有分配空间。但是在定义结构体变量时,系统将为结构体变量分配空间。

3. 结构体的嵌套定义

结构体类型可以嵌套定义,即结构体成员中的数据类型本身又是结构体类型,需要逐级引用其最低一级成员。例如:

```
struct date{
```

```
    int year;
    int month;
    int day;
};
struct student{
  Char ID[10];
  char name[20];
  float score;
  struct date birthday;
};
```

以上代码先定义一个 struct date 类型,用来表示某人的生日,由 month(月)、day (日)、year(年)3 个成员组成。在定义 struct student 时,它的一个成员 birthday(生日)被定义成 struct date 类型的变量。

4. 结构体的存储空间分配

结构体是一种复合数据类型,其构成元素既可以是基本数据类型的变量,也可以是一些复合数据类型的数据单元。对于结构体,编译器会自动进行成员变量的对齐,以提高运行效率。默认情况下,编译器为结构体的每个成员按其自然对齐条件分配空间。各个成员按照它们被声明的顺序在内存中顺序存储,第一个成员的地址和整个结构的地址相同。

自然对齐即默认对齐方式,是指按结构体的成员中类型(size)最大的成员作为基本的分配单元,而且与其顺序有着密切的联系。存储对齐的基本方法如下。

(1) 结构体中元素是按照定义顺序一个一个放到内存中去的,但并不是紧密排列的。从结构体存储的首地址开始,每一个元素放置到内存中时,它都会认为内存是以它自己的大小来划分的,因此元素放置的位置一定会在自己宽度的整数倍上开始(以结构体变量首地址为 0 计算)。例如:

```
struct X1{
    char a;
    int b;
    double c;
}s1
```

该结构体占用 16 个字节,其存放的方式如图 8-1 所示。

首先系统会将字符型变量 a 存入第 0 个字节;然后在存放整型变量 b 时,会以 4 个字节为单位进行存储,由于第一个 4 字节模块已有数据,因此它会存入第二个 4 字节模块,也

0	1~3	4~7	8~15
a(char)	(对齐)	b(int)	c(double)

图 8-1　结构体 s1 存储结构示意图

就是存入第 4~7 字节;同理,存放双精度实型变量 c 时,由于其宽度为 8,其存放时会以 8 个字节为单位存储,也就是会找到第一个空闲的且是 8 的整数倍的位置开始存储,本例中,由于头一个 8 字节模块已被占用,所以将 c 存入第二个 8 字节模块。

(2) 在经过原则(1)处理后,检查计算出的存储单元是否为所有元素中最大的元素的长度的整数倍,是,则结束;若不是,则补齐为它的整数倍。

如果按照如下的定义：

```
struct X2{
    int a;
    double b;
    char c;
}s2;
```

则占用的空间为 24 字节。其存储方式如图 8-2 所示。

0	1~7	8~15	16~19	20~23
a(char)	（对齐）	b(double)	c(int)	补齐到8的整数值

图 8-2　结构体 s2 存储结构示意图

如果按照如下的定义：

```
struct X3{
    double a;
    char b;
    int c;
}s3;
```

则占用 16 个字节，其存储方式如图 8-3 所示。

0~7	8	9~11	12~15
a(double)	b(char)	对齐	c(int)

图 8-3　结构体 s3 存储结构示意图

如果按照如下的定义：

```
struct X4{
    double a;
    char b;
    int c;
    char d;
}s4;
```

则占用的空间为 24 字节，其存储结构如图 8-4 所示。

0~7	8	9~11	12~15	16	17~23
a(double)	b(char)	对齐	c(int)	d(char)	补齐到8的整数值

图 8-4　结构体 s4 存储结构示意图

如果按照如下的定义：

```
struct X5{
    double a;
    char b;
```

```
    int c;
    char d;
    int e;
}s5;
```

则仍然占用 24 字节,其存储结构如图 8-5 所示。

0~7	8	9~11	12~15	16	17~19	20~23
a(double)	b(char)	对齐	c(int)	d(char)	对齐	e(int)

图 8-5　结构体 s5 存储结构示意图

如果将 s5 中加入的变量 e 放到第一个定义的位置,则结构体所占的存储空间会变为 32 字节,其存储结构如图 8-6 所示。

```
struct X6{
    int e;
    double a;
    char b;
    int c;
    char d;
}s6;
```

0~3	4~7	8~15	16	17~19	20~23	24	25~31
e(int)	对齐	a(double)	b(char)	对齐	c(int)	d(char)	补齐到8的整数值

图 8-6　结构体 s6 存储结构示意图

包含指针类型的情况下,如果是 32 位系统,占 4 个字节;如果是 64 位系统,占 8 个字节。

如果按照如下的定义:

```
struct Y{
    char a;
    int b;
    double c;
};
struct X7{
    Y b;
    char a;
}s7;
```

则占用 24 字节,其存储结构如图 8-7 所示。

0	1~3	4~7	8~15	16	17~23
a(char)	对齐	b(int)	c(double)	a(char)	补齐到8的整数值
Y					

图 8-7　结构体 s7 存储结构示意图

250

如果按照如下定义：

```
struct X7{
    char a;
    Y b;
}s8;
```

则占用 24 字节，其存储结构如图 8-8 所示。注意存放第二个元素 b 时的初始位置是在 double 型的长度 8 的整数倍处，而非 16 的整数倍处，即系统为 b 所分配的存储空间是第 8～23 个字节。

0	1~7	8	9~11	12~15	16~23
a(char)	对齐	a(char)	对齐	b(int)	c(double)
		Y			

图 8-8　结构体 s8 存储结构示意图

从上面的各种情况分析可以知道，由于结构体所占空间与其内部元素的类型有关，而且与不同类型元素的排列有关，因此在定义结构体时，在元素类型及数量确定之后，还应该注意其内部元素的定义顺序。

8.1.2　结构体成员的初始化

与其他变量一样，结构体类型的变量可以在定义时进行初始化。结构体的初始化可以在定义的后面使用初始值表进行。初始化的一般形式如下：

struct 结构名　结构体变量=﹛初始数据﹜;

对结构体变量赋初值时，C 编译程序按每个成员在结构体中的顺序一一对应赋初值，不允许跳过前面成员给后面成员赋初值，但可以只给前面的若干个成员赋初值，对于后面未给赋初值的成员，系统将自动为数值型和字符型数据赋初值零。例如：

```
struct date{
    int year;
    int month;
    int day;
}Today={2000,12,1};
```

这里 date 是结构体类型名，Today 是 date 类型的变量，分别给变量的成员赋值，可以理解为

Today.year=200,Today.month=12,Today.day=1

上述定义和初始化同时完成了 3 件事。

（1）定义了名为 date 的结构体类型。

（2）定义了名为 Today 的 date 结构体类型的变量。

（3）给变量 Today 的两个成员赋值。

也可以分步做,先定义结构体类型,再定义结构体类型变量并初始化。

```
struct date{
    int year;
    int month;
    int day;
}
struct date Today={2000,12,1};
```

也可以分 3 步做:

```
struct date{
    int year;
    int month;
    int day;
};
truct date Today;
Today.year=200;Today.month=12;Today.day=1;
```

8.1.3 结构体成员的访问

在程序中访问结构体变量时,往往不把它作为一个整体来使用。除了允许具有相同类型的结构体变量相互赋值以外,一般对结构体变量的使用,包括赋值、输入、输出、运算等都是通过结构体变量的成员来实现的。

1. 对结构体变量的成员进行操作

结构体变量的每个成员都属于某个具体的数据类型。因此,结构体变量的每个成员都可以像普通变量一样,对它们进行同类变量所允许的任何操作。

表示结构体变量成员的一般形式如下。

```
结构体变量名.成员名
指针变量名->成员名
(*指针变量名).成员名
```

其中"."称为成员运算符;"->"称为结构体指向运算符。

例如,boy.ID、boy->ID 或(*boy).ID 都可以表示一个学生的学号。

如果成员本身又是一个结构体,则必须逐级找到最低级的成员才能使用。例如,boy1.birthday.month 表示第一个人出生的月份成员可以在程序中单独使用,与普通变量完全相同。

2. 相同类型的结构体变量之间的整体赋值

C 语言允许相同类型的结构体变量之间进行整体赋值。例如,有如下定义:

```
struct student boy1,boy2;
```

则执行赋值语句 boy1 = boy2；后，boy2 中每个成员的值都赋给了 boy1 中对应的同名成员。

结构体变量的赋值就是给各成员赋值。可用输入语句或赋值语句来完成。

【例 8-1】　给结构变量赋值并输出其值。

```c
#include <stdio.h>
void main(){
  struct date{
    int year;int month;int day;
  };
  struct student{
    char name[20];
    struct date birthday;
    float score[2];
  }stu,std={"Li Ming",1990,5,10,88.5,76};
  int i;
  printf("姓名:%s\n",std.name);
  printf("出生:%d/%d/%d\n", std.birthday.year,
          std.birthday.month, std.birthday.day);
  printf("输入成绩\n");
  //给结构体成员赋值
  for (i=0;i<2;i++){
    printf("成绩%d:",i+1);
    scanf("%f",&std.score[i]);
  }
  stu=std; //结构体变量整体赋值
  //输出结构体变量 std 的值
  printf("姓名:%s\n",stu.name);
  printf("出生:%d/%d/%d\n", stu.birthday.year, stu.birthday.month,
          stu.birthday.day);
  printf("成绩:%6.2f,%6.2f\n", stu.score[0], stu.score[1]);
}
```

程序运行结果：

```
姓名:Li Ming
出生:1990/5/10
输入成绩
成绩1:78
成绩2:87
姓名:Li Ming
出生:1990/5/10
成绩: 78.00, 87.00
```

程序说明：

（1）程序中定义了一个结构体类型 student，该结构体有 4 个成员，其中成员 birthday 是结构体类型 data。然后定义了两个结构体变量 stu、std，并对 std 进行了初始化。

（2）使用 scanf 函数给成员 score 数组的 4 个元素赋值。

（3）语句 stu = std；实现结构体变量的整体赋值。

（4）输出 stu 结构体的所有成员，其成员的值和 std 相等。

8.1.4 结构体与函数

由于结构体变量可以整体赋值,所以可以将结构体作为值参传递给函数,也可以定义为函数的返回值。利用函数处理结构中存储的数据有 4 种方式。

(1) 将结构体的成员作为函数的参数传递给函数。

(2) 将结构体变量作为参数传递给函数,这种参数称为结构体参数,可以是值参或引用。

(3) 将结构体作为函数的返回值,将这种函数称为结构体型函数。

(4) 将结构体变量的地址传递给函数,也就是传递指向结构体的指针值,称为结构体指针参数。

【例 8-2】 有一个关于平面坐标系中点的结构体,它包含了点的 x、y 坐标值,编写一个函数,计算平面上两点之间的距离。

```
#include <stdio.h>
#include <math.h>                    //程序中要用到 sqrt 数学函数
struct point{
  float x;                          //点的横坐标
  float y;                          //点的纵坐标
};
//给结构体成员赋值
point Point(float x,float y){        //结构体函数
  point Pt;
  Pt.x=x;
  Pt.y=y;
  return Pt;
}
//求坐标上两个点的距离
//结构体变量作为函数的参数
float GetDis(struct point p1,struct point p2) {
  return sqrt((p2.x-p1.x) * (p2.x-p1.x)+(p2.y-p1.y) * (p2.y-p1.y));
}
void main(){
  struct point pA,pB;               //定义结构体变量 pA、pB
  float x,y;
  printf("输入点 a 的坐标值(x,y):");
  scanf("%f,%f",&x,&y);
  pA=Point(x,y);                    //构造点 pA
  printf("输入点 b 的坐标值(x,y):");
  scanf("%f,%f",&x,&y);
  pB=Point(x,y);        //构造点 pB
  printf("a,b 两点的距离为: %6.2f\n",GetDis(pA,pB));
}
```

程序运行结果：

```
输入点a的坐标值<x,y>:1,2
输入点b的坐标值<x,y>:3,4
a,b两点的距离为：　2.83
```

程序说明：

（1）首先定义结构体类型 point，然后定义函数 Point，该函数返回 point 类型的值，实现给结构体变量的成员赋值。

（2）利用 pA＝Point(x,y)和 pB＝Point(x,y)"构造"两个坐标点，注意 Point 函数中的结构体变量 Pt 是一个临时变量。

（3）调用函数 GetDis(pA,pB)计算点 pA 和 pB 的距离。这里 pA、pB 是结构体参数。

8.1.5　结构体数组

数组的元素也可以是结构类型的，因此可以构成结构体数组。结构体数组的每一个元素都是具有相同类型的结构体变量。在实际应用中，经常用结构体数组来表示具有相同数据结构的一个群体，如一个班的学生档案，一个车间职工的工资表等。例如：

```
struct student{
  int num;
  char name[30];
  float score;
}students[2];
```

定义了一个结构体数组 student，共有 2 个元素，students [0]和 students [1]。每个数组元素都具有 struct student 的结构形式。

可以对结构体数组进行初始化，例如：

```
struct stu{
  int num;
  char name[30];
  float score;
}boy[2]={ {101,"Li ping" ,45},{102,"Zhang ping",62.5}
```

当对全部元素进行初始化时，可以不给出数组长度。

【例 8-3】　计算学生的平均成绩和不及格的人数。

```
#include <stdio.h>
struct student{
  char num[10];
  char name[30];
  float score;
}students[]={{"101","Li ping",45}, {"102","Zhang ping",62.5},
             {"103","He fang",92.5},{"104","Cheng ling",87},
             {"105","Wang ming",58}};
void main() {
  int i,c=0;
```

```
float ave,s=0;
for(i=0;i<5;i++){
    s+=students[i].score;
    if(students [i].score<60) c+=1;
}
ave=s/5;
printf("平均成绩:%5.2f\n<60分人数:%d\n",ave,c);
}
```

程序运行结果:

```
平均成绩:69.00
<60分人数:2
```

程序说明:程序中定义了一个外部结构体数组 student,共 5 个元素,并进行了初始化。在 main 函数中用 for 语句逐个累加各元素的 score 成员值存于 s 中,如 score 的值小于 60(不及格)即计数器 c 加 1,循环完成后计算平均成绩,并输出全班总分、平均分及不及格人数。

8.1.6 任务 8-1 建立学生基本信息表

1. 任务分析

本任务创建学生信息表并输出信息表的内容。学生的基本信息包括学号、姓名、成绩。利用结构数组创建学生信息表。

2. 任务实施

定义如下学生结构体类型。

```
struct student{
    char ID[10];              //学号
    char Name[20];            //姓名
    float Score;              //成绩
}
```

定义学生集合,即用结构体数组来表示一个班级的所有学生。

```
struct student[MAX]          //MAX 为允许存储的学生人数的最大值
```

定义如下函数。

(1) Input(student &s):输入学生信息,如果学号为"♯"则返回 FALSE,否则返回 TRUE。s 为引用参数。

(2) Display(student s):显示学生的信息。

(3) Create(struct student[]):创建学生基本信息表,返回值表示表中学生人数。

(4) Traverse(struct stu[]):遍历并输出学生信息表中的所有学生信息。

在程序设计中,要考虑程序的可重用性、易修改性,所以划分了 4 个模块。模块间的调用关系和程序流程图如图 8-9 所示。

(a) 模块间的调用关系　　　　　　　　(b) main程序流程图

(c) Create(stu[ ])程序流程图　　　　(d) Traverse(stu[ ])程序流程图

(e) Input(&stu)程序流程图　　　　　(f) Display(stu)程序流程图

图 8-9　任务 8-1 程序流程图

　　如果学生基本信息发生变化,只需修改 student 的结构和与该结构体有关的模块 Input()、Display()就可以了,其他的模块不用修改,这保证了程序的通用性以及易维护性。

　　建立一个项目,在项目中建立 3 个文件,实际上也是程序设计的 3 个层次。第 1 个文件为 Data.h,用来描述学生的基本信息以及与该学生信息结构有关的函数。第 2 个文件为 Table.h,用来建立学生信息表以及与信息表有关的函数;第 3 个文件为 Main.cpp,该文件中调用了 Table.h 文件中的函数,Table.h 文件中的函数调用了 Data.h 文件中的函数。由 Data.h 的函数直接操作学生基本信息数据。采用这种分层设计的方式可以使各层相互隔离又互相联系,程序的可读写、可维护性好。

　　在编写程序时,先建立一个 Main.cpp,建立一个 main()函数,用于逐层调试程序,首先调试 Data.h 的函数,再调试 Table.h,最后调试 Main.cpp。

　　按照如下步骤操作。

（1）建立项目文件 STMIS。

（2）新建头文件 Data.h，代码如下。

```
//Data.h 文件
#include <stdio.h>
#include <string.h>
#include <stdlib.h>
#include "iostream"
#define TRUE 1
#define FALSE 0
struct student{
  char ID[10];
  char Name[20];
  float Score;
};
using namespace std;
//功能：输入学生信息
//出口参数：stu 返回已赋值的学生信息
//返回值：如果输入学号为 0，返回 FALSE，否则返回 TRUE
int Input(struct student &stu){
  printf("学号(#结束):");
  cin>>stu.ID;
  if (strcmp(stu.ID,"#")==0) return FALSE;
  printf("姓名:");
  cin>>stu.Name;
  printf("成绩:");
   cin>>stu.Score;
  return TRUE;
}
//功能：显示学生的信息
//入口参数：stu 为要显示的学生信息
//返回值：无
void Display(struct student stu){
  printf("%s\t%s\t%6.2f\n",stu.ID,stu.Name,stu.Score);
}
//功能：菜单程序
//返回值：菜单的选择
//参数：Menu 为菜单项,min 为选择值最小值,max 为选择值最大值
int Menu(char Menu[],int min,int max){
  int choose;
  do {
    cout<<Menu;
    cin>>choose;
  }while(choose<min||choose>max);
  return choose;
}
```

（3）新建头文件 Table.h，代码如下。

```
#include "data.h"
```

```
//功能：创建学生信息表
//参数：students 为学生信息表
//返回值：信息表中的学生人数
#define HEAD "学号\t 姓名\t 成绩\n"
int Create(struct student students[]){
    int i=0;
    struct student s;
    printf("输入学生信息,学号为#结束\n");
    while(Input(s)){
        students[i]=s;
        i++;
    }
    return i;
}
//功能：显示学生信息表
//参数：students 为学生信息表,n 为学生人数
//返回值：无
void Traverse(struct student students[],int n){
    int j;
    for(j=0;j<n;j++)
    Display(students[j]);
}
```

（4）新建源程序文件 Main.cpp,代码如下。

```
//主函数
#define MAX 30
#define HEAD "学号\t 姓名\t 成绩\n"
#define MENUHAED "1、创建成绩记录\r\n2 输出成绩表\n"
#include "Table.h"
void main(){
    int ch;
    int n;
    struct student stu[MAX];
    while(1){
        ch=Menu(MENUHAED,0,2);          //显示菜单
        switch(ch){
            case 0:exit(0);break;
            case 1:n=Create(stu);break;   //创建表
            case 2:printf(HEAD);
            Traverse(stu,n);              //输出显示
            break;
        }
    }
}
```

（5）编译并运行。

3. 拓展训练

建立职工工资表,职工的工资信息包括职工编号、姓名、工资总额、扣款、实发工资。

要求对职工编号进行校验,职工编号的长度必须为 6 位。

8.2　枚　　举

生活中的很多信息在计算机中都是用数值表示的,例如,从星期一到星期天,可以用数字 1~7 来表示;真、假一般用 1、0 来表示;某门课程的考试类型通常分为闭卷笔试、开卷笔试、口试、实验、实践操作、课程设计、大作业、技能考核等。也就是说,变量的值域范围是固定的。如果一个变量只有几种可能的整数值,可以一一列出,并希望为每一个值取一个名字做代表以增加程序的可读性,就可以使用枚举类型。

8.2.1　枚举类型

所谓枚举就是把变量的所有可能取的值一一列出,变量只能取其中的值。通过列举一系列由用户确定的有序标识符所定义的类型叫枚举类型。标识符代表一个数据值,其间有先后次序,可以进行比较,通常把标识符称为枚举类型的元素。枚举是简单数据类型。

定义枚举类型的格式如下。

enum 枚举类型名{枚举表};

其中,枚举表中为用逗号(,)分隔枚举常量,每个枚举常量都表示一个整型数值(称为序号),系统默认它们依次是 0、1、$\cdots$、$n-1$。用户也可以自己为枚举常量确定对应的序号。例如:

```
enum bool {FALSE,TRUE};            //FALSE 代表 0,TRUE 代表 1
enum weekday{sun=7,mon=1,tue,wed,thu,fri,sat};/* 定义 sun 为 7,mon 为 1,以后顺序
加 1,sat 为 6 */
```

workday 和 week_end 被定义为枚举类型,它们的取值只能是 sun 到 sat 之一。

其中 sun、mon、sat 等称为枚举元素或枚举常量。它们是用户定义的标识符。这些标识符并不自动地代表什么含义。不能因为写成 sun,就自动代表星期天。用什么标识符代表什么含义,完全由程序员决定,并在程序中做相应处理。

8.2.2　枚举变量

1. 枚举变量的定义

同结构体一样,枚举变量的定义也可以有不同方式。

(1) 先定义枚举类型,再定义枚举变量。

```
enum weekday{sun.mon,tue,wed,thu,fri,sat};
```

```
enum weekday day;
```

（2）定义枚举类型的同时定义枚举变量。

```
enum weekday{sun.mon,tue,wed,thu,fri,sat}day;
```

（3）直接定义枚举变量。

```
enum {sun.mon,tue,wed,thu,fri,sat};
```

2. 枚举变量的使用

枚举变量在使用中有以下规定。

（1）枚举值是常量，不是变量，不能在程序中用赋值语句再对它赋值。例如：

```
sun=5;mon=2;sun=mon;
```

都是错误的。

（2）枚举元素本身由系统定义了一个表示序号的数值，从 0 开始顺序定义为 0，1，2，…。如在 weekday 中，sun 值为 0，mon 值为 1，…，sat 值为 6。

【例 8-4】 编写程序，要求输入当天是星期几，计算并输出 n 天后是星期几。例如，今天是星期六，若求 3 天后是星期几，即输入"6 3"，则输出"3 天后是星期 2"。

```
#include <stdio.h>
enum week {sun,mon,tue,wed,thu,fri,sat};
enum week day(enum week w, int n){
    return (enum week)(((int)w+n)%7);
}
void main(){
  enum week w0,wn;
  int n;
  printf("输入当天为星期几和过的天数:\n");
  scanf("%d,%d", &w0, &n);
  wn=day(w0,n);
  if(wn==0)
    printf("%d 天后是星期天!\n",n);
  else
    printf("%d 天后是星期%d\n",n,wn);
}
```

程序运行结果：

```
输入当天为星期几和过的天数:
3,5
5 天后是星期1
```

程序说明：输入和输出枚举变量时，使用的是枚举元素的值。

（3）只能把枚举值赋予枚举变量，不能把元素的数值直接赋予枚举变量。例如：

```
a=sum;b=mon;
```

是正确的,而

```
a=0;b=1;
```

是错误的。

如果一定要把数值赋予枚举变量,则必须用强制类型转换。例如:

```
a=(enum weekday)2;
```

其意义是将顺序号为 2 的枚举元素赋予枚举变量 a,相当于

```
a=tue;
```

🔔 注意:枚举元素不是字符常量也不是字符串常量,使用时不要加单、双引号。

8.2.3 任务 8-2 创建学生成绩表

1. 任务分析

本任务在任务 8-1 的基础上创建学生信息表,在学生的基本信息中增加考试类型,考试类型分为必修课程和选修课程。同样实现创建学生基本信息表并输出信息表的内容。

2. 任务实施

学生信息的定义如下。

```
enum Couretype{NED ,OPT };              //定义一个枚举类型:考试类型
struct student{
  char ID[10];                          //学号
  char Name[20];                        //姓名
  float Score;                          //考试成绩
  enum Couretype Ctype;                 //考试类型
};
```

程序模块和任务 8-1 相同。只修改 Input、Display 函数,其他函数不变。在 Input 中要实现对考试类型的输入,考试类型是枚举类型,输入时采用间接输入。在 Display 中实现考试类型的输出,同样要间接输出。

(1)建立项目文件 STMIS。

(2)将任务 8-1 中的 Data.h 文件修改如下。

```
#include <stdio.h>
#include <string.h>
#include <stdlib.h>
#include <iostream>
#define TRUE 1
#define FALSE 0
enum Couretype{NED ,OPT };              //考试类型 NED 为必修,OPT 为选修
struct student{
```

```
    char ID[10];
    char Name[20];
    float Score;
    enum Couretype Ctype;                    //考试类型
};
//功能：输入学生信息
//出口参数：stu 返回已赋值的学生信息
//返回值：如果输入学号为 0,返回 FALSE,否则返回 TRUE
int Input(struct student &stu){
    int Type;
    printf("学号(#结束):");
    cin>>stu.ID;
    if (strcmp(stu.ID,"#")==0) return FALSE;
    printf("姓名:");
    cin>>stu.Name;
    //printf("成绩:");
    // cin>>stu.Score;
    stu.Score=0;
    //校验输入,必修输入 0 和 1
    do{
        printf("课程类型:0.必修,1.选修");
        scanf("%d",&Type);
    }while(Type<0||Type>1);
    stu.Ctype=(Couretype)Type;
    return TRUE;
}
//功能：显示学生的信息
//入口参数：stu 为要显示的学生信息
//返回值：无
void Display(struct student stu){
    printf("%s\t%s\t%6.2f",stu.ID,stu.Name,stu.Score);
    switch(stu.Ctype){
        case NED:printf("\t 必修");break;
        case OPT:printf("\t 选修");break;
    }
    printf("\n");
}
//主控菜单
//功能：菜单程序
//返回值：菜单的选择
//参数：Menu 为菜单项,min 为选择值最小值,max 为选择值最大值
int Menu(char Menu[],int min,int max  ){
    int choose;
    do{
        cout<<Menu;
        cin>>choose;
    }while(choose<min||choose>max);
    return choose;
}
```

（3）将任务 8-1 中的 Table.h 加入该项目。

（4）将任务 8-1 中 Main.cpp 文件加入该项目。

（5）编译并运行。

3. 拓展训练

编程描述学校人员信息,学校的人员包括学生、教师、教辅等。

8.3 共 用 体

在任务 8-2 中,考试成绩的类型分为必修和选修两种。如果是必修课程,其成绩为百分制,则结构体中考试成绩 Score 成员的类型为 float;如果是选修课程,其考试成绩为等级制,则结构中考试成绩 Score 成员的类型为字符串类型(字符数组)。如何来表达成绩呢？在 C 语言中引入了共用体类型,就可以实现对成绩数据的处理。

8.3.1 共用体类型

1. 共用体的概念

共用体也称联合体,它是一种与结构类似的构造类型。共用体是一种将不同数据项存放在同一段内存单元中的构造型数据结构。共用体与结构体一样,可以包括不同类型和长度的数据。结构体和共用体的主要区别在于,共用体变量所占内存空间不是各个成员所需存储空间的总和,而是共用体中需要存储空间最大的成员所需要的字节数。共用体变量在某一时间点上只能存储某一成员的信息。同结构体类似,先声明共用体类型,再定义共用体变量。

2. 共用体类型的定义

定义共用体类型变量的一般形式如下。

```
union 共用体名{
    成员表列;
}变量表列;
```

例如,在填写学校人员信息时,要求"班级"和"教研室"这两种类型不同的数据都填入单位这个变量中,就必须把单位定义为包含整型和字符型数组这两种类型的共用体,例如：

```
union persondata{
  int class;                //班级
  char office[10];          //教研室
};
```

在这里,共用体 persondata 的两个成员共用一段存储空间,系统根据成员变量的引用不同,决定哪个成员有效,并使用内存空间。

8.3.2　共用体变量

1. 共用体变量的定义

(1) 先定义共用体类型,再定义共用体变量。例如:

```
union data{
    int i;
    char ch;
    float f;
};
union data a,b,c;
```

(2) 在定义共用体的同时定义变量。例如:

```
union data{
    int i;
    char ch;
    float f;
} a,b,c;
```

(3) 在定义共用体的同时定义变量,可以省略共用体标识符,也可以直接定义共用体变量。例如:

```
union{
    int i;
    char ch;
    float f;
} a,b,c;
```

可以发现,共用体与结构体的定义形式相似,但它们的含义不同。结构体变量所占内存长度是各成员的内存长度之和,每个成员分别占有其自己的内存单元。共用体变量所占内存长度是最长成员的长度。如上面定义的共用体变量 a、b、c 各占 4 个字节(因为一个实型变量占 4 个字节),而不是各占 2+1+4=7 个字节。

2. 共用体变量的引用

只有先定义了共用体变量才能引用它,而且不能直接引用共用体变量,只能引用共用体变量中的成员。对共用体变量的赋值、使用都只能对变量的成员进行。共用体变量的成员表示如下。

共用体变量名.成员名

例如,对前面定义的 a、b、c 为共用体变量,下面的引用是正确的。

```
    a.i              //引用共用体变量 a 中的整型变量 i
    a.ch             //引用共用体变量 a 中的字符变量 ch
    a.f              //引用共用体变量 a 中的实型变量 f
```

不能只引用共用体变量,例如:

```
printf("%d",a);
```

是错误的。因为 a 的存储区有好几种类型,分别占用不同长度的存储区,仅写共用体变量名 a,难以使系统确定究竟是哪一个成员的值。应写成

```
printf("%d",a.i);
```

在使用共用体变量时应注意以下一些特点。

（1）同一内存段可以用来存放几种不同类型的成员,但在每一时刻只能存放其中一种,而不是同时存放几种。也就是说,每一时刻只有一个成员起作用,其他的成员不起作用,即不是同时都存在和起作用。

（2）共用体变量中起作用的成员是最后一次存放的成员,在存入一个新的成员后原有的成员就失去作用。

【例 8-5】 观察下面程序的运行结果。

```
#include"stdio.h"
union utype{
  int i;
  char ch;
  float f;
};
void main(){
  union utype num;
  num.i=10;
  num.ch='A';
  num.f=123.456;
  printf("%d\n",num.i);
  printf("%c\n",num.ch);
  printf("%f\n",num.f);
}
```

程序运行结果:

```
1123477881
y
123.456001
```

程序说明:虽然先后给三个成员赋了值,但只有 num.f 是有效的,而 num.ch 与 num.i 已经无意义,也不能被引用了。

（3）共用体变量的地址和它的各成员的地址是同一地址。

（4）共用体与结构体可以互相嵌套。在共用体中可以定义结构体成员,也可以在结构体中定义共用体成员。

【**例 8-6**】　观察程序运行的结果。

```c
#include <stdio.h>
void main(){
  union example{
    struct{
      int x;
      int y;
    }in;
    int a;
    int b;
  }num;
  num.a=1;
  num.b=3;
  num.in.x=num.a * num.b;
  num.in.y=num.a+num.b;
  printf("%d,%d\n",num.in.x,num.in.y);
}
```

程序运行结果：

9, 18

程序说明：由于成员 in、a、b 共享同一存储单元，执行 num.a＝1；num.b＝3；语句后存储单元中的值为 3，执行 num.in.x＝num.a * num.b；语句后存储单元的值为 3 * 3＝9，执行 num.in.y＝num.a＋num.b；语句后存储单元的值为 9＋9＝18。其存储结构如图 8-10 所示。

图 8-10　共用体成员的存储结构

（5）不能对共用体变量赋值，不能企图引用变量名来得到成员的值，也不能在定义共用体变量时对它初始化。例如，下列语句都是错误的：

```c
union data{
  int a;
  float b;
  char c;
} x={1,3.2, 'G' },y;        /* 错,不能初始化 */
x=1;                         /* 错,不能对共用体变量名赋值 */
y=x;                         /* 错,不能引用共用体变量名以得到值 */
```

（6）不能把共用体变量作为函数参数，也不能把一个函数的类型定义成共用体类型，但可以使用指向共用体变量的指针。

8.3.3　任务 8-3　创建学生成绩表

1. 任务分析

本任务在任务 8-2 的基础上创建学生信息表，在表中根据考试类型的不同，输入不同类型的考试成绩。同样实现创建学生基本信息表并输出信息表的内容。

2. 任务实施

学生信息的定义如下。

```
enum Gradtype{YES,NO};              //成绩等级,YES 为合格,NO 为不合格
enum Couretype{NED,OPT};            //考试类型,NED 为必修,OPT 为选修
struct student{
  char ID[10];
  char Name[20];
  enum Couretype Ctype;             //考试类型
  union{
      enum Gradtype Grad;           //等级
      float Score;                  //成绩
  } uScore;
}student;
```

程序模块和任务 8-2 相同。只修改 Input、Display 函数,其他的函数不变。

(1) 建立项目文件 STMIS。

(2) 将任务 8-2 中的 Data.h 文件修改如下(保留函数 Menu)。

```
#include <stdio.h>
#include <string.h>
#include <stdlib.h>
#include <iostream.h>
#define TRUE 1
#define FALSE 0
enum Gradtype{YES,NO};              //成绩等级,YES 为合格,N 为不合格
enum Couretype{NED,OPT};            //考试类型,NED 为必修,OPT 为选修
struct student{
  char ID[10];
  char Name[20];
  enum Couretype Ctype;             //考试类型
  union{
      enum Gradtype Grad;           //等级
      float Score;                  //成绩
  } uScore;
}student;
//功能：输入学生信息
//出口参数：stu 返回已赋值的学生信息
//返回值：如果输入学号为 0,返回 FALSE,否则返回 TRUE
int Input(struct student &stu){
  int Type;
  printf("学号(#结束):");
  cin>>stu.ID;
  if (strcmp(stu.ID,"#")==0) return FALSE;
  printf("姓名:");
```

```
cin>>stu.Name;
do{
    printf("课程类型:0.必修,1.选修");
    scanf("%d",&Type);
}while(Type<0||Type>1);
stu.Ctype=(Couretype)Type;
if (Type==0){
    printf("成绩:");
    cin>>stu.uScore.Score;
}
else {
    do{
        printf("等级:0.不合格,1.合格");
        scanf("%d",&Type);
    }while(Type<0||Type>1);
    stu.uScore.Grad=Gradtype(Type);
}
return TRUE;
}
//功能：显示学生的信息
//入口参数：stu 为要显示的学生信息
//返回值：无
void Display(struct student stu){
    printf("%s\t%s\t",stu.ID,stu.Name);
    if (stu.Ctype==0)
        printf("%6.2f\t",stu.uScore.Score);
    else{
        switch(stu.uScore.Grad){
            case YES:printf("合格\t");break;
            case NO:printf("不合格\t");break;
        }
    }
    switch(stu.Ctype){
        case NED:printf("\t必修");break;
        case OPT:printf("\t选修");break;
    }
    printf("\n");
}
```

（3）将任务 8-1（或任务 8-2）中的 Table.h 文件加入项目。

（4）将任务 8-1（或任务 8-2）中 Main.cpp 文件加入项目。

（5）编译并运行。

3. 拓展训练

将学生成绩按考试类型分类排序。

8.4 自定义类型与数据的分层

标准类型(如 int、char、long、double 等)、系统已经定义好的类型,用户可以直接使用,无须再进行定义。有时要描述在现实世界中的实体,用标准的数据类型无法描述,用户可以根据自己的实际要求,自己定义新的数据类型。例如,要描述一个杯子,可以自定义一个杯子类型;要描述一个学生,可以自定义一个学生类型。同样,也可以将现实世界的一些对象抽象为一个自定义类型。例如,要描述一个队列,可以定义一个队列类型。利用自定义类型,可使程序的可读性和可移植性更好。

C 语言不仅提供了丰富的数据类型,而且允许由用户自己定义类型标识符,也就是说允许由用户为数据类型取"别名"。

8.4.1 自定义类型

定义自定义类型的一般形式如下。

```
typedef 原类型名 新类型名
```

其中,原类型名为系统提供的标准类型名或是已经定义过的其他类型名,新类型名为用户自己定义的新类型名。它往往可以简化程序中变量的定义。

例如,有整型量 a、b,其说明如下:

```
int a,b;
```

其中 int 是整型变量的类型说明符。int 的完整写法为 integer,为了增加程序的可读性,可把整型说明符用 typedef 定义为

```
typedef int INTEGER        /*定义 INTEGER 为基本整数类型*/
```

以后就可用 INTEGER 来代替 int 作整型变量的类型说明了。例如:

```
INTEGER a,b;               /*定义变量 a、b 为 INTEGER 型*/
```

它等效于

```
int a,b;
```

用 typedef 定义数组、指针、结构等类型将带来很大的方便,不仅使程序书写简单,而且使意义更为明确,因而增强了可读性。例如:

```
typedef int NUM[20];       /*定义 NUM 为包含 20 个元素的整型数组*/
NUM a1,a2,s1,s2;           /*定义 NUM 类型的数组 a1、a2、s1、s2*/
```

完全等效于

```
int a1[20],a2[20],s1[20],s2[20]
```

例如,有了以下定义后,便可以在程序中使用 StudRec 来代替 struct student 进行变量定义。

```
typedef struct student{
   char ID[8];
   char name[20];
   float score[4];
} StudRec;                    /* 定义 StudRec 为含有 3 个成员的结构体类型 */
```

习惯上常把 typedef 声明的类型名用大写字母表示,以便与系统提供的标准类型标识符相区别。

说明:

(1) 用 typedef 只是对已经存在的类型增加一个类型名(别名),而没有创造一个新的类型。

(2) typedef 与 #define 有相似之处,例如:

```
typedef int COUNT;
```

和

```
#define COUNT int
```

的作用都是用 COUNT 代表 int。但事实上,它们两者是不同的。#define 是在预编译时处理的,它只能作简单的字符串替换,而 typedef 是在编译时处理的。实际上它并不是作简单的字符串替换,例如:

```
typedef int NUM[8];
```

并不是用 NUM[8] 去代替 int,而是采用定义变量的方法来定义一个类型。

在自定义数据类型时,新的类型标识符用大写或小写字母都是允许的,但为了醒目,习惯上常常全部用大写字母来表达。

8.4.2　自定义类型的应用

自定义类型的用处有下列几个方面。

(1) 把很长的复杂的定义进行压缩,使得以后的书写更为简便。有时把新的类型名取成和对象性质相关的标识符,有利于理解。

(2) 采用自定义类型还有利于程序的移植。当一种数据类型在不同的计算机上长度不同时,在程序移植时,程序员需要更换某种类型符为另一种类型符,不必一一修改所有这种类型符,而只要修改自定义类型一处就可以了,这无疑是非常方便的。例如,一个 long 类型的变量在有的机器上占 4 个字节,如果要把程序移植到一台一个 int 变量占 4 个字节的计算机上,往往要把程序中所有定义变量的 long 改为 int,这时用自定义数据类型方法就非常方便。例如:

271

```
typedef long LG;
```

在移植时只须改成

```
typedef int LG;
```

就可以了。

（3）有了自定义数据类型，可以实现对数据的分层处理。如将数据的处理分为 3 个层次甚至多个层次。当然分层不能过多，分层过多，数据访问复杂，影响访问数据的效率。

```
typedef student{
  char ID[10];
  char Name[20]
}student;                //学生类型
typede student Data;     //数据元素
typedef struct{
  Data st[Max];
  int count;
}Table;                  //表结构
```

图 8-11　数据的分层结构

如图 8-11 所示，有了这样的分层，编写程序就可以在不同的层次同时进行，不同层次访问不同的数据，各个层次的数据结构发生变化只须修改该层次的程序，不会影响其他层次的程序，这样保证了程序的共享性和可维护性。

8.4.3　任务 8-4　学生基本信息的分层处理

1. 任务分析

本任务在任务 8-3 的基础上创建学生信息表并输出信息表的内容。

2. 任务实施

本任务中数据的描述分为 3 层：

```
typedef char KeyType[10];                      //关键字类型
typedef struct {KeyType  ID,... } student;     //学生类型
typedef struct student Data                    //表中的数据元素
typedef struct {Data element[MAX];...}         //表结构
```

程序的结构和程序流程图与任务 8-3 相同。

（1）新建项目 STMIS。

（2）将任务 8-3 中的 Data.h 文件加入项目。将学生数据类型作如下修改。

```
#include <stdio.h>
#include <string.h>
```

```
#include <stdlib.h>
#include <iostream.h>
#define TRUE 1
#define FALSE 0
enum Gradtype{YES,NO};            //成绩等级,YES 为合格,NO 为不合格
enum Couretype{NED,OPT};          //考试类型,NED 为必修,OPT 为选修
typedef char KeyType[10];          //关键字类型
typedef struct{
  KeyType ID;
  char Name[20];
  enum Couretype Ctype;            //考试类型
  union{
    enum Gradtype Grad;            //等级
    float Score;                   //成绩
  } uScore;
}student;
```

△ **注意**：保留任务 8-3 的 Data.h 中的 Input、Display、Menu 函数。

（3）新建头文件 ElemData.h，其代码如下。

```
#include "Data.h"
typedef student Data;             //顺序表中的元素为学生信息
```

（4）将任务 8-3 中的 Table.h 文件加入项目，并作如下修改。

```
#include "ElemData.h"
#define MAX 50
typedef struct{
  DataElement[MAX];               //数据元素
  int count;                      //元素个数
}Table;
//功能：创建一个数据表
int Create(Table &T){
  student s;
  T.count=0;
  while(T.count<MAX && Input(s))
    T.Element[T.count++]=s;
  return T.count<MAX;
}
//功能：显示数据表中的内容
void Traverse(Table T){
  int i;
  for (i=0;i<T.count;i++)
      Display(T.Element[i]);
}
```

（5）将任务 8-3 中的 Main.cpp 文件加入项目，并作如下修改。

```
#define HEAD "学号\t 姓名\t 成绩\n"
#define MENUHAED "1、创建成绩表 2、输出成绩表\n"
#include "Table.h"
typedef Table Classes;
void main(){
  int ch;
  int n;
  Classes mycla;                    //班级
  while(1){
    ch=Menu(MENUHAED,0,2);          //显示菜单
     switch(ch){
       case 0:exit(0);break;
       case 1:n=Create(mycla);       //创建表(修改代码)
           if(!n)  printf("\n 表溢出\n");break;
       case 2:printf(HEAD);
           Traverse(mycla);          //输出表元素(修改代码部分)
           break;
     }
  }
}
```

3. 拓展训练

自定义一个教师员工类型,并实现对其基本信息的输入与输出。

8.5 项目实践 再谈学生成绩管理

1. 需求描述

实现对学生考试成绩的管理,包括增加学生信息、查找学生信息、修改学生信息、删除学生信息、按学号排序、输出成绩表等功能。

2. 项目分析

(1) 数据结构。利用任务 8-3 中的数据结构:

```
typedef char KeyType[10];                         //关键字类型
typedef struct student{ keyTyep ID ,...} student;  //学生类型
typedef struct student Data;                       //表中的数据元素
typedef struct {Data element[MAX];...}Table;       //表结构
typedef Table Classes;                             //班级信息
```

(2) 函数。根据分层设计的思想,对 student 数据类型进行访问的函数如下。各函数

274

间的调用关系及部分程序流程图如图 8-12 所示。

Input(Student &s)：输入学生信息。

Display(student s)：显示学生信息。

对 Table、Data 数据类型进行访问的函数如下。

Append(Table &T,&data e)：在表中增加一个元素。

Delete(Table &T,int pos)：删除表中第 pos 个元素。

Locate(Table &T,data e,compare())：查找元素 e 在 T 中的位置。

Traverse(Table T)：遍历表中的所有元素。

Sort(table &T,compare())：对数据元素排序。

对 Classes 数据类型进行访问的函数模块如下。

(a) 函数间的调用关系

(b) Find(Cla)程序流程图

(c) Modify(&Cla)程序流程图

(d) DelData(&Cla)程序流程图

(e) AppData(&Cla)程序流程图

(f) SortData(&Cla)程序流程图

图 8-12 函数间的调用关系及程序流程图

定义学生信息表myClass		
初始化表myClass.count=0		
l=1		
选择菜单		
输入选择项choose		
choose	1	AppData(myClass)
	2	Modify(myClass)
	3	Find(myClass)
	4	DelData(myClass)
	5	SortData(myClass)
	6	Traverse(myClass)
	0	exit(0)

(g) main( )程序流程图

(i) Locate(T, e,compare)程序流程图

图　8-12(续)

AppData(Classes &cla)：在班级中增加记录。

Modify(Classes &cla)：修改班级中指定学生的信息。

DelData(Classes &Cla)：删除班级中指定的学生。

Find(Classes Cla)：查找班级中指定系、学生并显示。

SortData(Classes Cla)：将班级学生按学号排序。

Traverse(T)：显示班级中所有学生信息。

3. 项目实施

(1) 创建项目 STMIS。

(2) 将任务 8-4 中的 Data.h 加入项目，并在 Data.h 中增加如下函数。

```
//功能：按学号比较
//参数：s1、s2 为待比较学生
//返回值：若 s1.ID>s2.ID,返回 1;s1.ID=s2.ID,返回 0;否则返回-1
int stuIDCompare(student s1,student s2){
    return strcmp(s1.ID,s2.ID);
}
```

(3) 将任务 8-4 中的 ElemData.h 加入项目。

(4) 新建头文件 ERROR.H,并加入项目,代码如下。

```
/* 错误信息编码 */
#define OK 1                        //处理成功
#define ERROR 0                     //出错
#define OVERFLOWER -101             //存储空间已满
#define CREATESUCCESS -102          //创建成绩表成功
#define INSERTSUCCES -103           //插入成功
```

276

```
#define DATAERROR  -104              //数据有误
#define DELETESUCCESS -105           //删除成功
#define MODIFYSUCCESS -107           //修改成功
#define NOTFIND -109
//功能：根据错误代码的编码输出对应的消息
//参数：MessageNo 为错误代码
//返回值：无
void Message(int MessageNo){
    switch(MessageNo) {
        case  OVERFLOWER:cout<<"存储空间已满!"<<endl;break;
        case  CREATESUCCESS:cout<<"创建成绩表成功"<<endl;break;
        case  INSERTSUCCES:cout<<"插入成功"<<endl;break;
        case  DELETESUCCESS:cout<<"删除成功"<<endl;break;
        case  DATAERROR :cout<<"数据输入有误"<<endl;break;
        case  MODIFYSUCCESS:cout<<"修改成功"<<endl;break;
        case  NOTFIND: cout<<"没有找到"<<endl;break;
    }
}
```

（5）新建头文件 Table.h 并加入项目。

```
#include "ElemData.h"
#include "ERROR.h"                   //注意该头文件的位置
#define MAX 50
typedef struct{
  Data Element[MAX];
  int count;
}Table;
//功能：显示数据表中的内容
void Traverse(Table T){
    int i;
    for (i=0;i<T.count;i++)
      Display(T.Element[i]);
}
//功能：查找元素 e 在表中的位置
//参数：T 为查找表,s 为要查找的元素,int compare()为比较函数
//返回值：学生 e 在 T 中的位序
int Locate(Table T, Data e,int compare(Data,Data)){
  int i=0;
  while(i<T.count &&  compare(e,T.Element[i]))
  i++;
  if (i<T.count) return i+1; else return 0;
}
//功能：对表进行排序
//参数：T 为排序表,compare()为比较函数
//返回值：无
void Sort(Table &T,int compare(Data,Data)){
int i,j,k;
Data temp;
for(i=0;i<T.count-1;i++) {
```

277

```
        k=i;
        for (j=i+1;j<T.count;j++)
          if(compare(T.Element[k],T.Element[j])>0)
            k=j;
        if (i!=k){
          temp=T.Element[i];
          T.Element[i]=T.Element[k];
          T.Element[k]=temp;
        }
    }
}
//功能：删除表中指定的元素
//参数：T 为删除表
//返回值：删除成功返回 DELETESUCCESS
int Delete(Table &T,int pos){
    int i;
    for (i=pos-1;i<T.count;i++)
      T.Element[i]=T.Element[i+1];
      T.count--;
    return DELETESUCCESS;
}
/* 功能：在表中添加一个记录
参数：T 为添加表
返回值：如果添加的记录数大于表中的最大记录数 MAX,返回 OVERFLOWER,如果输入数据有误,
返回 DATAERROR,否则返回 INSERTSUCCES */
int Append(Table &T, Data s){
    if (T.count>=MAX) return OVERFLOWER;
      T.Element[T.count++]=s;
    return INSERTSUCCES;
}
```

(6) 新建源程序 Main.cpp,代码如下。

```
#define HEAD "学号\t 姓名\t 成绩\n"
#define MENUHAED "1.增加成绩记录 \n2.修改成绩记录\n3.按学号查找成绩 \n4 删除成绩记
录\n5.按学号排序 \n6.输出成绩表 \n0.退出 \n"
#include "Table.h"
typedef Table Classes;
//功能：创建一个数据表
int AppData(Classes &cla){
    student s;
    int flag=TRUE;
    while(Input(s)&&flag)
        flag=Append(cla,s);
    return flag;
}
//按学号查找学生信息
int Find(Classes Cla){
    int pos,MsgNo;
    student s;
```

```
        printf("输入学号");
        cin>>s.ID;
        pos=Locate(Cla,s,stuIDCompare);
        if (pos<1)
            MsgNo=NOTFIND;
        else{
            s=Cla.Element[pos-1];
            Display(s);
            MsgNo=OK;
        }
        return MsgNo;
}
//修改学生信息
int Modify(Classes &Cla){
    int pos,MsgNo;
    student s;
    printf("输入学号");
    cin>>s.ID;
    pos=Locate(Cla,s,stuIDCompare);
    if (pos<1)
        MsgNo=NOTFIND;
    else{
        Display(Cla.Element[pos-1]);
        printf("输入修改数据\n");
        if (Input(s)==OK) {        //如果输入有效数据
          Cla.Element[pos-1]=s;  //修改学生的信息
            MsgNo=MODIFYSUCCESS;
        }
        else
            MsgNo=ERROR;
    }
    return MsgNo;
}
//删除学生信息
int DelData(Classes &Cla){
    int pos,MsgNo;
    student s;
    printf("输入学号");
    cin>>s.ID;
    pos=Locate(Cla,s,stuIDCompare);
    if (pos<1)
        MsgNo=NOTFIND;
    else
        MsgNo=Delete(Cla,pos);
    return MsgNo;
}
//按学号排序
int SortData(Classes &Cla){
    Sort(Cla, stuIDCompare);
```

```
        return OK;
    }
//主函数
void main(){
    int choose, flag=TRUE,MessageNo;
    Classes myClass;
    myClass.count=0;
    myClass.count=0;//初始化班级表
    while(flag){
        choose=Menu(MENUHAED,0,7);
        MessageNo=0;
        switch(choose)
        { case 1:   MessageNo=AppData(myClass);break;
          case 4:   MessageNo=DelData(myClass);break;
          case 3:   MessageNo=Find(myClass);break;
          case 2:   MessageNo=Modify(myClass);break;
          case 5:   SortData(myClass);break;
          case 6:   printf(HEAD);
              Traverse(myClass);break;
          case 0:    flag=FALSE;
          }
          Message(MessageNo);
    }
    cout<<"谢谢使用"<<endl;
}
```

（7）编译、链接、运行。

小　　结

1. 本章重点

（1）结构体的定义方法及结构体成员的引用。
（2）共用体的定义方法及引用。
（3）枚举类型的定义及应用。

2. 相关知识点提示

（1）结构体是若干数据元素的集合，这些数据元素可以是不同的数据类型。结构体一般用于描述有内在逻辑关系的多个有序属性构成的数据，它是一种构造类型。

在使用结构体时，一般先定义结构体类型，再用这个类型来定义和初始化结构体变量。结构体变量的每个成员都有自己独立的存储空间，所有成员连续存放。

除赋初值外，不能将结构体常量直接赋值给结构体变量，可以将结构体变量直接赋值给另一个结构体变量。

可以将结构体的成员作为函数参数,也可以将结构体变量作为函数参数或函数的返回值。

数组的元素为结构体时称为结构体数组。在实际应用中,经常用结构体数组来表示具有相同数据结构的一组数据。

(2)共用体(联合体)是一种将不同类型的变量放在足够大的同一存储区域中的类型。共用体和结构体有相同的地方,类型定义和变量定义的形式相似;成员变量的引用方式相同。结构体和共用体可以嵌套,用来表示更复杂的数据结构。

(3)枚举类型是简单的数据类型,枚举就是将变量的值一一列举出来,而变量的值只限于在列举出来的值域范围内。枚举是一个有名字的整型常量的集合,该类型变量只能取集合中列举出来的所有合法值。

(4)自定义类型可以对已经定义的数据类型定义一个新的类型名,使程序更简洁。

习　　题

一、判断题

1. 在 C 语言中,可以用 typedef 定义一种新的类型。　　　　　　　　（　　）

2. 共用体所占的内存空间大小取决于占空间最多的那个成员变量。　（　　）

3. 有如下定义:

union ch{ int a[3]; float m;};

这样的一个数据类型共占用内存 6 字节。　　　　　　　　　　　　（　　）

4. 结构体类型占用的内存字节数是所有成员变量占用的内存字节数的总和。

　　　　　　　　　　　　　　　　　　　　　　　　　　　　　　（　　）

二、选择题

1. 以下程序的输出结果是(　　　)。

```
struct abc {
  int a, b, c; };
int main(){
  struct abc  s[2]={{1,2,3},{4,5,6}};
  int t;
  t=s[0],a+s[1],b;
  printf("%d \n",t);
}
```

　　A. 5　　　　　　　　　B. 6　　　　　　　　　C. 7　　　　　　　　　D. 8

2. 以下程序的输出结果是(　　　)。

```
union myun {
```

```
    struct
    {int x, y, z; } u;
    int k;
} a;
int main() {
  a.u.x=4; a.u.y=5; a.u.z=6;
  a.k=0;
  printf("%d\n",a.u.x);
}
```

    A. 4   B. 5   C. 6   D. 0

3. 设有以下说明语句：

```
typedef struct {
  int n;
  char ch[8];
}PER;
```

则下面叙述中正确的是(   )。

    A. PER 是结构体变量名   B. PER 是结构体类型名

    C. typedef struct 是结构体类型   D. struct 是结构体类型名

4. 以下程序的输出结果是(   )。

```
int main(){
  enum team {my,your=4,his,her=his+10};
  printf("%d %d %d %d\n",my,your,his,her);
}
```

    A. 0 1 2 3   B. 0 4 0 10   C. 0 4 5 15   D. 1 4 5 15

5. 已知字符 0 的 ASCII 值为十六进制的 30, 下面程序的输出结果是(   )。

```
int main(){
  union {   unsigned char c;
            unsigned int i[4];
  } z;
  z.i[0]=0x39;
  z.i[1]=0x36;
  printf("%c\n",z.c);
}
```

    A. 6   B. 9   C. 0   D. 3

6. 定义结构体变量时,系统分配给它的内存是(   )。

    A. 各成员所需内存量的总和

    B. 结构体中第一个成员所需的内存量

    C. 成员中占内存量最大者所需的容量

    D. 结构体中最后一个成员所需的内存量

7. 根据下面的定义,能打印出 Mary 的语句是(　　)。

```
struct person {
   char name[9];
   int age;
}
struct person class[10]={"John",17, "Paul",19,"Mary",18,"Adam",16}
```

    A. printf("%c\n",class[3].name)　　　　B. printf("%c\n",class[1].name[1])
    C. printf("%c\n",class[2].name)　　　　D. printf("%c\n",class[0].name)

三、填空题

1. 以下程序的运行结果是_____。

```
typedef union student {
   char name[10];
   long sno;
   char sex;
   float score[4];
}STU;
int main(){
   STU a[5];
   printf("%d\n",sizeof(a));
}
```

2. 若有以下说明和定义语句,则变量 w 在内存中所占的字节数是_____。

```
union aa {
   float x, y;
   char c[6];
};
struct st { union aa v; float w[5]; double ave; } w;
```

3. 定义结构体的关键字是_____。

4. 一个结构体变量所占用的空间是_____。

四、编程题

1. 定义一个能正常反映职工情况的结构体 employee,包含姓名、性别、年龄、所在部门和薪资。

2. 设有登记表的表头如表 8-1 所示,采用最佳方式对它进行类型定义。

表 8-1　登记表示例

姓名	性别	出生日期			家庭收入状况			家庭收入状况标记
		年	月	日	低收入	中等收入	高收入	

姓名用 name 表示；性别用 sex 表示；出生日期用 birthday 表示，年用 year 表示，月用 month 表示，日用 date 表示；家庭收入状况用 salary 表示，低收入用 low 表示，中等收入用 middle 表示，高收入用 high 表示；家庭收入状况标记用 mark 表示。

3. 从键盘任意输入某班 20 个学生的成绩(int 型)和学号(long 型)，编程打印最高分及其相应的学号。

第9章 指　针

【技能目标】　掌握利用指针实现对复杂数据结构的访问方法。

【知识目标】　指针是C语言一个重要的数据类型,利用指针可以有效地访问复杂的数据结构,动态分配内存,可以使程序更清晰,代码更紧凑,运行更高效。指针是C语言的精华。本章涉及以下知识点。

(1) 指针与指针变量。

(2) 指针与函数。

(3) 指针与数组。

(4) 指针与结构体。

(5) 多重指针。

通过本章的学习,达到以下的目标。

(1) 掌握指针的概念和运算规则。

(2) 掌握指针与数组、指针与函数、指针与结构、指针与字符串等知识。

(3) 熟悉用指针来建立动态数组和链表的应用。

【关键词】　指针(pointer),指针数组(array of pointers),地址运算符(address operator),多重间接(multiple indirection)。

【项目任务】　利用动态结构体数组实现学生基本信息的管理。

【项目解析】　要完成学生基本信息的录入、修改、查找、删除、统计等功能,可采用结构体数组并根据学生的人数动态分配数组空间的大小。要达到程序扩展性好,数据分层处理的要求,应注意如何定义数据结构,如何实现动态分配存储空间,数据如何分层处理,如何划分程序的层次模块。

9.1　指针与指针变量

在日常生活中,假设经理办公室在302室,要找经理有两种方法:①根据办公室的名称,即经理办公室;②根据办公室地址,即302室。

这里首先要区分三个比较接近的概念:名称、内容(值)和地址。内存中每个字节都有一个编号,就是地址,相当于"3楼302室";名称是给内存空间取的一个容易记忆的名字,即变量名,相当于"经理办公室";内容(值)是地址对应的内存单元中存放的数值,这里可以认为是房间内的人,"经理"就是该单元的值。

假设在办公楼的入口有传达室,传达室"保存"办公楼的所有房间的分布情况。如果经理有邮件,一种方法是将邮件放到传达室,由传达室的人将邮件送给经理;另一种方法是邮递员根据传达室指定的地址直接找到经理。这里传达室就是存放地址的地方,将其称为指针变量。

本节的任务是利用指针实现学生成绩输入及平均成绩统计。

9.1.1 指针的概念

指针与内存有着密切的联系,简单地说,指针是内存的地址常量,指针变量是指取值为地址的变量。

在 C 语言中,存取变量的值有两种方式:①直接使用变量,系统会准确地将值存入内存单元,编程时不必知道变量的具体地址;②将变量的地址存放到另一个特殊的变量中,通过这个特殊的变量,将值存入指定的内存单元。显然,使用方法②编程人员可以直接访问内存。

(1) 直接访问。按变量地址存取变量值的方式称为直接访问方式。定义了一个变量并编译后,变量名和变量地址之间有对应关系,对变量名的访问系统自动转换成利用地址对变量进行访问。

(2) 间接访问。将变量的地址存放在一种特殊变量中(指针变量),利用这个特殊变量进行访问的方式称为"间接访问"。

例如,有如下的定义:

```
char c_var;
int i_var;
float f_var;
```

计算机在内存中分别分配 1 个字节、2 个字节、4 个字节的内存空间给变量 c_var、i_var、f_var。设 c_var='a',其存放的地址为 2000H。可以用一个变量 pc_var 来存放地址 2000H,即可通过 pc_var 访问 c_var 的值,如图 9-1 所示,将 pc_var 称为指针变量,即存放变量地址的变量是指针变量。

图 9-1 指针与内存地址

9.1.2 指针变量的定义

指针变量在使用之前不仅要定义,而且必须赋予具体的值。未经赋值的指针变量不能使用。指针变量的赋值只能赋予地址,绝不能赋予任何其他数据,否则将引起错误。在C语言中,变量的地址是由编译系统分配的,对用户完全透明,用户不知道变量的具体地址。

对指针变量的定义包括 3 个内容。

(1) 指针类型说明,即定义变量为一个指针变量。

(2) 指针变量名。

(3) 指针所指向的变量的数据类型。

定义指针变量的一般形式如下。

数据类型 * 变量名;

说明:

(1) C 语言规定所有变量必须先定义后使用,指针变量也不例外, * 表示这是一个指针变量。

(2) 定义指针变量时必须指出指针变量所指向的变量的类型。

例如:

int * pointer;

表示 pointer 是一个指针变量,它的值是某个整型变量的地址。或者说 pointer 指向一个整型变量。至于 pointer 究竟指向哪一个整型变量,应由向 pointer 赋予的地址来决定。例如:

```
int * i_pointer;      /* i_pointer 是指向整型变量的指针变量 */
float * f_pointer;    /* f_pointer 是指向浮点变量的指针变量 */
char * c_pointer;     /* c_pointer 是指向字符变量的指针变量 */
```

9.1.3　指针运算符

有两个专有运算符与指针相关。

1. 取地址运算符 &

& 运算符的使用形式如下。

& 变量名;

其中, & 是一元运算符,它返回变量的地址,如图 9-2 所示。

例如,可以在定义指针变量时赋初值:

```
int count;
int * p=&count;          //将变量 count 的地址赋值给指针变量 p
```

也可以先定义指针变量,然后给指针变量赋值:

```
int count, * p;
p=&count;
```

图 9-2　取地址运算

🔔 **注意:**

(1) 不允许把一个数赋予指针变量,因此下面的赋值是错误的。

```
int * p;
p=1000;
```

(2) 被赋值的指针变量前不能再加"*"运算符,如写为 *p=&a 也是错误的。

2. 指针运算符 *(或称间接访问运算符)

指针运算符 * 的使用形式如下。

*变量名

*运算符是一元运算符,它返回跟在后面的变量中所存放的地址。例如:

```
int count,Number;
int * pc=&count, * pn=&Number
```

变量 pc 指向整型变量 count,假设变量 count 的地址为 4000H,这个赋值可形象理解为图 9-3 所示的联系。

如果有 *pc=80;则相当于 count=80。

定义指针的目的是为了通过指针去访问内存单元。

图 9-3 指针运算 *

【例 9-1】 阅读下面的程序,分析程序执行的结果。

```
#include <stdio.h>
void main(){
    int count,temp;
    int * ipc;
    count=100;
    ipc=&count;
    temp= * ipc;
    printf("%d",temp);
}
```

程序运行结果:

```
100
```

程序说明:程序中定义了两个整型变量 count、temp 和一个指向整型变量的指针 ipc,当执行语句 temp= * ipc 时,表示将 ipc 指向的存储单元中的值赋给变量 temp,相当于将变量 count 的值赋给 temp。

🔔 **注意:** 必须保证指针变量始终指向正确类型的数据。例如,以下程序并不将 x 的值赋给 y,因为 p 被说明为一个整型指针,所以仅有两个字节被传给 y,而浮点数占用 4 个字节。

```
void main(){
    float x,y;
```

```
int * p;
x=12.5;
p=&x;
y= * p;
}
```

9.1.4　指针表达式

含有指针的表达式与其他 C 表达式具有相同的规则。

1. 指针赋值

指针变量的赋值运算有以下几种形式。

（1）指针变量初始化，前面已经介绍。

（2）把一个变量的地址赋予指向相同数据类型的指针变量。例如：

```
int a, * pa;
pa=&a;              //把整型变量 a 的地址赋给整型指针变量 pa
```

（3）把一个指针变量的值赋予指向相同类型变量的另一个指针变量。例如：

```
int a, * pa=&a, * pb;
pb=pa;              //把 a 的地址赋予指针变量 pb
```

由于 pa、pb 均为指向整型变量的指针变量，因此可以相互赋值。

【例 9-2】　分析下面的程序。

```
# include < stdio.h>
void main(){
  int x,y;
  int * ipx, * ipy;
  x=12;y=21;
  ipx=&x;ipy=&y;
  printf("x=%d\t y=%d\n",x,y);
  printf(" * ipx=%d\t * ipy=%d\n", * ipx, * ipy);
   * ipy= * ipx;
  printf("x=%d\t y=%d\n",x,y);
  printf(" * ipx=%d\t * ipy=%d\n", * ipx, * ipy);
   * ipy=45;ipx=ipy;
  printf("x=%d\t y=%d\n",x,y);
  printf(" * ipx=%d\t * ipy=%d\n", * ipx, * ipy);
}
```

程序运行结果：

```
x=12        y=21
*ipx=12     *ipy=21
x=12        y=12
*ipx=12     *ipy=12
x=12        y=45
*ipx=45     *ipy=45
```

程序说明：

① 执行以下语句段后，建立了如图9-4(a)所示的联系。

```
int x,y;  int * ipx, * ipy;
    x=12; y=21;
    ipx=&x; ipy=&y
```

（a）指针赋值1

② 执行以下语句后，将 x 的值赋给 y，如图9-4(b)所示。

```
* ipy= * ipx;
```

（b）指针赋值2

③ 执行以下语句后，y 的值为45，如图9-4(c)所示。

```
* ipy=45;
```

（c）指针赋值3

④ 执行以下语句后，ipx 和 ipy 指向同一个对象 y，此时 * ipx 的值就是 y 的值，如图9-4(d)所示。

```
ipx=ipy;
```

（d）指针赋值4

图9-4　指针赋值

🔔 **注意**：指针的赋值运算，只能是相同类型的指针进行赋值，否则，将产生意想不到的后果。

【例9-3】 输入 a 和 b 两个整数，按先大后小的顺序输出 a 和 b。

```
#include <stdio.h>
void main(){
  int * pmax, * pmin, * p,a,b;
  printf("输入两个整数 a,b:");
  scanf("%d,%d",&a, &b);
  pmax=&a; pmin=&b;
  if(a<b)
    {p=pmax; pmax=pmin; pmin=p; }
  printf("a=%d,b=%d\n",a,b);
  printf("max=%d,min=%d\n", * pmax, * pmin);
}
```

程序运行结果：

```
输入两个整数a,b:3,4
a=3,b=4
max=4,min=3
```

程序说明：这里通过交换指针来实现两个数据的比较。在两个指针的交换过程中，a、b 的值不会发生变化。各变量的初始状态和交换指针前后的情况如图9-5所示。

从这里知道，可以通过指针变量间接访问另一变量，采用这种方式，在复杂程序设计中，可以提高程序的效率并使程序非常简单。

（4）把数组的首地址赋予指向数组的指针变量。

（5）把字符串的首地址赋予指向字符类型的指针变量。

（6）把函数的入口地址赋予指向函数的指针变量。

图 9-5 例 9-3 示意图

2. 指针运算

只有两种算术运算可用于指针：加和减。

1）指针与整数的加减运算

可通过对指针与一个整数进行加、减运算来移动指针。

指针变量+n；
指针变量-n；

其中，n 是整数，+表示指针向地址增大的方向移动；-表示指针向地址减小的方向移动。移动的具体长度取决于指针的数据类型。

设 p 是指向 type 类型的指针，则指行 p＝p＋n 后，p 将在原有值的基础上移动 n 个元素的位置。相当于增加了 n * sizeof(type)个字节的位置。例如：

```
int array[5], * pa;
pa=array;               //pa 指向数组 array,也是指向 array[0]
pa=pa+2;                //pa 指向 array[2],即 pa 的值为 &pa[2]
```

2）指针变量的增量与减量运算

指针变量++；   指针变量--；
++指针变量；   --指针变量；

以上语句相当于指针变量向增大的方向或向减小的方向移动一个元素。

🔔 **注意**：* 与＋＋、－－连用时的结合性如下。

（1）* p++等价于 *（p++），表示取出 p 当前指向的单元中的值，然后 p 指针指向下一个元素。

（2）* ＋＋p 等价于 *（＋＋p），表示移动 p 指向下一个元素，然后取出 s 所指向的单元中的值。

（3）＋＋* p 等价于＋＋（* p），表示将 p 指向的数据元素加 1。

（4）（* p）＋＋，表示取出 p 指向的单元的地址，然后将其中的数据元素加 1。

例如：

```
int array[5], * pa;
pa=array;                 //pa 指向数组 array,也是指向 array[0]
pa=pa++;                  //pa 指向 array[1],即 pa 的值为 &pa[1]
```

3. 指针比较

两个同类型的指针,或者一个指针和一个地址量可以进行比较,其比较的结果表示两个指针所指对象的存储位置之间的前后关系,或指针所指对象的存储位置与另一个地址的前后关系。

```
pf1==pf2                  //表示 pf1 和 pf2 指向同一数据元素
pf1>pf2                   //表示 pf1 处于高地址位置
pf1<pf2                   //表示 pf2 处于低地址位置
```

不同类型的指针比较、指针与整数数据的比较没有实际意义。指针变量还可以与 0 比较。p==0 表示 p 指针为空,它不指向任何变量;p!=0 表示指针不为空。空指针是由对指针变量赋予 0 值而得到的。例如:

```
#define NULL 0
int * p=NULL;
```

对指针变量赋 0 值和不赋值是不同的。指针变量未赋值时,可以是任意值,是不能使用的,否则将造成意外错误。而指针变量赋 0 值后,则可以使用,只是它不指向具体的变量而已。

在 C 语言中,编程时,判断指针 p 为空也可以表示为 if(!p);判断 p 指针不为空可以表示为 if(p)。

9.1.5　存储空间的动态分配

在程序运行过程中,数组的大小是不能改变的,称其为静态数组,静态数组应用于编程时无法确认数据量的情况,有可能出现分配的存储空间不够或剩余太多。在 C 语言中提供了内存管理函数,使用这些函数就可以按需动态指定数组的大小,这种数组也称为动态数组。

常用的内存管理函数有 malloc、calloc、realloc 和 free。

1. 分配内存空间函数 malloc

函数原型:

```
void * malloc(unsingned int size)
```

功能:在内存的动态存储区中分配一块长度为 size 个字节的连续区域。如果申请成功,函数的返回值为该区域的首地址,否则返回空指针。

🔔 **注意**：该函数返回的指针为 void 类型，所以在实际使用时，必须将其返回值强制转换为被赋值指针变量的数据类型，即调用形式如下。

```
(类型说明符 * ) malloc(size)
```

例如，pc＝(char ＊)malloc(100)；表示分配 100 个字节的内存空间，并强制转换为字符数组类型，函数的返回值为指向该字符数组的首地址，并把该地址赋予指针变量 pc。

2. 分配内存空间函数 calloc

函数原型：

```
void  calloc(unsigned n,unsingned int size)
```

功能：在内存动态存储区中分配 n 块长度为 size 个字节的连续区域。函数的返回值为该区域的首地址。

函数 calloc 与函数 malloc 的区别仅在于一次可以分配 n 块区域。例如：

```
ps=(float * )calloc(20,sizeof(float));
```

其中，sizeof(float)是求 float 类型的数据长度。因此该语句表示按 4 个字节的长度分配 20 个单元的连续区域。

3. 重新分配内存空间 realloc()

函数原型：

```
void * realloc(void * ptr, unsigned int newsize);
```

功能：改变 ptr 所指内存区域的大小为 newsize。如果重新分配成功则返回指向被分配内存的指针，否则返回空指针 NULL。原来存储空间的内容不变。

realloc 不能保证重新分配后的内存空间和原来的内存空间指向同一内存地址，它返回的指针很可能指向一个新的地址。所以，在代码中，必须把 realloc 返回的值重新赋给 p，例如，p＝(char ＊) realloc (ptr, old_size＋new_size)；表示在原来 ptr 指针的基础上分配连续的 old_size＋new_size 个存储单元，返回一个指针赋值给 p。

4. 释放内存空间函数 free

函数原型：

```
void free(void * ptr)
```

功能：释放 ptr 所指向的一块内存空间，ptr 是一个任意类型的指针变量，它指向被释放区域的首地址。被释放的区域应是由 malloc 或 calloc 函数所分配的区域。原则上，动态申请的存储空间在操作结束后，应及时使用 free 函数予以释放。

ANSI C 要求在使用动态分配函数时用＃include 命令将 stdlib.h 文件包含进来。

9.1.6 任务 9-1 利用指针访问数据

1. 任务分析

输入 N 个学生成绩,统计其平均成绩。定义指针变量 * pscore 和 * psum 分别指向 score 和 sum,循环输入学生成绩并统计其总分,当输入完 N 个学生成绩后,计算其平均成绩。程序流程图如图 9-6 所示。

图 9-6 任务 9-1 程序流程图

2. 任务实施

根据任务分析,编写如下代码。

```c
#include <stdio.h>
#define N 5
void main(){
  int i;
  float score,sum;
  float * pscore=&score, * psum=&sum;
  * psum=0;
  printf("输入%d 个成绩数据\n",N);
  for (i=0;i<N;i++){
    scanf("%f",pscore);              //输入学生成绩
    * psum+= * pscore;               //统计总分
  }
  * psum= * psum/N;                  //计算平均成绩
  printf("%5.2f", * psum);
}
```

294

程序说明：

（1）在定义指针变量后，必须对其进行初始化，即

float * pscore=&score,* psum=∑

（2）对指针变量也可以动态分配存储空间。

```
# include <malloc.h>
void main(){
  int i;
  float * pscore, * psum;
  pscore=(float * )malloc(sizeof(float));
  psum=(float * )malloc(sizeof(float));
  * psum=0;
  ...
}
```

3. 拓展训练

在原程序的基础上，求最高分和最低分。

9.2　指针与函数

在结构化程序设计中，程序模块可共享十分重要。信息系统的设计中，很多的功能是相似的，如学生信息管理、职工信息管理、通信录管理，其操作和处理的基本方法相同，只是处理的对象不同。在程序设计时，将涉及对处理对象的函数调用设置为动态处理，即根据不同的对象自动调用不同的函数，此时可利用指向函数的指针，这就最大限度地实现了程序模块的通用性。

9.2.1　指针变量作为函数的参数

函数的参数可以是指针类型。函数传递参数的方式有两种，一种是传值，另一种是传地址，传值是单向传递，传地址是双向传递。将指针作为函数的参数就是传地址的方式。它的作用是把地址传给被调函数。

【例 9-4】 输入的两个整数，并按大小顺序输出。

```
# include <stdio.h>
void swap(int * px,int * py){
  int temp;
  temp= * px;
  * px= * py;
  * py=temp;
}
```

```
void main(){
  int a,b;
  int * pa, * pb;
  printf("输入两个整数 a,b: ");
  scanf("%d,%d",&a,&b);
  pa=&a;pb=&b;
  if(a<b) swap(pa,pb);
  printf("a=%d,b=%d\n",a,b);
}
```

程序运行结果：

```
输入两个整数a,b: 5,6
a=6,b=5
```

程序说明：

(1) pa 指向变量 a,pb 指向变量 b,即 pa 指向的存储单元中的值为 a 的值,pb 指向的存储单元中的值为 b 的值。运行时输入 5,6(a=5,b=6),传值过程如图 9-7 所示。

(a) 传值，将pb传递给py　　　(b) 交换px与py指针指向的　　　(c) 完成a,b数据
　　　　　　　　　　　　　　　　存储单元中的数据　　　　　　　的交换

图 9-7　例 9-4 示意图

(2) 调用函数 swap 时,将实参 pa、pb 的值传递给形参 px、py,即形参 px 指向变量 a,形参 py 指向变量 b。

(3) swap 的函数体实现将指针 px 指向的存储单元中的值与指针 py 指向的存储单元中的值交换,如图 9-7(b)所示。

(4) 函数调用结束后,形参 px、py 将释放,如图 9-7(c)所示。最后在函数 main 中输出的 a 和 b 的值即为交换后的值(a=6,b=5)。

不正确的使用及处理如下。

(1) 函数 swap 中的中间变量定义成指针类型变量,将出现语法错误,原因是变量 temp 无指向,所以不能引用变量 * temp。

```
void swap(int * px,int * py){
  int * temp;
  * temp= * px;
  * px= * py;
```

296

```
    * py= * temp;
}
```

（2）在被调函数中进行地址交换：

```
void swap(int * px,int * py)
{
    int * temp;
    temp=px;
    px=py;
    py=tem;
}
```

函数 swap 调用结束后，变量 a 和 b 中的值没有交换。原因是函数 swap 交换了变量 px、py 的值，无法通过值传递形式返回主函数中的 pa、pb。

（3）利用普通变量作函数参数：

```
void swap(int x, int y)
{
    int temp;
    temp=x;
    x=y;
    y=temp;
}
```

函数 main 中直接将 a、b 作为实参传递给 swap 函数，形参数据在 swap 函数中交换后并不返回主函数。

9.2.2　函数 main 的参数

到现在为止，使用函数 main 时都是不带参数的，其实函数 main 也可以有参数。函数 main 中可以写两个形式参数，一般形式如下。

```
void main(int argc,char * argv[])
```

第一个形式参数是整型变量，其值为第二个形式参数中字符串的个数加 1。第二个参数是一个指针数组，其元素指向字符型数据。

函数 main 由系统调用，不能被其他函数调用，所以该函数的参数只能从程序以外传递而来。当程序编译链接生成可执行文件后，让系统处于操作命令状态时，输入生成的执行文件名以及参数，这时系统将输入的参数传递给函数 main。用下面的例来观察这两个参数的值。

【例 9-5】　函数 main 的参数。

```
#include <stdio.h>
void main(int argc,char * argv[]){
    int i=0;
    printf("argc=%d\n",argc);
```

```
while(argc>0){
    printf("argv[%d]:%s\n",i, * argv);
    argv++;argc--;
    i++;
}
}
```

程序运行结果:

```
D:\>prg p1 p2 p3 p4
argc=5
argv[0]:prg
argv[1]:p1
argv[2]:p2
argv[3]:p3
argv[4]:p4
```

程序说明:

(1) 通过运行该程序可以观察 main()函数参数的传递情况。

(2) prg 是程序名,程序名后面是参数,参数之间用空格作分隔符。

(3) 程序运行时输入了 3 个参数,所以 argc 的值为 4。argv[0]的值是程序名, argv[1]、argv[1]、argv[2]是输入的参数。

【例 9-6】 求 $n!$。变量 N 作为 main 的参数在运行时传入。

```
void main(int argc,char * n[]){
    int i,N;
    long fact=1;
    if (n[1]==0) {printf("请输入参数,eg: fact 5");exit(0); }
    N=atoi(n[1]);
    for (i=1;i<=N;i++)
        fact * =i;
    printf("%d!=%ld",N,fact);
}
```

程序运行结果:

```
D:\>fact 5
5!=120
```

程序说明:变量 N 用来接收参数,即 n[1],函数 atoi 用来实现将字符串转化为整型, 它包含在 stdlib.h 头文件中。

9.2.3　指针函数

可以将函数的返回值定义为指针类型。若函数的返回值为指针类型,则称该函数为 指针函数。

定义指针函数的一般形式如下。

```
数据类型 * 函数名(形式参数表){
    函数体
}
```

函数名前的"＊"声明函数返回一个指针(地址)。

【例 9-7】　通过指针函数,输入一个 1～7 之间的整数,输出对应的星期名。

```
#include <stdio.h>
#include <stdlib.h>
char * day_name(int n){
  char * name[]={"Illegal day","Monday","Tuesday","Wednesday","Thursday",
                 "Friday", "Saturday", "Sunday"};
  return((n<1||n>7) ? name[0] : name[n]);
}
void main(){
  int i;
  char * day_name(int n);
  char * ptr;
  printf("input Day No:\n");
  scanf("%d",&i);
  if(i<0) exit(1);
  ptr=day_name(i);
  printf("Day No:%2d-->%s\n",i,ptr);
}
```

程序运行结果:

```
input Day No:
5
Day No: 5-->Friday
```

程序说明:

(1) 定义一个指针函数 day_name,它的返回值指向一个字符串。

(2) 函数中定义了一个静态指针数组 name,初始化为 8 个字符串,分别表示各个星期名及出错提示。形参 n 表示与星期名所对应的整数。

(3) 在函数 main 中,把输入的整数 i 作为实参,在 printf 语句中调用函数 day_name 并把 i 的值传递给形参 n。函数 day_name 中的 return 语句包含一个条件表达式,n 值若大于 7 或小于 1,则把 name[0]指针返回函数 main,将 name[0]的地址赋值给 ptr,输出出错提示字符串"Illegal day";否则返回函数 main,将 name[i]的地址赋值给 ptr,输出对应的星期名,如图 9-8 所示。

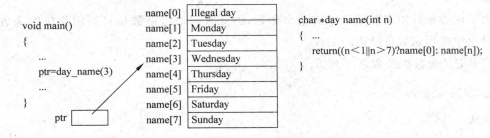

图 9-8　例 9-7 示意图

9.2.4　函数指针

在程序设计中,有时需要连续处理不同类型的事务,若用函数来处理这些事务,就要多次调用这些函数。如果能将这些函数存放在一个数组中,利用循环来自动调用这些函数,这样,程序的可维护性、可读性就可提高。另一种情况,例如,用选择排序法实现对数组元素排序时,无论数组元素是什么类型,其排序的算法是相同的,只是比较的两个元素的大小的算法与元素的数据类型有关。可以将数据比较算法作为排序算法的一个函数参数,根据不同的数据类型传递不同的函数地址,这样就保证了程序代码的可重用性。要解决这些问题,可以采用指向函数的指针。

1. 用函数指针变量调用函数

在 C 语言中,函数本身不是变量,但可以定义指向函数的指针,这种指针可以被赋值并存放于数组中。

在程序运行时,函数代码是程序的一部分,它们和数组一样也占用存储空间,都有相应的地址。当函数编译后被分配的入口地址称为函数的指针,使用指针变量指向函数代码的首地址,这个指针变量称为函数指针。

函数指针变量也要先定义后使用,其一般形式如下。

函数值类型 (＊指针变量名)(参数);

函数值类型表示函数的返回值类型;参数表示传递给函数的参数。

(1) 区分函数指针与指针函数。例如:

```
int ＊ fun();              //整型指针函数
int (＊ fun)();            //函数指针,该函数的返回值为整型
```

＊fun 必须用括号括起来,表示该变量为函数指针。

(2) 函数指针变量可以像函数名一样进行函数调用。不同的是,函数名是函数指针常量,而函数指针变量可以在程序运行时通过赋值指向不同的函数。

(3) 函数指针变量所指向的函数类型、参数个数、参数类型必须和函数指针变量的定义一致。

由于函数指针指向存储区中的某个函数,因此可以通过函数指针调用相应的函数。下面讨论如何用函数指针调用函数。

(1) 定义函数指针变量。例如:

```
void (＊ FunP)(int);
```

也可写成

```
void (＊ FunP)(int x);
```

（2）要对函数指针变量赋值。例如：

FunP=MyFun;　　　　　　　//将函数 MyFun 的地址赋给变量 FunP(MyFun(x)必须先定义)

也可以写成

FunP=&MyFun　　　　　　　//将函数 MyFun 的地址赋给 FunP 变量

（3）用"（＊指针变量）(参数表)；"形式调用函数。例如：

FunP(x);　　　　　　　　　//通过函数指针变量来调用函数 MyFun(x 必须先赋值)

也可以写成

（＊FunP)(x);　　　　　　　//通过函数指针变量来调用函数 MyFun

【例 9-8】　通过函数指针调用函数。

```
#include <stdio.h>
int Max(int a,int b){
  return a>b?a:b;
}
int Min(int a,int b){
  return a>b?b:a;
}
int  Add(int a,int b){
  return a+b;
}
void main(){
  int x,y;
  x=12;y=21;
  int (*function)(int a,int b);
  function=Max;
  printf("\nMax: %d",function(x,y));
  function=Min;
  printf("\nMin: %d",function(x,y));
  function=Add;
  printf("\nx+y: %d",function(x,y));
}
```

程序运行结果：

```
Max: 21
Min: 12
x+y: 33
```

程序说明：在函数 main 中定义了一个函数指针变量 function,通过将不同的函数名（函数指针)赋值给 function,就可以使 function 指向不同的函数。

注意：指向函数的指针变量没有＋＋和－－运算,用时要小心。

可以定义一个指针数组,将指向函数的指针存放到该数组中,这样就实现了动态地调用函数。

修改上面的程序:

```
int ( * pfun[3]) (int,int) = {Max, Min, Add };
//定义一个函数指针数组并初始化
void main() {
  int i;
  int x=12, y=21;
  for (i=0; i<3; i++)
    printf("%d", pfun[i](x, y));
}
```

2. 用函数指针变量作为函数的参数

将函数指针变量作为函数的参数,可以把被调函数的入口地址传递给函数。当函数指针所指向的目标不同时,在函数中就调用了不同的被调函数。

【例 9-9】 观察程序执行结果。

```
# include <stdio.h>
void caller(void( * ptr)()) {
  ptr();              //调用 ptr 指向的函数
}
void func() {
  printf("call func");
}
void main() {
  void ( * p)();
  p=func;
  caller(p);          /* 传递函数地址到调用者 */
}
```

程序运行结果:

```
call func
```

程序说明:

(1) void (* p)();定义一个指向函数的指针,函数指针类型为 void,无参数。

(2) p = func;将指针指向函数 func;,该函数的类型为 void,无参数,与函数指针 p 一致。

(3) caller(p);调用函数 caller,该函数的形式参数 void(* ptr)()为函数指针变量,将实际参数 p 传递给 ptr,相当于执行 func()。

注意:函数指针的类型、参数类型、参数个数必须与所指向的函数类型、参数类型、参数个数一致。

如果赋了不同的值给 p(不同函数地址),那么调用者将调用不同的函数。赋值可以发生在运行时,这样能实现动态绑定。

9.2.5　任务 9-2　创建静态成绩表

1. 任务分析

创建一个班级的学生的静态成绩表。

利用结构数组创建一个静态顺序表,实现增加数据元素,输出表中的所有数据元素的基本功能。将输入、输出学生信息作为一个独立的函数模块,当要向表中增加、输出学生信息时,利用指向函数的指针指向对应的函数。

2. 任务实施

定义一个学生类型 student,包含学号、姓名、成绩等成员,可利用项目 8 中的数据结构。

定义如下函数。

```
void AppData(Classes &Myclass,int (* InputData)(Data&s))   /*增加数据元素*/
void Traverse(Table Myclass,void (* Visited)(Data))  /*输出顺序表中的数据元素*/
```

函数的调用关系及程序流程图如图 9-9 所示。

图 9-9　任务 9-2 示意图

按如下步骤实施。

(1) 建立项目 STUMIS。

(2) 将项目 8 中的头文件 Data.h、ERROR.H 加入项目。

(3) 将项目 8 中的头文件 ElemData.h 加入项目。

(4) 将项目 8 中的头文件 Table.h 加入项目,并修改函数 Traverse。

```
void Traverse(Table T,void (* Visited)(Data))
```

```
{
  int i;
  printf(HEAD);
  for (i=0;i<T.count;i++)
    Visited(T.Element[i]);
}
```

(5) 新建源文件 Main.cpp,其代码如下。

```
#define HEAD "学号\t 姓名\t 成绩\n"
#define MENUHAED "1.增加学生记录 2.输出学生记录 0.退出 \n"
#include "table.h"
typedef Table Classes;
//功能：增加学生信息
//参数：cla 为学生信息表,* InputData 为函数指针
void AppData(Classes &cla,int ( * InputData)(Data &s)){
  Data s;
  while(InputData(s))
    Append(cla,s);
}
  //主控菜单
void main(){
  Table cla;
  int ch;
  cla.count=0;     //初始化学生信息表
  while(1){
    ch=Menu(MENUHAED,0,2);
    switch(ch){
      case 0:exit(0);break;
      case 1:AppData(cla,Input);break;
      case 2: Traverse(cla,Display);break;
    }
  }
}
```

3. 拓展训练

编写创建工资表的程序。

9.3　指针与数组

当定义一个数组后,就为数组分配了一块连续的内存单元,每个数组元素按其类型不同占用相应的内存单元,数组名就是这块连续内存单元的首地址。既然指针变量的值是一个地址,用指针变量存放数组的首址或数组元素的地址,就可以很方便地访问数组中的各个元素。本节将探讨如何利用指针间接地访问数组中的元素,根据数组元素的多少来动态地创建顺序表,实现对学生信息的管理。

9.3.1　指针与一维数组

1. 指向一维数组的指针变量

定义数组指针变量的一般形式如下。

数据类型　＊指针变量；

可以看出，定义指向数组的指针变量和指向普通变量的指针变量的形式是相同的。例如：

```
int number[10];        //定义 number 为包含 10 个整型数据的数组
int ＊ pointer;         //定义 pointer 为指向整型变量的指针
```

下面的语句把元素 a[0] 的地址赋给指针变量 p。也就是说，p 指向数组 a 的元素 a[0]。因此，下面两条语句等价。

```
pointer=&number[0];
pointer=number;
```

pointer、number、&number[0] 均指向同一单元，它们是数组 number 的首地址，也是第 0 号元素 number[0] 的首地址。

📣 **注意**：

（1）数组为 int 型，所以指针变量也应为 int 型。

（2）pointer 是变量，而 number、&number[0] 都是常量。在编程时应予以注意。

所以：

```
pointer++;             //正确，指针指向下一个数据元素
number++;              //错误，因为 number 是常量
```

【例 9-10】　显示数组元素的地址。

```
#include <stdio.h>
void main(){
  short int i[3]={0};
  float f[3]={0};
  double d[3]={0};
  int k;
  printf("\tint 类型\t\tfloat 类型\tdouble 类型");
  for (k=0;k<3;k++)
    printf("\n 元素%d:\t%ld\t%ld\t%ld",k,i+k,f+k,d+k);
}
```

程序运行结果：

```
          int类型          float类型          double类型
元素0:   4126652          4126632          4126600
元素1:   4126654          4126636          4126608
元素2:   4126656          4126640          4126616
```

305

程序说明：程序在编译后，会根据不同的数据类型确定不同的偏移量。在 Visual C++ 6.0 中，short 类型的偏移量为 2 个字节，int 和 float 类型的偏移量为 4 个字节，double 类型的偏移量为 8 个字节。i+k、f+k、d+k 表示第 k 个元素的地址。

2. 通过指针访问数组元素

引入指针变量后，就可以用两种方法来访问数组元素了。

例如，有如下的定义：

```
int number[10], * pointer=&number[0];
```

（1）pointer+i 和 number+i 就是 number[i]的地址，或者说它们指向 number 数组的第 i 个元素。

（2）*（pointer+i）或 *（number+i）就是 pointer+i 或 number+i 所指向的数组元素，即 number[i]。

（3）指向数组的指针变量也可以带下标，如 pointer[i]与 *（pointer+i）等价。

这样，要访问数组元素可以用以下方法，如图 9-10 所示。

图 9-10　指向数组的指针

（1）下标法，用 number[i]形式访问数组元素。在前面介绍数组时都是采用这种方法。

（2）指针法，用 *（pointer+i）形式访问数组元素，pointer 是指向数组的指针变量，其初始值为 number 或 &number[0]。

（3）地址法，用 *（number+i）形式访问数组元素，其中 number 是数组名。

【例 9-11】　输出数组中的所有元素。

方法一：使用下标法。

```
#include <stdio.h>
void main(){
  int i,number[10]={1,2,3,4,5,6,7,8,9,10};
  for (i=0;i<10;i++)
    printf("%d\t",number[i]);
}
```

方法二：地址法。

```
#include <stdio.h>
void main(){
  int i,number[10]={1,2,3,4,5,6,7,8,9,10};
  for (i=0;i<10;i++)
    printf("%d\t", *(number+i));
}
```

方法三：指针法。

```
#include <stdio.h>
void main(){
  int number[10]={1,2,3,4,5,6,7,8,9,10}, *pointer;
  for (pointer=number;p<number+10;p++)
    printf("%d\t", *pointer);
}
```

或者

```
void main(){
  int i,number[10]={1,2,3,4,5,6,7,8,9,10}, *pointer=number;
  for (i=0;i<10;i++)
    printf("%d\t", *pointer++);
}
```

程序运行结果：

```
1   2   3   4   5   6   7   8   9   10
```

程序说明：

(1) pointer＝number 表示 pointer 指向 number 的首地址。

(2) pointer＋＋表示指针指向下一个元素。

(3) pointer＜number＋10 表示指针没有指向最后一个元素。

(4) ＊pointer＋＋等价于＊(pointer＋＋)，即＊pointer;pointer＋＋。

🔔 注意：

(1) ＊p＋＋,由于＋＋和＊同优先级,结合方向自右而左,等价于＊(p＋＋)。

(2) ＊(p＋＋)与＊(＋＋p)作用不同。若 p 的初值为 a,则＊(p＋＋)等价于 a[0],＊(＋＋p)等价于 a[1]。

(3) (＊p)＋＋表示 p 所指向的元素值加 1。

(4) 如果 pointer 当前指向 number 数组中的第 i 个元素,则＊(pointer－－)相当于 number[i－－]、＊(＋＋pointer)相当于 number[＋＋i]、＊(－－pointer)相当于 number[－－i]。

(5) 指针变量可以实现本身的值的改变,如 pointer＋＋是合法的;而 number＋＋是错误的。因为 number 是数组名,它是数组的首地址,是常量。

(6) 编程时要注意指针变量的当前值。看下面的例子。

```
void main(){
  int * p,i,a[10];
  p=a;
  for(i=0;i<10;i++)
    * p++=i;
  for(i=0;i<10;i++)
    printf("a[%d]=%d\n",i, * p++);
}
```

可以将其修改为以下形式。

```
void main(){
  int * p,i,a[10];
  p=a;
  for(i=0;i<10;i++)
    * p++=i;
  p=a;            //指针复位到首地址
  for(i=0;i<10;i++)
    printf("a[%d]=%d\n",i, * p++);
}
```

3. 定义动态数组

在数组应用中,如果定义的静态数组太小,有可能不满足应用的需求;如果太大,则浪费存储空间。这种情况下,采用动态内存分配的方式可以满足实际需要多少存储空间就分配多少存储空间的需要。

【例 9-12】 使用动态内存分配的方式,为 n 个整型变量分配存储空间并依次赋值为 $1 \sim n$,然后输出并回收存储空间。

```
#include "stdio.h"
#include "stdlib.h"
void main(){
  int i,n, * ptr;
  printf("输入数组元素的个数:");
  scanf("%d",&n);
  ptr=(int * )malloc(n * sizeof(int));            //申请存储空间
  if (!ptr) exit(0);
  for (i=0;i<n;i++)                               //给动态数组赋值
    * (ptr+i)=i+1;
  printf("数组元素为:\n");
  for (i=0;i<n;i++)
  printf("%5d", * (ptr+i));
  free(ptr);
}
```

程序运行结果:

```
输入数组元素的个数:5
数组元素为:
    1    2    3    4    5
```

308

程序说明：

（1）语句 ptr＝(int *)malloc(n * sizeof(int))；申请 n 个连续的存储单元，每个存储单元占用 sizeof(int)个字节，若申请成功，返回一个指向其首地址的指针，指针类型为int，否则返回 NULL。

（2）if (!ptr) exit(0)表示如果申请失败则退出。

（3）* (ptr＋i)＝i＋1 用于将 i＋1 赋值给第 i 个存储单元，ptr 是存储空间的首地址。

9.3.2　指针与多维数组

指针变量可以指向一维数组，也可以指向多维数组。指向多维数组首地址的指针变量称为多维数组指针变量。多维数组指针并不是一维数组指针的简单拓展，它具有自己的独特性质，在概念上和使用上，多维数组指针一维数组指针更复杂。下面以二维数组为例介绍多维数组指针变量。

1. 多维数组的地址

多维数组的首地址是这片连续存储空间的起始地址，它既可以用数组名表示，也可以用数组中第一个元素的地址表示。

设有一个二维数组 Array [3][4]，其定义如下：

```
int Array[3][4]={{1,2,3,4},{5,6,7,8},{9,10,11,12}};
```

设数组 Array 的首地址为 2000，各下标变量的首地址及其值如图 9-11 所示。

C 语言允许把一个二维数组分解为多个一维数组来处理。因此数组 Array 可分解为3 个一维数组，即 Array[0]、Array[1]、Array[2]。每个一维数组又含有 4 个元素，如图 9-12所示。

2000 1	2002 2	2004 3	2006 4
2008 5	2010 6	2012 7	2014 8
2016 9	2018 10	2020 11	2022 12

图 9-11　多维数组数据元素与地址的关系

Array[0]	1	2	3	4
Array[1]	5	6	7	8
Array[2]	9	10	11	12

图 9-12　二维数组与一维数组的关系

例如，Array[0]数组含有 Array[0][0]、Array[0][1]、Array[0][2]、Array[0][3]共4 个元素。

从二维数组的角度来看，Array 是二维数组名，Array 代表整个二维数组的首地址，也是二维数组 0 行的首地址，等于 2000。Array＋1 代表第一行的首地址，等于 2008，如图 9-13 所示。

Array[0]是第 1 个一维数组的数组名和首地址，因此也为 2000。

* （Array＋0）或 * Array 是与 Array[0]等效的，它表示一维数组 Array[0]的元素

图 9-13　二维数组元素的地址

Array[0][0]的首地址,也为 2000。

&Array[0][0]是二维数组 Array 的 0 行 0 列元素首地址,同样是 2000。因此,Array+0、Array[0]、*(Array+0)、*Array、&Array[0][0]是等同的。

以此类推,Array+1 是二维数组第 1 行的首地址,等于 2008。Array[1]是第 2 个一维数组的数组名和首地址,因此也为 2008。&Array[1][0]是二维数组 Array 的 1 行 0 列元素地址,也是 2008。因此,Array+1、Array[1]、*(Array+1)、&Array[1][0]是等同的。因此,Array+i、Array[i]、*(Array+i)、&Array[i][0]是等同的。

此外,&Array[i]和 Array[i]也是等同的。因为在二维数组中不能把 &Array[i]理解为元素 Array[i]的地址,不存在元素 Array[i]。C 语言规定,它是一种地址计算方法,表示数组 Array 第 i 行首地址。因此,Array[i]、&Array[i]、*(Array+i)和 Array+i 也是等同的。

另外,Array[0]也可以看成是 Array[0]+0,是一维数组 Array[0]的元素 Array[0][0]的首地址,而 Array[0]+1 是 Array[0]的元素 Array[0][1]的首地址,由此可得出 Array[i]+j 是一维数组 Array[i]的元素 Array[i][j]的首地址,即 &Array[i][j]和 Array[i]+j 是等同的。

由 Array[i]=*(Array+i)得 Array[i]+j=*(Array+i)+j。由于 *(Array+i)+j 是二维 Array 的 i 行 j 列元素的首地址,所以,该元素的值等于 *(*(Array+i)+j),如图 9-14 所示。

图 9-14　数组名、数据元素、地址之间的关系

请认真分析和体会表 9-1 中的表达式及其含义。

表 9-1　二维数组的指针表示形式

表 示 形 式	含 义	地址
Array	二维数组名,数组的首地址,0 行的首地址	2000

续表

表 示 形 式	含　义	地址
Array[0]，＊(Array＋0)，＊Array	0 行 0 列元素的地址	2000
Array＋1，&Array[1]	1 行的首地址	2008
Array[1]，＊(Array＋1)	1 行 0 列元素的地址	2008
Array[1]＋2，＊(Array＋1)＋2，&Array[1][2]	1 行 2 列元素的地址	2012
＊(Array[1]＋2)，＊(＊(Array＋1)＋2)，Array[1][2]	1 行 2 列元素的值	数值 5

【例 9-13】　分析下面的程序，加深对多维数组地址的理解。

```
#include <stdio.h>
#define FORMAT   "%d,%d\n"
void main(){
  int Array[3][4]={{0,2,4,6},{1,3,5,7},{9,10,11,12}};
  printf(FORMAT,Array,*Array);
  printf(FORMAT,Array[0],*(Array+0));
  printf(FORMAT,&Array[0],(Array+0));
  printf(FORMAT,Array[1],*(Array+1));
  printf(FORMAT,&Array[1][0],*(Array+1)+0);
  printf(FORMAT,Array[2],*(Array+2));
  printf(FORMAT,Array[1][0],*(*(Array+1)+0));
}
```

程序运行结果：

```
3603188,3603188
3603188,3603188
3603188,3603188
3603204,3603204
3603204,3603204
3603220,3603220
1,1
```

程序说明：数组存储地址是运行时分配的，所以，该程序在不同系统计算机上可能有不同的结果。

2. 多维数组指针变量

当一个指针指向数组后，对数组元素的访问就可以使用指针。用指针访问数组元素效率更高(用下标访问数组元素程序更清晰)。由于多维数组在存储时是按行顺序存储的，所以可以用一个指针来顺序访问数组中的所有元素。

【例 9-14】　用指针变量输出数组元素的值。

```
#include <stdio.h>
void main(){
  int Array[3][4]={{1,2,3,4},{5,6,7,8},{9,10,11,12}};
  int *p;
  for(p=Array[0];p<Array[0]+12;p++){
    if ((p-Array[0])%4==0) printf("\n");
```

```
    printf("%4d", * p);
  }
  printf("\n");
}
```

程序说明：

(1) p 被定义为一个整型指针变量,执行语句 p＝Array[0]后将数组 Array 0 行 0 列的地址赋给变量 p,每次 p 值加 1,移向下一个元素。当循环 12 次后实现了顺序输出数组中各元素值的功能。

(2) 若要输出某个指定的数组元素,必须首先计算出该元素在数组中的相对位置(即相对于数组起始位置的位移量)。计算 Array[i][j]在数组中的相对位置的公式为 i * m＋j (其中 m 为二维数组的列数)。

9.3.3 数组指针用作函数参数

由于函数参数有实参、形参之分,所以数组指针作为函数参数分以下 5 种情况。

1. 形参、实参为数组名

【例 9-15】 数据排序。

```
#include <stdio.h>
void InputData(int Data[],int n)          //形参 Data 为数组名
{
  int * p;
  for (p=Data;p<Data+n;p++)
    scanf("%d",p);
}
void OutputData(int Data[],int n){
  int * p;
  for (p=Data;p<Data+n;p++)
    printf("%d\t", * p);
}
void Sort(int Data[],int n) {
  int i,j,p;
  int Temp;
  for (i=0;i<n;i++){
    p=i;
    for (j=i+1;j<n;j++)
      if (Data[p]<Data[j])
        p=j;
    if (p!=i)
      {Temp=Data[p];Data[p]=Data[i];Data[i]=Temp; }
  }
}
void main(){
  int Array[100];
```

```
    printf("输入 10 个数据元素");
    InputData(Array,10);                //输入数据
    Sort(Array,10);
    printf("排序后");
    OutputData(Array,10);               //输出数据
}
```

程序运行结果：

```
输入10个数据元素12 34 89 66 56 78 65 98 56 76
排序后98    89    78    76    66    65    56    56    34    12
```

程序说明：函数 Sort 的形参是数组 Data。函数调用时，数组 Data 的地址与数组 Array 具有相同的地址，通过函数 Sort 改变了数组 Data 元素的顺序，实际上也就是改变了 Array 的元素顺序。

由于数组名代表数组的首地址，因此在调用 Sort(Data,10)时；把数组 Data 的首地址传递给被调函数的形参 Array，使得同一个存储区域有两个不同的指针（Array 和 Data）指向其首地址，这样，在函数 Sort 中发生的数据变化的就是主调函数中的数据变化，如图 9-15 所示，这种现象好像是被调函数有多个值返回主函数，实际上"单向"传递原则依然没变。

图 9-15　例 9-16 示意图

能够接收并存放地址值的形参只能是指针变量，C 编译系统都是将形参数组名作为指针变量来处理的。因此函数 Sort 也可以写成 Sort(int * Array,int n)。

2. 形参是指针变量，实参是数组名

【例 9-16】　修改例 9-15。

```
void Sort(int * Data,int n){            //形参 Data 为指针变量
    int i,j,k,t;
    for(i=0;i<n-1;i++){
        k=i;
        for(j=i+1;j<n;j++)
```

```
            if( * (Data+j)> * (Data+k)) k=j;
            if(k!=i) {
                t= * (Data+k); * (Data+k)= * (Data+i); * (Data+i)=t;
            }
        }
    }
    void main(){
        int Array[100];
        InputData(Array,10);
        Sort(Array,10);                        //实参为数组名
        OutputData(Array,10);
    }
```

程序说明：函数 Sort 的形参是指针变量 Data，函数调用时，使指针变量 Data 指向数组 Array 的首地址，表达式 * (Data＋i)表示数组的第 i 个元素；通过函数 Sort 改变了数组元素的顺序。

3. 形参、实参均为指针变量

【例 9-17】　修改例 9-16。

```
void Sort(int * Data,int n){              /* 形参 Data 为指针变量 */
    int * p, * q, * k;
    int temp;
    for(p=Data;p<Data+n;p++){
        k=p;
        for(q=p;q<Data+n;q++)
            if( * k< * q) k=q;
        if(k!=p) {
            temp= * k; * k= * p; * p=temp;
        }
    }
}
void main(){
    int Array[100];
    int * p=Array;                        //给实参指针变量 p 赋值
    InputData(p,10);
    Sort(p,10);                           //实参 p 为指针变量
    OutputData(p,10);
}
```

程序说明：函数 Sort 的形参是指针变量 Data，函数调用时，使指针变量 Data 和指针变量同时指向数组 Array 的首地址。函数中设置了两个遍历指针 p、q 和一个数据交换指针 k，k 始终指向第 i 次遍历后第 i～n 元素中的最大元素。Data＋n 表示第 n＋1 个元素的地址。通过函数 Sort 改变了由 Data 为起始地址的 n 个数据元素的顺序。

4. 形参是数组名，实参为指针变量

结合前面的 3 种情况，就能实现形参是数组名，实参为指针变量的形式。

【例 9-18】　修改例 9-16。

```
void Sort(int Data[],int n);          //形参 Data 为数组名
void main(){
  int Array[100];
  int * p=Array;                      //给实参指针变量 p 赋值
  Sort(p,10);                         //实参 p 为指针变量
    ...

}
```

程序说明：调用函数前必须给实参指针变量赋值。在函数 Sort 中，既可以用下标法 Data[i]，也可以用指针法 *（Data＋i）处理第 i 个数组元素，处理结果在返回主调函数后有效。

5. 多维数组的地址用作函数参数

一维数组的地址可以作为函数参数，多维数组的地址也可作为函数参数。在用指针变量作形参以接收实参数组名传递来的地址时，有两种方法：用指向变量的指针变量和用指向一维数组的指针变量。

【例 9-19】　有 3 个学生各学 4 门课程，计算其总平均分以及第 n 个学生的成绩。

分析：定义一个 3 行 4 列的二维数组，行表示学生，列表示某门课程的成绩。只要依次扫描数组中的所有元素并统计，就可以求其总成绩，也就求得了平均成绩。定义一个指向一维数组的指针，从第一个元素到最后一个移动指针并统计即可。要查看第 n 个学生的成绩，定义一个二维数组指针变量，将其指针移动到第 n 行，然后依次读取 4 门课程的成绩即可，如图 9-16 所示。

图 9-16　例 9-20 示意图

```
//功能：统计以 p 为首地址的 n 个元素的平均值
//参数：p 为一组数据集合的首地址，n 为数据元素的个数
//返回值：数组集合的平均值
float average(float * p,int n){
    float   * pend=p+n;
    float aver=0;
    for(;p<pend;p++)
        aver=aver+ * p;
    aver=aver/n;
    return aver;
}
//功能：显示二维数组中指定行的数据元素
//参数：( * p)[4]为含有 4 列的二维数组指针
//返回值：无
void display(float ( * p)[4],int n){
    int i;
    for(i=0;i<4;i++)
        printf("%7.2f", * ( * (p+n)+i));
}
//主函数
#include <stdio.h>
void main(){
    float score[3][4]={{65,75,54,80},{78,90,89,76},{66,76,87,90}};
    int n;
    float Aver;
    //计算 * score 为起始地址的连续 12 个元素的平均值
    Aver=average( * score,12);
    //等价于 Aver=average(&score[0][0],12);
    printf("平均成绩:%7.2f\n", Aver);
    printf("输入序号:");
    scanf("%d",&n);
    printf("各科成绩为:\n");
    display(score,n);
}
```

程序运行结果：

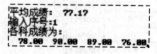

程序说明：

(1) 在函数 main 中，先调用函数 average 求整个二维数组的平均值。在函数 average 中，形参 p 被声明成一个指向实型数据的指针变量。对应的实参 * score，即 &score[0][0] 表示 0 行 0 列元素的地址。* p 的值是 score[0][0]，p++指向下一个元素，形参 n 表示用于求平均值的元素个数，对应的实参是 12。

(2) 当用二维数组名作实参时，对应的形参必须是一个指针变量。函数 display 的形参 p 不是指向一般实型数据的指针变量，而是包含 4 列元素的二维数组指针。* (p+n)

316

表示 score[n][0]的地址，*(p+n)+i 表示 score[n][i]的地址，*(*(p+n)+i)表示 score[n][i]的值。若 n 的值为 1,i 的值从 0 到 3,for 循环体依次输出 score[1][0]到 score[1][3]的值。

9.3.4　字符串和指针

1. 字符串指针

字符串指针变量指向字符串的首地址，例如：

```
char * s="C Language";
```

表示 s 是一个指向字符串的指针变量。把字符串的首地址赋予 s。等价于：

```
char * s;
s="C Language";
```

【例 9-20】　输出字符串中 n 个字符后的所有字符。

```
#include <stdio.h>
void main(){
    char * ps="this is a book";
    int n=10;
    ps=ps+n;
    printf("%s\n",ps);
}
```

程序运行结果：

```
book
```

🔔注意：ps 指针指向一个字符串常量，实际上并没有为 ps 分配存储空间，所以，下面的操作将是错误的。

```
* ps='L'
```

2. 字符串指针用作函数参数

将一个字符串传递给一个函数，既可以用字符数组名作为参数，也可以用字符串指针变量作为参数，在被调函数中改变字符串的内容，在主调函数中得到改变后的字符串。

【例 9-21】　把一个字符串的内容复制到另一个字符串中，不使用 strcpy 函数。

函数的形参为两个字符指针变量：pss 指向源字符串，pds 指向目标字符串。

```
#include <stdio.h>
void Strcopy(char * pss,char * pds){
    for (;(* pds= * pss)!='\0';pds++,pss++);
}
```

```
void main(){
  char * pa="CHINA",b[10],* pb;
  pb=b;
  Strcopy(pa,pb);
  printf("string a=%s\nstring b=%s\n",pa,pb);
}
```

程序说明：

（1）（* pds= * pss)!='\0'表示把 pss 指向的源字符串复制到 pds 所指向的目标字符串中，复制时判断所复制的字符是否为'\0'，若是则表明源字符串结束，不再循环。否则 pds 和 pss 都加 1，指向下一字符。

（2）在函数 main 中，以指针变量 pa、pb 为实参，由于指针变量 pa 和 pss 指向同一字符串，pb 和 pds 指向同一字符串，因此在函数 Strcopy 中对字符串的操作将反映到函数 main 中。也可以把 Strcopy 函数简化为以下形式：

```
void Strcopy (char * pss,char * pds){
  while(* pdss++= * pss++);
}
```

其意义可解释为，源字符向目标字符赋值，移动指针，若所赋值为非'\0'则循环，否则结束循环。这样程序更加简洁。

3. 字符数组与字符串指针的区别

虽然使用字符数组和字符串指针都能实现对字符串的操作，但两者是有区别的，主要区别如下。

1）存储方式的区别

字符串指针变量本身是一个变量，用于存放字符串的首地址。而字符串本身是存放在以该首地址为首的一块连续的内存空间中并以'\0'作为串的结束。字符数组是由于若干个数组元素组成的，它可用来存放整个字符串。

2）赋值方式的区别

对字符数组只能为各个元素赋值，不能用下列方法对字符数组赋值。

```
char str[16];
str="C Language Program";
```

但若将 str 定义成字符串指针，就可以采用下列方法赋值。

```
char * str;
str=" C Language Program t.";
```

3）定义方式的区别

定义一个数组后，编译系统会根据数组的大小分配连续的存储单元；而定义一个字符串指针变量，编译系统分配一个存储地址的单元，在其中可以存放地址值。该指针变量可以指向一个字符型数据。例如：

```
char str[10];
scanf("%s",str);
```

是可以的。但如果用下面的方法,虽然其目的也是输入一个字符串,但由于 str 指针没有确定指定的对象,因此没有分配存储空间,使用起来很危险。

```
char * str;
scanf("%s",str);
```

4) 运算方面的区别

定义了指针变量 s 后,则 s 可以进行＋＋、－－等运算,例如:

```
char * string="I am a student".
string=string+7; ·
```

这时,输出字符串时从 s 当前所指向的单元开始输出各个字符,直到遇到'\0'结束。而字符数组名是地址常量,不允许进行运算。例如:

```
char string[]="I am a student.";
string=string+7           //错误
```

9.3.5　任务 9-3　创建动态成绩表

1. 任务分析

创建一个班级的学生成绩信息表,采用动态的存储空间分配方式。

利用结构体数组创建一个动态顺序表,并实现增加数据元素,访问输出表中的所有数据元素以及查找、删除等操作。若顺序表中的元素为学生信息,就可以实现对学生信息的管理;若数据元素是职工信息时,就可以对职工信息进行管理。采用这种方法,可以实现程序的通用性,使维护更方便。

2. 任务实施

学生类型采用任务 8-4 的结构,定义表的数据结构如下。

```
typedef struct {
  Data * ElemType;            //指向表的首地址
  int Count;                  //当前表中的记录数
  int Size;                   //当前分配的存储空间大小
}Table;
typedef Table Classes;        //班级结构
```

定义如下函数。

```
void InitTable(&Myclass)           //初始化顺序表
void AppData(Classes &Myclass)     //增加学生信息
void Append(Table & T Data e)      //增加元素
```

```
void Traverse(Table T)                //列表输出顺序表的数据元素
```

函数间的调用关系及流程图如图 9-17 所示。

(a) 函数间的调用关系

(b) InitTable(&T)程序流程图

(c) main程序流程图

(d) Append(&T, s)程序流程图

图 9-17　任务 9-3 示意图

(1) 建立项目 STUMIS。

(2) 将项目 8(或任务 9-2)中的头文件 Data.h 加入项目。

(3) 将项目 8 或任务 9-2)头文件 ElemData.h 加入项目。

(4) 在项目中创建头文件 Table.h,代码如下。

```
//文件 Table.h
#define ADD 10
#define MAX 20
#include "ElemData.h"
#include <stdlib.h>
#include <malloc.h>
//表结构
typedef struct {
    Data * Element;                //存放数据元素
    int count;                     //当前表中的记录数
    int Size;                      //最大存储空间
}Table;
//功能:动态增加存储空间
```

```
//参数：T 表
void AddSize(Table &T){
  Data * p;
  p=(Data *)realloc(T.Element,(T.Size+ADD) * sizeof(Data));
  if (!p) exit(0);
  T.Element=p;
  T.Size+=ADD;
}
//功能：初始化表 T,预分配 MAX 个存储单元
//参数：初始化生成的表
void InitTable(Table &T){
//动态分配存储空间
  T.Element=(Data *)malloc(sizeof(Data) * MAX);
  if (!T.Element) exit(0);          //如果申请存储空间失败,则退出
  T.count=0;                        //设置当前表的元素数为 0
  T.Size=MAX;                       //设置当前分配的最大存储空间数
}
//功能：增加数据元素
//入口参数：T 为顺序表,InputData()为函数指针
//出口参数：处理后的顺序表
//返回值：无
void Append(Table &T,Data e){
  if (T.count>=T.Size)AddSize(T);
  * (T.Element+T.count)=e;          //添加记录
  T.count++;
}
//功能：列表显示顺序表中的元素
//入口参数：T 为顺序表,Visited 为指向访问函数的指针
//返回值：无
void Traverse(Table T,void ( * Visited)(Data)){
  int i;
  for (i=0;i<T.count;i++)
    Visited( * (T.Element+i));       //访问数据元素
}
```

(5) 将任务 9-2 中的 Main.cpp 加入项目,并做如下修改。

```
#define HEAD "学号\t 姓名\t 成绩\n"
#define MENUHAED "1.增加学生记录 2.输出学生记录 0.退出\n"
#include "table.h"
typedef Table Classes;
//增加数据学生信息
void AppData(Classes &cla,int ( * InputData)(Data &s)){
    Data s;
    while(InputData(s))
        Append(cla,s);
}
```

```
//主函数
void main(){
    Table cla;
    int ch;
    InitTable(cla);                //初始化表(修改代码)
    while(1){
        ch=Menu(MENUHAED,0,2);     //菜单显示程序
        switch(ch){
          case 0:exit(0);break;
          case 1:AppData(cla,Input);break;
          case 2:printf(HEAD);
              Traverse(cla,Display);break;
        }
    }
}
```

（6）编译并运行。

3. 拓展训练

根据上面的程序,编写函数,实现对成绩表中的记录进行增加、删除和修改的操作。

9.4 指针与结构体

若利用结构体数组来存储数据,则当对数据元素进行插入和删除时,存在大量数据元素的移动,其数据处理的效率低,那么,应如何实现高效率的插入与删除操作？本节中利用链表的方式来实现对数据元素的处理。

9.4.1 结构体指针

指向一个结构体的指针称为结构体指针。结构体指针变量中的值是所指向的结构体变量的首地址。通过结构体指针即可访问该结构体变量。

1. 结构体指针变量的定义

定义结构体指针变量的一般形式如下。

struct 结构体名 *结构体指针变量名

（1）先定义一个结构体类型,再定义指向结构体的指针变量。例如：

```
struct studenst{
    char ID[10];
    char Name[20];
    float Score;
}
```

```
struct student * ptr,boy;
```

（2）定义结构体类型的同时定义结构体指针变量。例如：

```
struct studenst{
    char ID[10];
    char Name[20];
    float Score;
}* ptr,boy;
```

（3）直接定义结构体指针变量。例如：

```
struct {
    char ID[10];
    char Name[20];
    float Score;
}* ptr,boy;
```

2. 结构体指针变量的赋值

赋值时，可以把结构体变量的首地址赋予结构体指针变量，不能把结构体名赋予结构体指针变量。例如，如果 boy 被定义为 stu 类型的结构体变量，pstu＝&boy 是正确的，而 pstu＝&stu 是错误的。

🔔 注意：结构体名和结构体变量是两个不同的概念，不能混淆。结构体名只是表示一个结构体的标识符，编译系统并不对它分配内存空间。只有当某变量被说明为这种类型时，才对该变量分配存储空间。因此上面 &stu 这种写法是错误的，不可能去取一个结构体名的首地址。

也可以在定义结构体指针变量时直接赋予其结构体变量的地址。例如：

```
struct student boy={"981","zhang",98};
struct student * ptr=&boy;
```

等价于

```
struct student * ptr
ptr=&boy;
```

ptr 与 boy 的关系如图 9-18 所示。

3. 结构体成员的引用

有了结构体指针变量，就能方便地访问结构体变量的各个成员，一般形式如下。

图 9-18　指向结构体变量的指针

```
(＊结构体指针变量).成员名
结构体指针变量->成员名
```

例如，(＊ptr).ID 和 pstu－＞ID 都珂以访问结构体成员。

🔔 注意：(＊ptr)的括号不可少，因为成员符号"."的优先级高于"＊"。如去掉括号

323

写作 * pstu.num 则等效于 * (ptr.num),这样,意义就完全不对了。

【例 9-22】 结构体成员的访问。

```
#include <stdio.h>
struct student{
  int num;
  char * name;
  float score;
}boy={102,"Zhang",78.5}, * pstu;
void main(){
  pstu=&boy;
  printf("Numbe\tName\tScore\n");
  printf("%d\t%s\t%6.2f\n",boy.num,boy.name,boy.score);
  printf("%d\t%s\t%6.2f\n",( * pstu).num,( * pstu).name,( * pstu).score);
  printf("%d\t%s\t%6.2f\n\n",pstu->num,pstu->name,pstu->score);
}
```

程序运行结果:

```
Numbe   Name    Score
102     Zhang   78.50
102     Zhang   78.50
102     Zhang   78.50
```

程序说明:student 是一个结构体类型,boy 是一个 student 类型的结构体变量,并做了初始化,pstu 是一个指向 student 类型的结构体指针变量。在函数 main 中,pstu 被赋予 boy 的地址,因此 pstu 指向 boy。然后在 printf 语句内用 3 种形式输出 boy 的各个成员值。

从运行结果可以看出,"结构体变量.成员名""(* 结构体指针变量).成员名""结构体指针变量—>成员名"这 3 种用于表示结构体成员的形式是等同的。

9.4.2　结构体数组指针

结构体数组指针就是将结构体数组地址赋给结构体指针变量。这时结构体指针变量的值是整个结构体数组的首地址。结构体指针变量也可指向结构体数组的一个元素,这时结构体指针变量的值是该结构体数组元素的首地址。

设 ps 为指向结构体数组的指针变量,则 ps 也指向该结构体数组的 0 号元素,ps+1 指向 1 号元素,ps+i 则指向 i 号元素。这与普通数组的情况是一致的。

【例 9-23】 用指针变量输出结构数组。

```
#include <stdio.h>
struct student{
  int num;
  char * name;
  float score;
}boy[5]={{101,"Zhou",45},{102,"Zhang",62.5},{103,"Liou",92.5},
        {104,"Cheng",87},{105,"Wang",58}};
```

```
void main(){
  struct student * ps;
  printf("No\tName\tScore\t\n");
  for(ps=boy;ps<boy+5;ps++)
  printf("%d\t%s\t%6.2f\t\n",ps->num,ps->name,ps->score);
}
```

程序运行结果：

```
No    Name    Score
101   Zhou    45.00
102   Zhang   62.50
103   Liou    92.50
104   Cheng   87.00
105   Wang    58.00
```

程序说明：boy 是一个 stu 结构体类型的外部数组，并做了初始化。在函数 main 内定义 ps 为指向 stu 类型的指针。在循环语句 for 的表达式 1 中，ps 被赋予 boy 的首地址，然后循环 5 次，输出 boy 数组中各元素的成员值。

🔔 注意：结构体指针变量虽然可以用来访问结构体变量或结构体数组元素的成员，但是，不能使它指向一个成员。也就是说不允许将一个成员的地址赋予它。因此，下面的赋值是错误的。

```
ps=&boy[1].sex;
```

而只能是

```
ps=boy;          //赋予数组首地址
```

或者是

```
ps=&boy[0];      //赋予 0 号元素的地址
```

9.4.3　结构体指针变量用作函数参数

C 语言允许用结构体变量用作函数参数进行整体传送。但是这种传送要将全部成员逐个传送，特别是成员为数组时将会使传送的时间和空间开销很大，严重地降低了程序的效率。因此最好的办法就是使用指针，即用指针变量作函数参数进行传送。这时由实参传向形参的只是地址，从而减少了时间和空间的开销。

【例 9-24】　计算一组学生的平均成绩和不及格人数。用结构体指针变量作函数参数编程。

```
#include <stdio.h>
struct student{
  int num;
  char * name;
  float score;
}boy[5]={{101,"Li",45},{102,"Zhang",62.5},{103,"He",92.5},
        {104,"Cheng",87},{105,"Wang",58},};
```

```
//功能：求结构体数组中成绩的平均值
//入口参数：ps为指向结构体数组的指针
//出口参数：指向不及格的人数变量的指针 c
//返回值：结构体数组中成绩的平均值
float ave(struct student * ps,int * c){
    int i;
    float ave,s=0;
    for(i=0;i<5;i++,ps++){
        s+=ps->score;
        if(ps->score<60) * c+=1;
    }
    ave=s/5;
    return ave;
}
void main(){
    struct student * ps;
    int count=0, * ptr=&count;
    float averge;
    ps=boy;
    averge=ave(ps,ptr);
    printf("平均成绩=%6.2f\n不及格人数=%d\n",averge, * ptr);
}
```

程序运行结果：

```
平均成绩= 69.00
不及格人数=2
```

程序说明：函数 ave 的形参为结构体指针变量 ps、指针变量 c。boy 被定义为外部结构体数组，因此在整个程序中有效。在函数 main 中定义了结构体指针变量 ps 和整型指针 c，并把 boy 的首地址赋予它，使 ps 指向 boy 数组，c 指向整型变量 count。然后以 ps、c 作实参调用函数 ave。在函数 ave 中完成计算平均成绩并返回。不及格人数通过指向 count 的指针 c 返回。

由于本程序全部采用指针变量作运算和处理，因此速度更快，程序效率更高。

9.4.4　结构体的自引用

1. 概述

C 语言规定：在结构体类型定义中，不能包含本类型的成员。因为如果一个结构体类型定义中包含本类型的成员，那么就无法确定该结构体类型的大小。但唯一例外的是，在一个结构体类型定义中，可以有指向该结构体类型的指针作为成员，因为指针所需要的存储量是固定的。也就是说，结构体中含有可以指向本结构体的指针成员。

当一个结构体中有一个或多个成员是指针，它们的基类型就是本类型时，通常把这种结构体称为可以"引用自身的结构体"，其定义形式如下。

326

```
struct 结构体{
    成员;
    strunct 结构体 *结构体指针
}
```

这里,结构体指针类型为自身。例如:

```
structt student {
    DataType Data;
    strunct student * next;
}Students;
```

将两个或多个这种类型的结构体(结点)连接起来,就形成链表。

例如,定义以下变量:

```
Students s1,s2, * p=&S1;
```

然后通过语句

```
s1.next=&s2;
```

将 s1 和 s2 连接起来,如图 9-19 所示。要访问 s2,可
以通过 p 或 s1 来访问:

```
s1.next
```

或

图 9-19　链表

```
p->next;
```

【例 9-25】　观察程序运行结果。

```
#include <stdio.h>
struct node{
  int data;
  struct node * next;
}s1,s2, * p=&s1;
void main()
{
  s1.data=1;
  s2.data=2;
  s1.next=&s2;
  printf("s1:%d,%d\t",s1.data,p->data);
  printf("s2:%d,%d\n",s1.next->data,p->next->data);
}
```

程序运行结果:

```
s1:1,1   s2:2,2
```

2. 创建动态链表

链表中的每个存储单元都由动态存储分配函数获得。每个结点有两个域,即数据域

327

和指针域,数据域存放数据,指针域用来指向其后继结点。动态链表包括以下内容。

(1) 头指针:指向链表的开始,如图 9-20 中的 head。

图 9-20 动态链表

(2) 头结点:该结点的数据域中不存放数据,如图 9-20 中的结点 a。头结点不是必需的,可以没有头结点。

(3) 尾结点:链表的最后一个结点的指针域置为'\0',标志链表的结束,如图 9-20 中的结点 d。

(4) 普通结点:每个结点的指针域存放下一个结点的地址,如图 9-20 中的结点 b、c。

创建一个链表的步骤如下。

(1) 申请一个结点 head,head=null,将其作为头结点。

(2) 申请一个结点 p,并对其数据域赋值。

(3) 将 p 插入 head 之后:p—>next=head—>next;head—>next=p;。

(4) 重复(2)、(3)直到插入所有结点。

如图 9-21 所示为完成 2 个结点插入的过程。

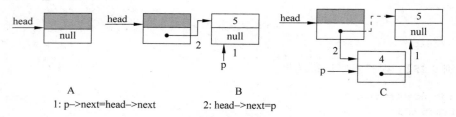

A
1: p—>next=head—>next

B
2: head—>next=p

C

图 9-21 创建链表

3. 访问结点的每一个元素——遍历链表

遍历链表的步骤如下。

(1) 设置遍历指针 p 指向第一个结点 head—>next(这里有头结点)。

(2) 访问该结点。

(3) p 指向其下一个结点:p=p—>next。

(4) 重复(2)、(3),直到 p 为 null 为止。

【例 9-26】 创建动态链表。

```
#define null 0
#include <stdio.h>
#include <malloc.h>
struct node{
```

```
   int data;
   struct node * next;
};
//创建链表
struct node * Create(int n){
   struct node * p;
   struct node * head;
   int i;
   head=(node *)malloc(sizeof(node));        //建立链表的头结点
   head->next=null;
   for (i=n;i>0;i--){
      //申请一个结点的存储空间
      p=(node *)malloc(sizeof(node));
      p->data=i;                             //将结点的数据域赋值
      p->next=head->next;                    //将结点插入头结点之后
      head->next=p;
   }
   return head;
}
//遍历链表
void Traverse(struct node * head){
   struct node * p;
    p=head->next;                            //指针指向第一个结点
   while(p) {
      printf("%5d",p->data);                 //输出结点
      p=p->next;                             //指针指向下一个结点
   }
}
void main(){
   struct node * head;
   head=Create();
   Traverse(head);
}
```

程序运行结果：

1   2   3   4   5

程序说明：

（1）函数 Create(int n)用于创建一个含有 n 个结点的链表,函数的返回值是指向链表头指针的指针。

（2）函数 Traverse(* head) 用于遍历以 head 为头指针的链表中的各个元素。注意创建结点的顺序和输出结点的顺序相反。

讨论与思考：如何使创建结点的顺序与输出结点的顺序一致？

9.4.5 任务9-4 创建链表

1. 任务分析

创建一个班级的学生成绩信息表,采用链表结构。

2. 任务实施

学生信息利用任务8-4的数据结构,然后定义如下的数据结构。

```
typedef student Data;                  //数据元素信息
typedef struct node{
    Data data;                         //数据域
    struct node * next;                //指向结点的指针
}node, * List;                         //结点
```

再定义如下函数。

```
void Create(Classes &Myclass)          //创建链表
void Traverse(Classes Myclass)         //列表输出链表的数据元素
```

函数间的调用关系及程序流程图如图9-22所示。

(a) 模块间调用关系　　　(b) Create(&T)程序流程图　　(c) Traverse(T)程序流程图

图 9-22　任务 9-4 示意图

(1) 建立项目 STUMIS。

(2) 将项目 8(或任务 9-3) 中的头文件 Data.h 加入项目。

(3) 将项目 8 中的头文件 ElemData.h 加入项目。

(4) 新建立一个头文件 Table.h,代码如下。

```
#include "ElemData.h"
#include  "malloc.h"
#include "stdlib.h"
typedef struct node{
    Data data;
    struct node * next;
}node, * Table;          //结点
//功能:创建链表
```

330

```
//入口参数：Table 链表表头
//返回值：无
void Create(Table &T,int (*InputData)(student &s)){
    int i=0;
    Data data;
    node * p;
    T=(node *)malloc(sizeof(node));
    T->next=NULL;
    while(Input(data)){
        p=(node *)malloc(sizeof(node));
        if (!p) exit (0);
        p->data=data;
        p->next=T->next;
        T->next=p;
    }
}
//功能：访问链表中的各个结点元素
//入口参数：Table 链表表头
//返回值：无
void Traverse(Table T,void (*Visited)(Data)){
    node * p;
    p=T->next;
    while(p){
        Visited(p->data);
        p=p->next;
    }
}
```

（5）建立主文件 Main.cpp，代码如下。

```
//主控菜单
#define HEAD "学号\t 姓名\t 成绩\n"
#define MENUHAED "1.增加学生记录 2.输出学生记录 0.退出\n"
#include "table.h"
typedef Table Classes;
//主控菜单
void main(){
    Table cla;
    int ch;
    while(1){
        ch=Menu(MENUHAED,0,2);          //菜单显示程序
        switch(ch){
            case 0:exit(0);break;
            case 1: Crete(cla,Input);break;
            case 2: Traverse(cla,Display);break;
        }
    }
}
```

3. 拓展训练

如何删除链表中指定的元素？

9.5 指针数组与指向指针的指针

排序算法是程序设计中常用的算法。本节通过指向指针的指针实现对数据的排序。用这种方法，充分体会指针的灵活性和高效性。

9.5.1 指针数组

指针数组也是数组，和其他数组不同的是，数组中存放的是指针，即内存单元的地址。定义指针数组的一般形式如下。

数据类型 * 数组名[数组长度]

例如，int * pa[3]表示 pa 是一个指针数组，它有 3 个数组元素，每个元素都是一个指针，指向整型变量。

通常可用一个指针数组来指向一个二维数组。指针数组中的每个元素被赋予二维数组每一行的首地址，因此也可理解为指向一个一维数组。

【例 9-27】 利用指针数组处理字符串。

```c
#include <stdio.h>
void main(){
    char * name[]={"Illegal day","Monday", "Tuesday", "Wednesday",
                   "Thursday","Friday", "Saturday", "Sunday"};
    int i;
    for(i=0;i<8;i++)
    printf("%s,",name[i]);
}
```

程序运行结果：

```
Illegal day,Monday,Tuesday,Wednesday,Thursday,Friday,Saturday,Sunday,
```

程序说明：指针数组 name 的每个元素都是一个 char 类型的指针，每个指针都指向其对应字符串的首字符。

【例 9-28】 分析程序运行的结果。

```c
#include <stdio.h>
void main(){
    int Array[3][3]={1,2,3,4,5,6,7,8,9};
    int * pa[3]={Array[0],Array[1],Array[2]};
    int * p=Array[0];
```

```
  int i;
  for(i=0;i<3;i++)
    printf("%d,%d,%d\n",Array[i][i], * Array[i], * ( * (Array+i)+i));
  printf("\n");
  for(i=0;i<3;i++)
    printf("%d,%d,%d\n", * pa[i],p[i], * (p+i));
}
```

程序运行结果：

```
1,1,1
5,4,5
9,7,9

1,1,1
4,2,2
7,3,3
```

程序说明：pa 是一个指针数组，3 个元素分别指向二维数组 Array 的各行。然后用循环语句输出指定的数组元素。其中 * Array[i]表示 i 行 0 列元素值；* (* (Array＋i)＋i)表示 i 行 i 列的元素值；* pa[i]表示 i 行 0 列元素值；由于 p 与 Array[0]相同，因此 p[i]表示 0 行 i 列的值；* (p＋i)表示 0 行 i 列的值。

9.5.2　指向指针的指针

指向指针的指针，就是用来保存指针变量地址的变量。其定义的一般形式如下。

类型名 ** 指针变量名

例如：

```
char c, * p,**pt;
p=&c;
pt=&p;
```

pt 前面有两个 * 号，相当于 * (* pt)。这里，p 是一个指向简单变量的指针，pt 是一个指向指针变量的指针。它们之间的存储关系如图 9-23 所示。

可以通过 3 种方式给变量 c 赋值。

图 9-23　指向指针的指针

```
c='a';
 * p='a';
**pt='a';
```

【例 9-29】　输入 1～7 的整数，输出星期几。

```
#include <stdio.h>
void main(){
  char * name[]={"Illegal day","Monday", "Tuesday","Wednesday",
                 "Thursday","Friday", "Saturday", "Sunday"};
  char **p;
```

```
    int today;
    printf("input Day No(1-7):");
    scanf("%d",&today);
    p=name+today;
    printf("%s\n", * p);
}
```

程序运行结果：

```
input Day No(1-7):2
Tuesday
```

程序说明：如图 9-24 所示，name 是一个指针数组，它的每一个元素是一个指针型数据，其值为地址。数组名 name 代表该指针数组的首地址。name＋1 是 name［1］的地址。name＋1 就是指向指针型数据的指针（地址）。还可以设置一个指针变量 p，使它指向指针数组元素，p 就是指向指针型数据的指针变量。

图 9-24　例 9-31 示意图

9.5.3　任务 9-5　再谈排序

1. 任务分析

在前面的排序方法中，排序结束后，数据在数组中的位置将会发生变化。即在排序过程中，存在大量的数据移动。但是，用指向指针的指针实现排序，只修改指针，即排序结束后，数据元素在数组中的位置不发生变化，而是执行数据元素的指针发生变化。利用指向指针的指针来间接地访问数组元素，实现数据排序的目的。

2. 任务实施

数据结构的定义（student 结构体类型）如下。

```
struct student{
    char ID[10];
    char Name[20];
    float Score;
};
```

存储数据元素的结构体数组的定义如下。

`struct student data[10]`

存储指向数组元素的指针数组的定义如下。

`struct student, * pstu[10];`

图 9-25(a)所示为排序前的情况,图 9-25(b)所示为排序后的情况。

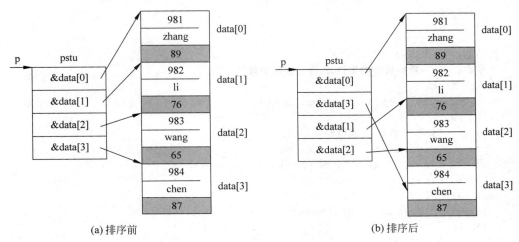

(a) 排序前　　　　　　　　　　　　　　(b) 排序后

图 9-25　任务 9-5 示意图

```
#include <stdio.h>
#include <iostream>
using namespace std;
struct student{
  char ID[10];
  char Name[20];
  float Score;
};
//功能:输入学生信息
//参数: * pstr[]为指向数据元素的指针数组,n 为元素个数
//返回值:无
void Input(struct student * pstr[],int n){
  int i;
  for(i=0;i<n;i++){
    cout<<"编号";cin>>pstr[i]->ID;
    cout<<"姓名";cin>>pstr[i]->Name;
    cout<<"成绩";cin>>pstr[i]->Score;
    cout<<"--------"<<endl;
  }
}
//功能:对指向指针的结构体数组进行排序
//参数:**p 为指向指针的指针,n 为元素的个数
//返回值:无
```

```
void Sort(struct student * * p, int n) {
    int i, j;
    struct student * temp;
    for (i=0; i<n-1; i++) {
        for (j=i+1; j<n; j++) {
            if ((* (p+i))->Score<(* (p+j))->Score) {
                temp= * (p+i); * (p+i) = * (p+j); * (p+j) =temp;
            }
        }
    }
}
//功能：显示结构体数组元素
//参数：**p 为指向指针的指针,n 为元素的个数
//返回值：无
void Output(struct student **p, int n) {
    int i;
    cout<<"编号\t 姓名\t 成绩"<<endl;
    for (i=0; i<n; i++)
cout <<(* (p+i))->ID<<"\t"<<(* (p+i))->Name<<"\t"
    <<(* (p+i))->Score<<"\n"; }
void main() {
    struct student data[10], * pstu[10];
    int i;
    for (i=0; i<10; i++)
        pstu[i]=&data[i];
    Input(pstu, 3);
    Sort(pstu, 3);
    Output(pstu, 3);
}
```

9.6　项目实践　成绩管理优化

1. 需求描述

实现对学生考试成绩的管理,包括增加学生信息、输入学生成绩、查找成绩、输出成绩表等功能。

2. 分析与设计

(1) 数据结构的定义：利用任务 9-3 中的数据结构。

(2) 函数模块：在任务 9-3 的基础上增加如下的函数。

```
void SetValue(Table &T, int pos, Data e)                    //修改表中的指定元素
void Modify(Classes cla)                                    //输入学生成绩
void Report(Classes cla, void (* visited)(student))         //输出成绩表
int Locate(Table T, KeyType k, * Compare())                 //在表中查找元素的位序
```

void Find(Classes cla)　　　　　　//在学生信息表中查找指定的学生并显示

函数间的调用关系与部分程序流程图如图 9-26 所示。

(a) 模块间调用关系

(b) main( )程序流程　　(c) Modify( )程序流程　　(d) Report( )程序流程

图 9-26　项目 9 示意图

3. 实施方案

具体步骤如下。

(1) 创建项目 STMIS,将任务 9-3 中的文件 Data.h 加入项目,并添加如下代码。

```
//文件：Data.h
//功能：修改考试成绩
//参数：s 为要修改学生
int InputScore(student &stu){
  int Type;
  printf("学号%s\t",stu.ID);
  printf("姓名%s\n",stu.Name);
  do{
    printf("课程类型:0.必修,1.选修");
    scanf("%d",&Type);
    }while(Type<0||Type>1);
  stu.Ctype=(Couretype)Type;
  if (Type==0){
     printf("成绩:");
     cin>>stu.uScore.Score;
  }
  else{
```

337

```
    do{
        printf("等级:0.不合格,1.合格");
        scanf("%d",&Type);
    }while(Type<0||Type>1);
    stu.uScore.Grad=Gradtype(Type);
    }
    return true;
}
```

(2) 在项目中加入任务 9-3 中的头文件 ElemData.h。

(3) 在项目中加入任务 9-3 中的头文件 Table.h,保留原来的代码,并增加如下的函数。

```
//文件 Table.h
//功能:根据学号查找学生在信息表中的位序
//参数:T 为学生信息表,ID 为学号,Compare 为函数指针
//返回值:查找学生在信息表中的位序
int Locate(Table T,Data e,int (*Compare)(Data ,Data)){
    int i;
    for (i=0;i<T.count&&Compare(e,T.Element[i]); i++);
    if (i<T.count)  return i+1;else return 0;
}
//功能:修改指定数据元素的值
//参数:T 为修改表,pos 为元素的下标,e 为数据元素的值
//返回值:无
void SetValue(Table &T,int pos,Data e){
    *(T.Element+pos-1)=e;
}
//功能:取数据元素
//参数:T 为数据表,pos 为元素在表中的位置
//返回值:指向第 pos 个元素的地址
Data *GetValue(Table T,int pos){
    return  T.Element+pos-1;
}
```

(4) 在项目中建立 Main.cpp 文件,代码如下。

```
//文件 Main.cpp
#define HEAD "学号\t 姓名\t 成绩\n"
#define MENUHAED "1.增加学生记录 2.输入学生成绩\n3.按学号查找
                    4.成绩表输出\n0.退出\n"
#include "table.h"
typedef Table Classes;
//功能:增加学生信息
//参数:cla 为学生信息表,*InputData()为指向函数的指针
void AppData(Classes &cla,int (*InputData)(Data &s)){
    Data s;
    while(InputData(s))
        Append(cla,s);
}
```

```
//功能：在学生表中查找指定学号的学生
//参数：cla 为学生表
void Find(Classes cla){
  char ID[10];
  student s;
  int pos;
  printf("输入学号");gets(ID);
  strcpy(s.ID,ID);
  pos=Locate(cla,s,stuIDCompare);              //查找
  Display(*(GetValue(cla,pos)));               //显示学生信息
}
//功能：修改学生的成绩信息
//参数：cla 为学生表
void Modify(Classes cla){
  int i;
  Data s;
  for (i=0;i<cla.count;i++){
    s=*(GetValue(cla,i+1));                    //读取第 i+1 个学生信息
    InputScore(s);                             //修改学生成绩
    SetValue(cla,i+1,s);                       //修改第 i+1 个学生信息
  }
}
//功能：生成成绩报告
//参数：cla 为成绩表，visited 为指向函数的指针
void Report(Classes cla,void (*visited)(student)){
  int i,n=0;
  student s;
  printf(HEAD);
  float sum=0;
  for (i=0;i<cla.count;i++){
    s=*(GetValue(cla,i+1));
    if (s.Ctype==0){
      sum+=s.uScore.Score;                     //累计求和
      n++;
    }
    visited(s);                                //显示第 i+1 学生信息
  }
  cout<<"\n 平均成绩:"<<sum/n<<endl;
}
//主函数
void main(){
  Classes cla;
  int ch;
  InitTable(cla);                              //初始化表
  while(1){
    ch=Menu(MENUHAED,0,4);                     //菜单显示
    switch(ch){
      case 0:exit(0);break;
      case 1:AppData(cla,Input);break;         //增加学生记录
```

339

```
        case 4:Report(cla,Display);break;      //生成成绩表
        case 3:Find(cla);break;                //查找
        case 2:Modify(cla);break;              //修改学生成绩
      }
    }
}
```

(5) 编译并运行。

小　　结

相关知识点提示

(1) 指针的定义。指针就是地址,存放地址的变量就是指针变量,给指针变量赋值就是将内存地址赋值给指针变量。如果指针的值为某变量的地址,表示该指针指向该变量。指针变量的类型就是所指向变量的类型。

(2) 指针的运算。对指针变量的赋值是将所指向的变量的地址复制给指针变量。可以通过指针变量间接访问其指向的变量。对指针变量可以进行赋值运算、指针与整数的加减运算、指针的自增自减运算、关系运算。对指针的赋值时类型必须相同。指针与整数的加减运算、指针的自增自减运算表示指针移动的方向。指针的关系运算表示两个同类型指针所指对象的存储位置之间的前后关系。不同类型的指针的比较没有意义。

(3) 函数与指针。函数的参数可以是指针变量,利用指针变量作为函数参数,实现函数间地址传递,从而实现数据的双向传递。若函数的返回值为指针类型,则称该函数是指针函数。也可以利用指针指向已定义的函数,实现函数与函数参数的动态绑定。

(4) 数组指针。数组名可以视为常量指针,它指向数组的第一个元素。将数组名赋值给指针变量,就可以利用指针实现对数组元素的访问。

(5) 指针数组与指向指针的指针。如果数组元素是指针,则称数组为指针数组。指向指针的指针变量,就是用来保存指针变量地址的变量。

(6) 结构体指针。如果指针指向的对象是结构体,称其为结构体指针。

习　　题

一、判断题

1. 指针变量和变量的指针是同一个名词的不同说法。　　　　　　　　　　　　(　　)

2. 指向不同类型数组的两个指针不能进行有意义的比较。　　　　　　　　　　(　　)

3. 若有定义 int ＊p[4];,则标识符 p 是一个指向有 4 个整型元素的一维数组的指针变量。　　　　　　　　　　　　　　　　　　　　　　　　　　　　　　(　　)

二、选择题

1. 以下程序的输出结果是(　　)。

```
struct st {
  int x; int * y;
} * p;
int dt[4]={ 10,20,30,40 };
struct st aa[4]={ 50,&dt[0],60,&dt[0],60,&dt[0],60,&dt[0],};
int main() {
    p=aa;
    printf("%d\n",++(p->x));
}
```

　A. 10　　　　　　　B. 11　　　　　　　C. 51　　　　　　　D. 60

2. 若有以下定义,则值为 9 的表达式是(　　)。

```
int a[10]={1,2,3,4,5,6,7,8,9,10}, * p=a;
```

　A. * P+9　　　　　B. * (P+8)　　　　C. * P+=9　　　　D. P+8

3. 以下列程序的输出结果是(　　)。

```
void fun(int * x, int * y) {
    printf("%d %d", * x, * y);
    * x=3; * y=4;
}
int main() {
    int x=1,y=2;
    fun(&x,&y);
    printf("%d %d",x, y);
}
```

　A. 2 1 4 3　　　　　B. 1 2 1 2　　　　C. 1 2 3 4　　　　D. 2 1 1 2

4. 以下程序的输出结果是(　　)。

```
int main() {
    char a[10]={9,8,7,6,5,4,3,2,1,0}, * p=a+5;
    printf("%d", * --p);
}
```

　A. 非法　　　　　　B. a[4]的地址　　　C. 5　　　　　　　D. 3

5. 以下列程序的输出结果是(　　)。

```
void fun(int * a, int * b) {
    int * k;
    k=a; a=b; b=k;
}
int main() {
    int a=3, b=6, * x=&a, * y=&b;
    fun(x,y);
```

```
    printf("%d  %d", a, b);
}
```

    A. 6 3   B. 3 6   C. 编译出错   D. 0 0

6. 以下程序调用函数 findmax 返回数组中的最大值,在下画线处应填入(　　　)。

```
int findmax(int * a, int n) {
    int   * p, * s;
    for(p=a,s=a;  p-a<n;  p++)
    if(_____)  s=p;
      return(* s);
}
int main() {
    int x[5]={12,21,13,6,18};
    printf("%d\n",findmax(x,5));
}
```

    A. p＞s   B. * p＞* s   C. a[p]＞a[s]   D. p-a＞p-s

7. 若有以下定义和语句,则对 s 数组元素的正确引用形式是(　　　)。

```
int s[4][5],(* ps)[5];
ps=s;
```

    A. ps＋1   B. * (ps+3)   C. ps[0][2]   D. * (ps+1) ＋3

8. 若有定义 int n＝2, * p＝&n, * q＝p;,则以下非法的赋值语句是(　　　)。

    A. p=q;   B. * p= * q;   C. n= * q;   D. p=n;

9. 以下程序的输出结果是(　　　)。

```
void fun(char * c, int d) {
    * c= * c+1; d=d+1;
    printf("%c, %c, ", * c, d);
}
int main() {
    char a='A', b='a';
    fun(&b,a);  printf("%c, %c\n", a, b);
}
```

    A. B, a, B, a   B. a, B, a, B   C. A, b, A, b   D. b, B, A, b

10. 以下程序的输出结果是(　　　)。

```
void ss(char * s, char t) {
  while(* s) {
   if(* s==t)
      * s=t-'a'+'A';
    s++;
  }
}
int main() {
  char str1[100]="abcddfefdbd",c='d';
  ss(str1,c);  printf("%s\n",str1);
}
```

A. ABCDDEFEDBD   B. abcDDfefDbD

C. abcAAfefAbA   D. Abcddfefdbd

11. 以下程序的输出结果是( )。

```
int main(){
  char  * s[]={"one","two","three"}, * p;
  p=s[1];
  printf("%c,%s\n", * (p+1),s[0]);
}
```

A. n,two   B. t,one   C. w,one   D. o,two

12. 以下程序段执行后,表达式**c 的值是( )。

```
int main(){
  int a=5,  * b,   * * c;
  c=&b;   b=&a;
  ...
}
```

A. 变量 a 的地址   B. 变量 b 中的值

C. 变量 a 中的值   D. 变量 b 的地址

13. 以下函数的功能是( )。

```
void fun(char * p2,  char * p1){
  while((* p2= * p1)!='\0')
   {  p1++;p2++; }
}
```

A. 将 p1 指向的字符串复制到 p2 指向的内存空间

B. 将 p1 指向的字符串的地址赋给指针 p2

C. 对 p1 和 p2 两个指针指向的字符串进行比较

D. 检查 p1 和 p2 两个指针指向的字符串中是否有'\0'

14. 若已建立如图 9-27 所示的链表结构,则不能将 s 指向的结点插入链表末尾的语句组是( )。

图 9-27 链表结构

A. s—>next=NULL; p=p—>next; p—>next=s;

B. p=p—>next; s—>next=p—>next; p—>next=s;

C. p=p—>next; s—>next=p; p—>next=s;

D. p=(* p).next; (* s).next=(* p).next; (* p).next=s;

三、填空题

1. 以下程序的输出结果是_____。

```c
int main()
{   int arr[ ]={30,25,20,15,10,5},  * p=arr;
    p++;
    printf("%d\n", * (p+3));
}
```

2. 以下程序的输出结果是_____。

```c
void main() {
    char s[]="9876", * p;
    for(p=s; p<s+2; p++)   printf("%s\n", p);
}
```

3. 以下程序的输出结果是_____。

```c
void main(){
    int x=0;
    sub(&x,8,1);
    printf("%d\n",x);
}
void sub(int * a,int n,int k){
    if(k<=n)   sub(a,n/2,2 * k);
    * a+=k;
}
```

4. 下面程序的运行结果是_____。

```c
void swap(int * a,int * b){
    int * t;
    t=a;   a=b;   b=t;
}
void main(){
    int x=3,y=5, * p=&x, * q=&y;
    swap(p,q);
    printf("%d%d\n", * p, * q);
}
```

5. 设有以下定义且已建立如图 9-28 所示的链表结构,则删除点 y 的赋值语句是_____。

```c
struct ss {
    int info;struct ss * link;
}x,y,z;
```

图 9-28   链表结构

四、编程题

1. 将无符号八进制数字构成的字符串转换为十进制整数。例如，输入的字符串为556，则输出十进制整数366。

建立一个链表并输出链表中元素的值，链表的结构定义如下。

```
typedef student{char ID[10];char Name[20]}student;
typedef struct node {
  student data;
  struct node * next;
}node, * head;
```

2. 编写一个函数，求字符串的长度。在命令行中输入字符串并求其长度。

3. 编写程序将数组中重复的字符串删除。

4. 输入多个字符串并排序。

第 10 章　文件组织与使用

【技能目标】　掌握访问数据文件的编程方法。

【知识目标】　在实际应用中需要对数据进行管理、实现对数据文件的读/写操作,涉及以下的知识。

(1) 文件的打开与关闭。

(2) 文件的读/写。

(3) 顺序文件与随机文件的读/写。

通过本章的学习,要求掌握以下知识。

(1) 了解文件的概念。

(2) 掌握文件的打开和关闭的方法。

(3) 掌握文件的读/写方法。

(4) 了解文件定位的概念,掌握随机文件的读/写方法。

【关键词】　标准输入/输出(standard input/output),缓冲文件(buffered file),非缓冲文件(non-buffered file),文本流(text stream),随机访问(random access),文件操作(file operation),文件指针(file pointer),二进制流(binary stream)。

【项目任务】　实现学生成绩数据的存储与管理。

【项目解析】　要实现对数据文件的存储与管理,首先确定数据文件的结构,建立数据表,将数据保存到数据表中,然后将数据表写入外存(文件)。如果需要相关的数据,则打开数据文件,然后从文件中读取数据内存(文件),在内存中实现对数据的增、删、改等操作处理后,再写入外存(文件)。数据文件的存储方式有文本文件和二进制文件两种;文件的存取方式有顺序和随机两种。可以根据不同的情况采用不同的方法。

10.1　文件的顺序读/写

在日常生活中,经常需要永久保存大量的数据,如学生档案、人事档案、工资档案、产品信息等。程序运行时,程序本身和数据一般都存放在内存中,当程序运行结束,存放在内存中的数据(包括运行结果)即被释放。如果需要长期保存数据,就必须以文件的形式存放到外部存储介质。在 C 语言中,可以采用各种方式将数据写入外存。

10.1.1　文件的相关概念

文件是程序设计中一个重要的概念。文件一般是指存储在外部介质(如磁盘、磁带)

上数据的集合,这个数据集有一个名称,称为文件名。在 C 程序中,按文件内容的不同可分为程序文件和数据文件。程序文件即程序的源代码;数据文件是程序运行时所需要的原始数据及输出结果。

1. 文件流

进行 C 语言文件的存取时,都会先进行打开文件操作,这个操作就是在打开数据流,而关闭文件操作就是关闭数据流。C 语言标准库提供了基于输入/输出流机制的文件操作,称为文件流(file stream)。

2. 缓冲区

缓冲区(buffer)是指在程序运行时,系统提供的额外内存,可用来暂时存放准备处理的数据。它的设置是为了提高存取效率,因为内存的存取速度比磁盘驱动器快得多。

C 语言的文件处理功能依据系统是否设置缓冲区分为两种:一种是设置缓冲区,另一种是不设置缓冲区。当使用标准 I/O 函数(包含在头文件 stdio.h 中)时,系统会自动设置缓冲区,并通过数据流来读/写文件。当进行文件读取时,不会直接对磁盘进行操作,而是先打开数据流,将磁盘上的文件信息复制到缓冲区内,然后程序从缓冲区中读取所需数据,如图 10-1 所示。

图 10-1 读文件

事实上,当写入文件时,并不会马上写入磁盘中,而是先写入缓冲区,只有在缓冲区已满或关闭文件时,才会将数据写入磁盘,如图 10-2 所示。

图 10-2 写文件

非缓冲文件系统不由系统设置缓冲区,而由用户自己根据需要设置。非缓冲系统直接依赖于操作系统,通过操作系统直接对文件进行操作。所以也称系统输入/输出系统或底层输入/输出系统。本书主要讨论缓冲文件系统。

3. 文件类型

文件分为文本文件和二进制文件两种类型。文本文件是以字符编码的方式进行保存的,常见的编码有 ASCII、Unicode 等。二进制文件将内存中的数据原封不动地保存至文件中,适用于非字符数据,如果以记事本打开,只会看到一堆乱码。除文本文件外,所有的数据都可以算是二进制文件。二进制文件的优点在于存取速度快,占用空间小以及可随机存取数据。

4. 文件存取方式

C 语言中,按照文件的存取方式不同分为顺序存取和随机存取。顺序存取是指依照先后顺序存取文件中的数据,只有存取完第 n 个数据才能存取第 $n+1$ 个数据,具有这种特性的文件称为顺序文件。顺序文件的逻辑顺序和物理顺序相同。随机存取也称为直接存取,可以对文件中指定的数据进行读/写操作。随机存取方式多半以二进制文件为主。它会以一个完整的单位来进行数据的读取和写入,通常以结构体为单位。

5. 文件指针

在 C 语言中,对文件的打开、读/写、定位、关闭等操作都是通过文件指针进行的。文件指针是一个结构体指针变量,这些信息均在头文件 stdio.h 中进行了定义。FILE 结构体在头文件 stdio.h 中,具体定义如下。

```
typedef struct {
    short level;                     /* 缓冲区"满"或"空"的程度 */
    unsigned flages;                 /* 文件状态标志 */
    char fd;                         /* 文件描述符 */
    unsigned char hold;              /* 如无缓冲区不读取字符 */
    short bsize;                     /* 缓冲区的大小 */
    unsigned char * buffer;          /* 数据缓冲区的位置 */
    unsigned char * curp;            /* 指针,当前的指向 */
    unsigned istemp;                 /* 临时文件,指示器 */
    short token;                     /* 用于有效性检查 */
}FILE;
```

有了结构体类型 FILE,就可以定义 FILE 类型的指针变量,文件指针变量的定义格式如下。

```
FILE * 指针变量
```

其中 FILE 应为大写。若要使用文件,只须声明一个指向文件的指针就可以了。例如:

```
FILE * fp;
```

表示 fp 是 FILE 结构体类型的指针变量。通过 fp 即可找到存放某个文件信息的结构体变量,然后按结构体变量提供的信息找到该文件,实施对文件的操作。习惯上也笼统地把 fp 称为文件指针。

10.1.2　文件的打开与关闭

对文件进行操作前,必须首先打开文件,使用结束后还应该及时关闭文件。C 语言中,文件的打开、关闭都是通过调用标准库函数来实现的。

1. 文件的打开

文件打开时,系统将给用户指定的文件在内存分配一个 FILE 结构体区,并将该结构体的指针返回给用户程序,以后用户程序就可用此 FILE 指针来实现对指定文件的存取了。用标准库函数 fopen 打开文件,其一般形式如下。

```
FILE * fopen(const char * filename, const char * mode)
```

函数功能是以 mode 指定的方式打开名为 filename 的文件,打开成功返回文件指针(文件信息区的起始地址),否则返回 NULL。

其中 * filename 是要打开的文件名,一般用双引号括起来的文件名表示,其中可使用\\的路径; * mode 表示打开文件的操作方式。操作方式如表 10-1 所示。

表 10-1　操作方式

操作方式	说　　明
r	打开,只读
w	打开,文件指针指到文件头,只写
a	打开,指向文件尾,在已存在文件中追加
rb	打开一个二进制文件,只读
wb	打开一个二进制文件,只写
ab	打开一个二进制文件,进行追加
r+	以读/写方式打开一个已存在的文件
w+	以读/写方式创建一个新的文本文件
a+	以读/写方式打开一个文本文件进行追加
rb+	以读/写方式打开一个二进制文件
wb+	以读/写方式创建一个新的二进制文件
ab+	以读/写方式打开一个二进制文件进行追加

🔔 注意:

(1) 用 r 方式打开一个文件时,该文件必须是已经存在的,且只能对文件进行读操作。

(2) 用 w 打开一个文件时,若该文件已经存在,则将删除该文件原有内容而重新写入数据,若该文件不存在,则按指定文件名创建该文件。

（3）对一个已经存在的文件进行写操作，且不破坏原始数据，则只能用 a 方式。

（4）在打开一个文件时，如果出错，fopen 将返回一个空指针值 NULL。为增强程序的可靠性，常用下面的方法打开一个文件。

```
fp=fopen("filename","mode");
```

【例 10-1】 创建一个文件名为 test 的文本文件。

```
#include <stdio.h>
#include <stdlib.h>
void main(){
  FILE * fp;
  if((fp=fopen("D:\\test.txt","w"))==NULL){
   printf("File cannot be opened\n");
    exit(0);
  }
  else
    printf("File opened for writing\n");
  fclose(fp);
}
```

程序说明：程序用 w 方式打开文本文件 D:\test.txt，程序执行结束后，如果 D:\test.txt 文件不存在，将在 D:盘上建立一个 test.txt 文件；如果存在 D:\test.txt 文件，将重写文件的内容，创建一个空文件。

2. 文件的关闭

关闭文件是指将数据真正写入磁盘（否则数据可能还在缓冲区），切断文件指针与文件名之间的联系，释放文件指针。由于操作系统对一个程序中打开的文件数有限制，因此应及时关闭不再使用的文件。通常，当程序正常结束时，操作系统会自动关闭所有已打开的文件。

调用 fclose 函数的一般形式如下。

```
fclose(fp);
```

如果关闭文件操作正常完成，fclose 函数的返回值为 0；如果返回非零值则表示有错误发生。例如：

```
FILE * fp
if((fp=fopen("filename","mode"))==NULL){
  printf("can not open this file\n");
  exit(0);
}
```

10.1.3 文件的读/写

对文件的读/写是最常用的文件操作。在 C 语言中提供了多种文件读/写的函数。

这些函数都要求包含头文件 stdio.h。

1. 写字符函数 fputc

函数 fputc 每次向文件写入一个字符。

函数原型：

```
int fputc(char ch, FILE * fp)
```

功能：将字符 ch 输出到 fp 指向的文件中。ch 可以是字符常量或变量。

返回值：成功，返回该字符；否则返回 EOF(0)。

说明：

（1）被写入的文件可以用写、读写、追加方式打开，用写或读写方式打开一个已存在的文件时将清除原有的文件内容，写入字符从文件首部开始。如需保留原有文件内容，希望写入的字符从文件末尾开始存放，必须以追加方式打开文件。被写入的文件若不存在，则创建该文件。

（2）每写入一个字符，文件内部的位置指针向后移动一个字节。

（3）待写入字符 ch 可以是字符常量或变量。

【例 10-2】　从键盘输入一行字符，将其写入 D:\file.txt 文件。

```
#include <stdio.h>
#include <stdlib.h>
void main(){
  FILE * fp;
  char ch;
  if((fp=fopen("D:\\file.txt","w"))==NULL){
    printf("文件打开失败！\n");
    exit(0);
  }
  ch=getchar();
  while(ch!='\n'){
    fputc(ch,fp);
    ch=getchar();
  }
  fclose(fp);//关闭文件
}
```

程序运行结果：输入一行文字，当输入结束（按 Enter 键）后，将在 D:盘中创建 file.txt 文件，文件的内容就是输入的内容。

程序说明：

（1）以写文本文件方式打开文件\file.txt。

（2）从键盘读入一个字符后进入循环，当读入的字符不为回车符时，则把该字符写入文件，然后继续从键盘读入下一字符。每写入一个字符，文件内部位置指针向后移动一个字节。写入完毕，该指针已指向文件末尾。

2. 读字符函数 fgetc

函数 fgetc()每次从文件读出一个字符。

函数原型：

```
int fgetc(FILE * fp)
```

功能：从 fp 指定文件读一个字符。

返回值：成功,返回所读字符,否则返回 EOF(0)。

说明：

(1) 在调用 fgetc 函数时,要读取的文件必须是以读或读写方式打开的。

(2) 读取的字符可以不向字符变量赋值。

(3) 在文件内部有一个位置指针,用来指向文件的当前读/写字节。在文件打开时,该指针总是指向文件的第一个字节。调用函数 fgetc 后,该位置指针将向后移动一个字节。因此可连续多次使用 fgetc 函数,读取多个字符。

🔔 **注意**：文件指针和文件内部的位置指针不是一个概念。文件指针是指向整个文件的,须在程序中定义,只要不重新赋值,文件指针的值是不变的。文件内部的位置指针用以指示文件内部的当前读/写位置,每读/写一次,该指针均向后移动,它不需要在程序中定义,而是由系统自动设置的。

【例 10-3】 读入文件 D:\file.txt 文件,在屏幕上输出其内容。

```
#include <stdio.h>
#include <stdlib.h>
void main(){
  FILE * fp;
  char ch;
  if((fp=fopen("D:\\file.txt","rt"))==NULL){
    printf("文件打开失败! \n");
    exit(1);
  }
  ch=fgetc(fp);
  while(ch!=EOF){
    putchar(ch);
    ch=fgetc(fp);
  }
  fclose(fp);              //关闭文件
}
```

程序运行结果：从文件中逐个读取字符,在屏幕上显示。

程序说明：

(1) fp 是文件指针,以读文本文件方式打开文件 D:\ile.txt 后,使 fp 指向该文件。如打开文件出错,给出提示并退出程序。

(2) 先读入一个字符,然后进入循环,只要读入的字符不是文件结束标志(每个文件末有结束标志 EOF)就把该字符显示在屏幕上,再读入下一字符。每读一次,文件内部的位置指针向后移动一个字符,文件结束时,该指针指向 EOF。执行本程序将显示整个文件。

3. 写字符串函数 fputs

函数 fputs 每次向文件写入一个字符串。

函数原型:

```
int fputs(char * ch, FILE * fp)
```

功能:将字符数组 ch 输出到 fp 指向的文件中。

返回值:该函数返回一个非负值,如果发生错误则返回 EOF。

说明:

其中字符串可以是字符串常量,也可以是字符数组,或指针变量,例如,fputs("abcd", fp)把字符串"abcd"写入 fp 所指向的文件中。

【例 10-4】　在例 10-3 中建立的文件 file.txt 中追加一个字符串。

```
#include <stdio.h>
#include <stdlib.h>
void main(){
  FILE * fp;
  char st[20];
  if((fp=fopen("D:\\file.txt","at+"))==NULL){
    printf("Cannot open file strike any key exit!");
    exit(1);
  }
  printf("input a string:\n");
  scanf("%s",st);
  fputs(st,fp);
  fclose(fp);
}
```

程序运行结果:从键盘输入一行字符,输入结束后,文件 file.txt 的尾部将增加刚输入的一行字符。

程序说明:首先以追加读/写文本文件的方式打开文件 file.txt,然后输入字符串,并用函数 fputs 把该串写入文件 file.txt。

4. 读字符串函数 fgets

fgets()函数从指定文件中读一个字符串到字符数组中。

函数原型:

```
char * fgets(char * buf, int n, FILE * fp)
```

功能:从 fp 指定的文件中读取 n−1 个字符存放在起始地址为 buf 的存储单元,并自动加上字符串结束标志'\n'。

返回值:成功,返回 buf 首地址,否则返回 EOF。

说明：在读出 n−1 个字符之前，如遇到了换行符或 EOF，则读出结束。例如，fgets (str,n,fp)从 fp 所指向的文件中读出 n−1 个字符送入字符数组 str 中。

【例 10-5】 从 file.txt 文件中读入一个含 10 个字符的字符串。

```
#include <stdio.h>
#include <stdlib.h>
#define NULL 0
void main(){
  FILE * fp;
  char str[11];
  if ((fp=fopen("D:\\file.txt","r"))==NULL)
  {
    printf("文件打开失败! \n");
    exit(1);
  }
  fgets(str,11,fp);
  printf("\n%s\n",str);
  fclose(fp); //关闭文件
}
```

程序运行结果：打开 D:\file.txt 文本文件，并在屏幕上显示其内容。

程序说明：str 是一个字符数组，共 11 个字节。在以读文本文件方式打开文件 file.txt 后，从中读出 10 个字符送入 str 数组，在数组最后一个单元内将加上'\0'，然后在屏幕上输出 str 数组。

5. 格式化读/写函数 fscanf 和 fprintf

函数 fscanf、fprintf 与前面使用的函数 scanf 和 printf 的功能相似，都是格式化读/写函数。两者的区别在于函数 fscanf 和函数 fprintf 的读/写对象不是键盘和显示器，而是磁盘文件。

函数 fscanf 从指定的文件中读取指定格式的数据。

函数原型：

```
int fscanf(FILE * fp, char format, args,...)
```

功能：从指定的文件中按 format 指定的格式将数据送到 args 指定的内存单元。

返回值：成功，返回已输入的数据个数，否则返回负数。

函数 fprintf 将输出项按指定的格式写入指定的文本文件。

函数原型：

```
int fprintf(FILE * fp, char * format, args,...)
```

功能：将 args 的值以 format 指定的格式输出到 fp 指定的文件中。

返回值：成功，返回实际输出的字符数，否则返回负数。

例如：

```
fscanf(fp,"%d%s",&i,s);
```

```
fprintf(fp,"%d%c",j,ch);
```

【例 10-6】　输入学生信息,保存到文件 D:\score.txt 中,然后读出并显示。

```
#include <stdio.h>
#define N 5
typedef struct{
  char ID[10];
  char Name[20];
  int score;
}student;
void main(){
  student s;
  FILE * fp;
  int i;
  //创建文本文件 D:\score.txt
  if ((fp=fopen("D:\score.txt","w"))==NULL)return;
  for (i=0;i<N;i++){
    printf("输入学号");
    scanf("%s",&s.ID);
    printf("输入姓名");
    scanf("%s",&s.Name);
    printf("输入成绩");
    scanf("%d",&s.score);
      //格式化写
    fprintf(fp,"%10s%20s%4d\n",s.ID,s.Name,s.score);
  }
  fclose(fp);
  //读取 d:\\score.txt 中的内容
  if ((fp=fopen("d:\\score.txt","r"))==NULL)return;
  printf("学号\t 姓名\t 成绩\n");
  for (i=0;i<N;i++){ //格式化读取
    fscanf(fp,"%s%s%d",&s.ID,&s.Name,&s.score);
    printf("%10s%20s%10d\n",s.ID,s.Name,s.score);
  }
  fclose(fp);
}
```

程序运行结果:输入多个学生的信息,在 D:盘生成一个 score.txt 文本文件。

程序说明:

(1) 函数 fopen("D:\\score.txt","w")以写的方式打开文件。

(2) 函数 fprintf(fp,"%10s%20s%4d\n",s.ID,s.Name,s.score)将学生的信息用文本方式写入文件 D:\\score.txt 中。当输入数据结束时,将数据写入文件,然后关闭文件 fclose(fp)。

(3) 函数 fopen("d:\\score.txt","r")以读的方式打开文件。

(4) 函数 fscanf(fp,"%s%s%d",&s.ID,&s.Name,&s.score)依次将数据从文件中读出并赋值给 s。

（5）数据读取结束后,关闭文件。

如果要在原有的文本文件末尾增加数据记录,只须将打开文件的方式修改为 a 就可以了。

6. 数据块读/写函数 fread 和 fwrite

C 语言还提供了用于整块数据的读/写函数,可用来读写一组数据,如一个数组元素、一个结构体变量的值等。

调用读数据块函数 fread 的一般形式如下。

```
fread(buffer,size,count,fp);
```

调用写数据块函数 fwrite 的一般形式如下。

```
fwrite(buffer,size,count,fp);
```

其中,buffer 是一个指针,指放要读/写的数据的首地址。size 表示数据块的字节数; count 表示要读写的数据块块数;fp 表示文件指针。

例如,fread(fa,4,5,fp)表示从 fp 所指的文件中每次读 4 个字节(一个实数)送入实数组 fa 中,连续读 5 次,即读 5 个实数到 fa 中。

【例 10-7】 从键盘输入两个学生的数据,写入一个文件中,再读出这两个学生的数据显示在屏幕上。

```
void main(){
  FILE * fp;
  int i;
  students s[2]={{9801,"张三",18,"四川成都"},{9802,"李耀",23,"北京"}};
  //以只写方式打开文件
  if((fp=fopen("D:\\file.txt","w"))==NULL) {
    printf("Cannot open file strike any key exit!");  exit(1);
  }
  //写入文件
  for (i=0;i<2;i++)
    fwrite(&s[i],sizeof(students),1,fp);
  fclose(fp);                            //关闭文件
  fp=fopen("d:\\file.txt","r");          //以只读方式打开文件
  for (i=0;i<2;i++){
    //读取文件记录并显示
    fread(&s[i],sizeof(students),1,fp);    //读取一条记录
    printf("%s\t%d\t%d\t%s\n",s[i].name,s[i].age,s[i].num,s[i].addr);
  }
  fclose(fp);
}
```

程序运行结果：

```
张三     18        9801        四川成都
李耀     23        9802        北京
```

打开 D:\\file.txt 文件,可以发现文件中保存了上面显示的内容。

程序说明:

(1) student 是一个结构体类型,并定义了一个结构体数组 s。

(2) 首先以写的方式打开 file.txt 文件,写入两条记录,然后关闭文件。

(3) 以读写方式打开二进制文件 file.txt,循环读出两条记录并在屏幕上显示。可以一次读出 2 条记录,然后显示。

10.1.4　文件检测函数

文件检测是指检测文件指针是否到达文件末尾,或者文件读/写过程中是否有错误发生等情况,C 语言中常用的文件检测函数有以下几个。

1. 文件结束检测函数 feof()

函数 feof 用于读取文件时判定文件是否到达文件末尾。

函数原型:

```
int feof(FILE * stream);
```

功能:检测流的文件结束符。

返回值:如果遇到文件结束,函数 feof(fp)的值为 1,否则为 0。

说明:EOF 是文件结束标志。在文本文件中,数据是以字符的 ASCII 值形式存放的,ASCII 值的范围是 0~255,不可能出现 −1,因此可以用 EOF 作为文件结束标志。

当把数据以二进制形式存放到文件中时,就会有 −1 的出现,因此不能采用 EOF 作为二进制文件的结束标志。为解决这一个问题,ANSIC 提供了一个函数 feof,用来判断文件是否结束。feof 函数既可以用来判断二进制文件又可以用来判断文本文件。

【例 10-8】　读取数据文件中的数据并显示。

```
#define N 4
void main(){
  student s[N],st;
  int n=0;
  int i;
  FILE * fp;
  if ((fp=fopen("D:\\score.txt","r"))==NULL) return;
  //读取一条记录
  fscanf(fp,"%s%s%d",&st.ID,&st.Name,&st.score);
  while(!feof(fp)){
    s[n]=st;
    n++;
    //读取一条记录
    fscanf(fp,"%s%s%d",&st.ID,&st.Name,&st.score);
  }
  fclose(fp);
  for (i=0;i<n;i++)
```

```
//输出并显示学生成绩记录
printf("%10s,%20s,%4d\n",s[i].ID,s[i].Name,s[i].score);
}
```

程序说明：

(1) 首先以只读方式打开例 10-6 创建的一个数据文件 score.txt,然后格式化读取一条记录赋值给 st,并将记录 st 存入数组 s。

(2) 重复读取数据文件记录直到文件末尾。用 n 计数记录数。

2. 读/写文件出错检测函数 ferror

函数 ferror 主要用于检测流的错误。

函数原型：

```
int ferror(FILE * fp);
```

功能：检查文件在使用各种输入/输出函数进行读/写时是否出错。当输入/输出函数对文件进行读/写时出错,就会产生错误标志。应用这个函数,就可以检查出 fp 所指向的文件操作是否出错,也就是说是否有错误标志。

返回值：未出错返回值为 0,否则返回非 0 位,表示出错。

【例 10-9】 检查文件的读/写是否出错。

```
void main(void){
  FILE * fp;
  if((fp=fopen("d:\\file.txt", "r"))==NULL) {
    printf("Cannot open file.\n");
    exit(1);
  }
  putc('C', fp);
  if(ferror(fp))
  {
    printf("File Error\n");
    exit(1);
  }
  fclose(fp);
  return 0;
}
```

程序说明：对文件以读(r)的方式打开,然而对其进行 put('C',fp) 操作,在写操作时要出错。

3. 清除错误标志函数

函数 clearerr 主要用于清除错误标志。

函数原型：

```
void clearerr (FILE * stream);
```

功能：用于清除出错标志和文件结束标志，使它们为 0 值。

返回值：无。

说明：当文件操作出错后，文件状态标志为非零值，此后所有的文件操作均无效。如果希望继续对文件进行操作，必须清除此错误标志。

例如，文件指针到文件末尾时会产生文件结束标志，只有执行此函数后，才可以继续对文件进行操作。因此通常在执行 fseek(fp,0L,SEEK_SET)和 fseek(fp,0,SEEK_END)语句后调用此函数。

10.1.5　任务 10-1　创建一个文件

1. 任务分析

本任务创建一个文本文件，采用顺序读/写方式。

将学生的成绩信息以文本形式存储。假设学生信息内容包括学号、姓名、成绩，由于每个学生的信息内容一致，因此可以定义一个 student 结构体类型，将所有学生信息存放到结构体数组中。如果要保存文件，将结构体数组中的记录依次写入文件。如果要读取文件中的内容，首先打开文件，将文件中的数据依次读入结构体数组中。

2. 任务实施

数据结构的定义如下。

```
enum Gradtype{YES,NO};            //成绩等级,YES 为合格,NO 为不合格
enum Couretype{NED,OPT};          //考试类型,NED 为必修,OPT 为选修
struct student{
  char ID[10];
  char Name[20];
  enum Couretype Ctype;           //考试类型
  union {
    enum Gradtype Grad;           //等级
      float Score;                //成绩
  } uScore;
}student;
```

定义一个抽象数据类型 Data，用来表示表中的数据元素类型。

```
typedef student Data;
//数据表类型
typedef struct {
  Data * ElemType                 //指向表的首地址
  int Count                       //当前表中记录数
  int Size;                       //当前分配的存储空间大小
}Table;
```

学生班级类型定义如下。

```
typedef Table Class
```

在项目 9 的基础上,新建下面的函数。

(1) ReadFile(cla):将指定文件读入数据表 cla 中。

(2) WriteFile(cla):将数据表 cla 中的数据写入指定的文件中。

(3) Read(&T,FileName):将数据 FileName 中的数据读入表 T 中。

(4) Write(T,FileName):将表 T 中的数据写入数据文件 FileName 中。

各函数之间的调用关系如图 10-3 所示。

图 10-3　各函数之间的调用关系及程序流程图

按照如下的步骤操作。

(1) 创建项目 STMIS。

(2) 将项目 9 中的头文件 Data.h、ElemData.h、Table.h 加入该项目。

(3) 新建头文件 file.h,代码如下。

```
#define FILENAME "d:\\stu.txt"
//功能:读取指定文件信息并存放到班级中
//入口参数:cla 为要保存的班级信息,filename 为读取的文件名
//出口参数:cal 为已获取的班级信息
```

```
//返回值：无
int  Read(Table &T ,char filename[]){
  FILE * fp;
  Data e;
  float Score;
  int Type;
  T.count=0;
  if((fp=fopen(filename,"r"))==NULL)
    return FALSE;
  //读取一条记录
  fscanf(fp,"%s%s%d%f",&e.ID,&e.Name,&Type,&Score);
  e.Ctype=(Couretype)(int)Type;                //考试类型
  while(!feof(fp)){
    e.Ctype=(Couretype)(int)Type;
    if (Type==0)
      e.uScore.Score=Score;            //考试类型为必修，读入数据为百分制
    else
      e.uScore.Grad=(Gradtype)(int)Score; //等级
    T.Element[T.count++]=e;                  //加入学生信息表
    //读取一条记录
    fscanf(fp,"%s%s%d%f",&e.ID,&e.Name,&Type,&Score);
  }
  fclose(fp);                                //关闭文件
  return TRUE;
}
//功能：将班级信息写入指定的文件中
//参数：cla 为要写入的班级信息，filename 为写入的文件名
//返回值：无
int  Write(Table T ,char filename[]){
  FILE * fp;
  Data e;                                    //结构体数组中数据元素类型
  int i;
  if((fp=fopen(filename,"w"))==NULL)
      return FALSE;
  for (i=0;i<T.count;i++){
      e=T.Element[i];                //取数据表中的记录或 e=GetValue(cla,i+1)
      if (e.Ctype==0)
        fprintf(fp,"%12s%25s%4d%6.2f\n",e.ID,e.Name, e.Ctype,e.uScore.Score);
                                      //按百分制成绩写入成绩
      else
        fprintf(fp,"%12s%25s%4d%6.2f\n",e.ID,e.Name, e.Ctype,
        (float)(int)e.uScore.Grad);          //按等级制写入成绩
  }
  fclose(fp);
  return TRUE;
}
```

(4) 将项目 9 中的 Main.cpp 文件加入本项目。

```
#define HEAD "学号\t 姓名\t 成绩\n"
```

361

```
 #define MENUHAED "1.增加学生记录 2.输入学生成绩 \n3.按学号查找
                   4.成绩表输出 \n5.打开文件 6.保存 \n0.退出 \n"
#include "table.h"
#include "file.h"
typedef Table Classes;
//功能：增加学生信息
//参数：cla 为学生信息表，* InputData 为指向函数的指针
void AppData(Classes &cla,int ( * InputData)(Data &s)){
  Data s;
  while(InputData(s))
    Append(cla,s);
}
//功能：在学生表中查找指定学号的学生
//参数：cla 为学生表
void Find(Classes cla){
  char ID[10];
  student s;
  int pos;
  printf("输入学号");
  gets(ID);
  strcpy(s.ID,ID);
  pos=Locate(cla,s,stuIDCompare);                  //查找
  Display( * (GetValue(cla,pos)));                 //显示学生信息
}
//功能：修改学生的成绩信息
//参数：cla 为学生表
void Modify(Classes cla){
  int i;
  Data s;
  for (i=0;i<cla.count;i++){
    s= * (GetValue(cla,i+1));                      //读取第 i+1 个学生信息
    InputScore(s);                                 //修改学生成绩
    SetValue(cla,i+1,s);                           //修改第 i+1 个学生信息
  }
}
  //功能：生成成绩报告
  //参数：cla 为成绩表，* visited 为指向函数的指针
void Report(Classes cla,void ( * visited)(student)){
  int i,n=0;
  student s;
  printf(HEAD);
  float sum=0;
  for (i=0;i<cla.count;i++){
    s= * (GetValue(cla,i+1));
    if (s.Ctype==0){
      sum+=s.uScore.Score;                         //累计求和
      n++;
    }
    visited(s);                                    //显示第 i+1 个学生信息
```

```
    }
    cout<<"\n平均成绩:"<<sum/n<<endl;
}
//主函数
void main(){
    Classes cla;
    InitTable(cla);                      //初始化表
    int ch;
     Read(cla,fileName);                 //读文件
     while(TRUE){
       ch=Menu(MENUHAED,0,6);
       switch(ch){
         case 0: Write(cla,FILENAME);exit(0);break;
         case 1:AppData(cla,Input);break;      //增加学生记录
         case 4:Report(cla,Display);break;     //生成成绩表
         case 3:Find(cla);break;               //查找指定学生
         case 2:Modify(cla);break;             //修改
         case 5:Read(cla,FILENAME);break;      //读文件
         case 6:Write(cla,FILENAME);break;     //写文件
       }
     }
}
```

（5）编译并运行。

程序说明：

（1）学生信息采用文本格式化顺序存储，在启动程序时，首先判断数据文件是否存在，若存在，读取数到 cla 中；否则，创建空的数据文件。

（2）对学生信息的增加、修改、显示实际上都是对 cla 中的学生记录进行操作。

（3）在程序退出时，将 cla 中的学生记录写入文件中。

3. 拓展训练

编写程序，采用顺序存取方式实现对员工工资的管理。

10.2　文件的随机读/写

读取顺序文件中的记录时，需要从第一条记录开始依次读取。如果数据量很大，则检索记录的效率很低。随机文件可以实现直接定位到操作的目标记录，实现直接存取，这样就可以读/写数据文件中的任意数据记录，不需要从第一条记录依次读/写。

本任务根据上个任务的要求，采用随机读/写的方式，实现对学生成绩信息的管理。

10.2.1　文件定位

由于函数 fopen 以读/写方式成功打开文件后的返回值是文件信息区的起始地址（以

追加方式打开文件时,文件指针定位于文件末尾),因此只能从头开始读取所需数据,即顺序读/写操作。在实际中可能要求读/写文件中某一指定部分,即所谓的随机读/写,就是将文件指针移动到需要读/写的位置后再进行读/写操作。实现文件指针移动的操作称为定位。移动文件内部位置指针的函数主要有以下几个。

1. rewind

函数原型:

```
void rewind(FILE * fp);
```

功能:使文件 fp 的位置指针指向文件开始。
返回值:无。

2. ftell

函数原型:

```
long ftell(FILE * fp)
```

功能:返回文件指针的当前位置。
返回值:成功,返回当前值;出错,返回—1。

3. fseek

函数原型:

```
int fseek(FILE * fp, long offset, int base);
```

功能:将文件的位置指针移动到以 base 为基准、以 offset 为偏移量的位置。
返回值:成功,返回 0;否则返回其他值。
说明:

(1) offset 偏移量表示移动的字节数,要求位移量是 long 型数据,以便在文件长度大于 64KB 时不会出错。当用常量表示位移量时,要求加后缀 L。

(2) base 起始点表示从何处开始计算位移量,C 编译系统规定的起始点有 3 种:文件首部、当前位置和文件末尾,如表 10-2 所示。

表 10-2　起始点及其表示

起始点	符　号	数值
文件首	SEEK_SET	0
当前位置	SEEK_CUR	1
文件末尾	SEEK_END	2

例如:

```
fseek (fp,100L,0);      /* 将位置指针从文件首部向前移动 100 个字节 */
fseek (fp,50L,1);       /* 将位置指针从当前位置向前移动 50 个字节 */
```

```
    fseek (fp,-30L,1);           /*将位置指针从当前位置往后移动 30 个字节*/
    fseek (fp,-10L,2);           /*将位置指针从文件末尾向后移动 10 个字节*/
```

（3）函数 fseek 一般用于二进制文件。在文本文件中由于要进行转换，因此计算的位置往往会出现错误。

10.2.2　随机读/写

在移动位置指针之后，即可用前面介绍的任一种读/写函数进行读/写。由于一般是读/写一个数据块，因此常用函数 fread 和 fwrite。

【例 10-10】　创建一个二进制文件，实现对数据随机读/写操作。

```
typedef struct rec{               /*定义结构体类型*/
  char id[10];                    //编号
  char name[30];                  //姓名
  char department[30];            //部门
} Recode;
   //创建一个二进制文件
void Create(){
  FILE * fp1;
  if((fp1=fopen("d:\\data.dat","wb"))==NULL)
  fclose(fp1);
}
//打开文件
FILE * open(char fileName[]){
    FILE * fp;
    if((fp=fopen(fileName,"rb+"))==NULL) {
      Create();                    //如果文件打开不成功,则重新创建一个新文件
      fp=fopen(fileName,"rb+");
    }
    return fp;
}
//读文件
int Read(FILE * fp,int n){
  Recode Rec;
  fseek(fp,(n-1) * sizeof(struct rec),0);        //定位文件指针
  if (fread(&Rec,sizeof(struct rec),1,fp))       //读取一条记录
  {
    printf("编号:%s\n 姓名:",Rec.id,Rec.name);
    printf("部门:%s\n", Rec.department);
    return 1;
  }
  else
    return 0;
}
//写文件
void Write(FILE * fp,int n){
    Recode Rec;
```

365

```
        fseek(fp,(n-1) * sizeof(struct rec),0);    //定位文件指针
        printf("编号:");
        scanf("%s",Rec.id);
        printf("姓名:");
        scanf("%s",Rec.name);
        printf("部门:");
        scanf("%s",Rec.department);
        fwrite(&Rec,sizeof(struct rec),1,fp);    //写入记录
}
//主函数
void main(){
    FILE * fp;                                    /* 定义文件指针 */
    int n;                                        //要修改的记录号
    char fileName[20]="d:\\data.dat";
    fp=open(fileName);
    do {
        printf("输入记录号(<0 结束):");
        scanf("%d",&n);
        if (n<0) break;
        if (!Read(fp,n))  {
            printf("\n 没有记录,请输入:\n");
            Write(fp,n);
        }
    }while(1);
    fclose(fp);
}
```

程序说明:

(1) 如果 D:\\data.dat 文件不存在,则调用函数 Create 创建它。

(2) 函数 fseek(fp,(n-1) * sizeof(struct rec),0) 将指针移到第 n 条记录,函数 fread(&Rec,sizeof(struct rec),1,fp)读取记录。如果存在,则显示记录的内容;否则,重新输入数据,并调用函数 fwrite(&Rec,sizeof(struct rec),1,fp)写入文件。

(3) 数据处理结束后,必须关闭文件。

10.2.3 任务 10-2 随机存取学生信息

1. 任务分析

将学生的成绩信息以二进制形式存储,并以随机文件的访问方式进行访问。

2. 任务实施

本任务中,只修改相应的函数模块,实现上任务 10-1 的功能。函数之间的调用关系和程序流程图同任务 10-1。

按照下面的步骤操作。

(1) 创建 STMIS 项目。

（2）在项目中加入项目 9（或任务 10-1）中的头文件 Data.h、ElemData.h、Table.h。

（3）新建头文件 file.h，代码如下。

```
//file.h 文件
#include "Table.h"
#define FILENAME "d:\\stu.dat"
//功能：创建一个二进制文件
//参数：filename 为文件名
FILE * Create(char filename[]){
  return fopen(filename,"wb");
}
//功能：以读/写的方式打开文件
//参数：filename 为文件名
FILE * Use(char filename[]){
  FILE * fp;
  fp=fopen(filename,"rb+");
  if(fp==NULL){
    Create(filename);
    fp=fopen(filename,"rb+");
  }
  return fopen(filename,"rb+");        //以可读写方式打开文件
}
//功能：读取指定文件信息并存放到数据表中
//入口参数：T 为要保存的班级信息,fp 为指向文件的指针
//出口参数：T 为已获取的班级信息
//返回值：无
void Read(Table &T,char fileName[]){
  FILE * fp;
  Data s;
  T.count=0;                           //设置表的初始值
  fp=Use(fileName);
  fread(&s,sizeof(Data),1,fp);         //读取一条记录
  while(!feof(fp)){
    T.Element[T.count++]=s;            //将记录添加到表中
    //如果表的空间不够,动态添加存储空间
    if (T.count>T.Size) AddSize(T);
    fread(&s,sizeof(Data),1,fp);
  }
  fclose(fp);
}
//功能：将数据表中的信息写入指定的文件
//参数：T 为要写入的数据表,fp 为文件指针
//返回值：无
void Write(Table T,char Filename[]){
  int i;
  FILE * fp;
  fp=Use(Filename);
  for (i=0;i<T.count;i++)              //将所有记录写入文件
    fwrite(&T.Element[i],sizeof(Data),1,fp);
  fclose(fp);
}
```

367

(4) 将 Main.cpp 文件加入本项目。

```
#define HEAD "学号\t 姓名\t 成绩\n"
#define MENUHAED "1.增加学生记录 2.输入学生成绩\n3.按学号查找
                   4.成绩表输出\n5.打开文件 6.保存\n0.退出\n"
#include "File.h"
typedef Table Classes;
//功能：增加学生信息
//参数：cla 为学生信息表,InputData 为指向函数的指针
void AppData(Classes &cla,int ( * InputData)(Data &s)){
  Data s;
  while(InputData(s))
    Append(cla,s);
}
//功能：在学生表中查找指定学号的学生
//参数：cla 为学生表
void Find(Classes cla){
  char ID[10];
  student s;
  int pos;
  printf("输入学号");
  gets(ID);
  strcpy(s.ID,ID);
  pos=Locate(cla,s,stuIDCompare);        //查找
  Display( * (GetValue(cla,pos)));       //显示学生信息
}
//功能：修改学生的成绩信息
//参数：cla 为学生表
void Modify(Classes cla){
  int i;
  Data s;
  for (i=0;i<cla.count;i++){
    s= * (GetValue(cla,i+1));            //读取第 i+1 个学生信息
    InputScore(s);                       //修改学生成绩
    SetValue(cla,i+1,s);                 //修改第 i+1 个学生信息
  }
}
//功能：生成成绩报告
//参数：cla 为成绩表,visited 为指向函数的指针
void Report(Classes cla,void ( * visited)(student)){
  int i,n=0;
  student s;
  printf(HEAD);
  float sum=0;
  for (i=0;i<cla.count;i++){
    s= * (GetValue(cla,i+1));
    if (s.Ctype==0){
    sum+=s.uScore.Score;                            //累计求和
      n++;
```

```
      }
      visited(s);                            //显示第 i+1 个学生信息
    }
    cout<<"\n平均成绩:"<<sum/n<<endl;
}
//主函数
void main(){
  Classes cla;
  InitTable(cla);                            //初始化表
  int ch;
  Read(cla,FILENAME);
  while(TRUE){
    ch=Menu(MENUHAED,0,6);
    switch(ch){
      case 0:Write(cla,FILENAME);exit(0);break;
      case 1:AppData(cla,Input);break;       //增加学生记录
      case 4:Report(cla,Display);break;      //生成成绩表
      case 3:Find(cla);break;                //查找指定学生
      case 2:Modify(cla);break;              //修改
      case 5: Read(cla,FILENAME);; break;    //读文件
      case 6: Write(cla,FILENAME);;break;    //写文件
    }
  }
}
```

（5）编译并运行。

3. 拓展训练

编写程序,采用文件随机读/写的方式实现对员工工资的管理。

10.3　项目实践　数据存储

1. 需求描述

实现对学生考试成绩的管理,包括增加学生信息、输入学生成绩、查找成绩、删除、输出成绩表等功能,并且要将数据存储在文件中。

2. 项目分析

1）数据类型定义

学生信息数据类型定义如下。

```
enum Gradtype{YES,NO};                      //成绩等级,YES 为合格,NO 为不合格
enum Couretype{NED,OPT};                    //考试类型,NED 为必修,OPT 为选修
struct student{
  char  ID[10];                             //学号
```

```
    char Name[20];                          //姓名
    enum Couretype Ctype;                   //考试类型
    union{
        enum Gradtype Grad;                 //等级
        float Score;                        //成绩
    } uScore;
}student;
```

索引表的定义如下。

```
typedef struct{
    int pos;                                //记录在数据文件中的位置
    KeyType ID;                             //关键字
    char deleted;                           //删除标记
}IData;
```

数据元素类型的定义如下。

```
typedef IData Data;                         //数据表抽象数据类型,即数据表中的数据元素类型
```

数据表类型定义如下(用于存储索引文件记录)。

```
typedef struct {
    Data * ElemType                         //指向表的首地址
    int Count                               //当前表中记录数
    int Size;                               //当前分配的存储空间大小
}Table;
```

2) 文件存储方式

建立两个文件,一个是数据文件.dat,一个是索引文件.inx。数据文件存储学生的基本信息,索引文件存储数据文件的索引关键字和记录在数据文件存储的位置。

索引文件和数据文件都采用二进制存储,对索引文件的访问采用顺序访问方式,对数据文件的访问采用随机访问方式。

3) 函数的定义

各函数间的调用关系及部分程序流程图如图 10-4 所示。

(a) 各函数间的调用关系

图 10-4　各函数间的调用关系及部分程序流程图

(b) ListData程序流程图

(c) Modify(&T, fp)程序流程图

(d) Delete(&T)程序流程图

(e) AppendData程序流程图

(f) ZAP(T, fp)程序流程图

(g) FindData(T, *fp)程序流程图

图　10-4（续）

各函数的功能如下。

AppData()：增加学生信息。

Modify()：修改学生成绩信息。

FinData()：查找指定学生。

ListData()：显示学生信息内容。

Delete()：逻辑删除数据文件，给删除的记录作删除标记'＊'。

ZAP()：物理删除记录，将有删除标记的记录从数据文件中删除。

Write()：将数据文件及索引文件写入外存。

GetRecord()：根据记录号读取数据记录。

PutRecord()：将数据记录写入数据文件。

InitTable()：初始化内存中的索引表。

Use()：打开文件。

Input()：输入学生信息。

Display()：显示学生信息。

3. 项目实施

(1) 创建项目 STMS。将任务 10-2 中的头文件 Data.h 加入项目，并增加一个数据类型及一个函数。

① 数据类型：

```
typedef struct{
    int pos;                        //记录在数据文件中的位置
    KeyType ID;                     //关键字
    char deleted;                   //删除标记
}IData;
```

② 函数：

```
int IDXCompare(IData i1,IData i2){
    return strcmp(i1.ID,i2.ID);
}
```

(2) 将任务 10-2 中的头文件 ElemData.h 加入该项目，修改如下。

```
#include "data.h"
typedef IData Data;
```

(3) 将任务 10-2 中的头文件 Table.h 加入该项目。

(4) 创建头文件 file.h，并加入项目。

```
//file.h

#include "Table.h"
//设置文件名
void GetName(char filename[],char FileName[][20]){
    strcpy(FileName[0],filename);
```

```
      strcpy(FileName[1],filename);
      strcat(FileName[0],".INX");              //索引文件名
      strcat(FileName[1],".DAT");              //数据文件名
}
//关闭文件
void Close(FILE * fp[2]){
   fclose(fp[0]);
   fclose(fp[1]);
}
//打开文件
void Use(char File[20],FILE * fp[2]){
   char FileName[2][20];
   int c=0;
   GetName(File,FileName);
   fp[0]=fopen(FileName[0],"rb+");             //以可读写方式打开文件
   if (!fp[0]){
      fp[0]=fopen(FileName[0],"wb");
      fwrite(&c,sizeof(int),1,fp[0]);          //写入记录
      fclose(fp[0]);
      fp[0]=fopen(FileName[0],"rb+");
   }
   fp[1]=fopen(FileName[1],"rb+");
   if (!fp[1]){
      fp[1]=fopen(FileName[1],"wb");
      fclose(fp[1]);
      fp[1]=fopen(FileName[1],"rb+");
   }
}
//功能：读取数据文件中指定位置的记录
//参数：s 为读入的记录信息，pos 为指定位置，fp 为文件指针
//返回值：无
void GetRecord(FILE * fp,student &e,int pos){
   fseek(fp,pos * sizeof(student),0);
   fread(&e,sizeof(student),1,fp);
}
//功能：将给定的信息写入指定文件的指定位置
//参数：s 为要写入的信息，pos 为指定位置，fp 为文件指针
//返回值：无
void PutRecord (FILE * fp,student s,int pos){
   fseek(fp,pos * sizeof(student),0);          //定位写入记录的位置
   fwrite(&s,sizeof(student),1,fp);            //写入记录
}
//功能：读取指定信息并存放到数据表中
//入口参数：T 为要保存的班级信息，fp 为文件指针
//出口参数：T 为已获取的班级信息
//返回值：无
void Read(FILE * fp,Table &T){
```

373

```
        Data s;
        fread(&T.count,sizeof(int),1,fp);        //获取表头信息
        if (T.count>T.Size) AddSize(T);
        for (int i=0;i<T.count;i++){
            fread(&s,sizeof(Data),1,fp);
            T.Element[i]=s;
        }
    }
    //功能：将数据表中的信息写入指定的文件
    //参数：T 为要写入的数据表,fp 为文件指针
    //返回值：无
    void Write(FILE * fp,Table T){
      int i;
      rewind(fp);
      fwrite(&T.count,sizeof(int),1,fp);          //写表头信息
      for (i=0;i<T.count;i++)                      //将所有记录写入文件
          fwrite(&T.Element[i],sizeof(Data),1,fp);
    }
```

(5) 建立 Main.cpp 文件,代码如下。

```
#define HEAD "学号\t 姓名\t 成绩\n"
#define MENUHAED "1.增加学生记录 2.修改学生成绩\n3.按学号查找
                    4.输出成绩表\n5.保存 6.逻辑删除\n7.物理删除 0.退出\n"
#define FILENAME "d:\\file.dat"
#include "file.h"
typedef Table Classes;
//功能：显示所有数据文件
//参数：T 为索引文件表,fp 为指向打开的数据文件的指针
void ListData(Table T,FILE * fp){
  int i;
  student s;
  printf(HEAD);//表头
  for (i=0;i<T.count;i++){
    GetRecord(fp,s,T.Element[i].pos);        //读取记录
    //显示删除标记
    if (T.Element[i].deleted=='*') printf("%c",'*');
      Display(s);                             //显示记录内容
  }
}
//功能：增加一条记录
//参数：T 为索引文件表,fp 为指向打开的数据文件的指针
void AppendData(Table &T,FILE * fp){
  student s;
  long pos;
  Input(s);                                  //输入记录内容
  pos=T.count;                               //将索引记录加入表
```

```
    strcpy(T.Element[pos].ID,s.ID);
    T.Element[pos].deleted=' ';
    T.Element[pos].pos=T.count;
    T.count++;
    PutRecord(fp,s,pos);                        //写入数据文件
}
//功能：查找指定关键字的记录
//参数：T 为索引文件表,fp 为指向打开的数据文件的指针,ID 为关键字
//返回：记录在索引文件中的位序
int FindData(Table T,FILE * fp){
    student s;
    int ipos;
    long dpos;
    char ID[10];
    IData e;                                    //索引表元素类型
    cout<<"输入学号"<<endl;
    cin>>ID;
    strcpy(e.ID,ID);
    ipos=Locate(T,e,IDXCompare);                //在索引表中查找关键字
    if(ipos==0)
     printf("没有找到");
    else{
        dpos=T.Element[ipos-1].pos;             //元素在数据文件中的位置
        GetRecord(fp,s,dpos);                   //读取数据
        Display(s);                             //显示记录
    }
    return ipos;
}
//功能：逻辑删除记录
//参数：T 为索引文件表,ID 为关键字
void Delete(Table &T){
    Data e;
    int ipos;
    char ID[20];
    cout<<"输入学号"<<endl;
    cin>>ID;
    strcpy(e.ID,ID);
    ipos=Locate(T,e,IDXCompare);                //在索引表中查找关键字
    if(ipos==0)
        printf("没有找到");
    else
        T.Element[ipos-1].deleted='*';          //逻辑删除,只在索引表中做标记
}
//功能：将删除标记的记录物理删除
//参数：T 为索引文件表,fp 为指向索引文件和数据文件的指针数组
void ZAP(Table &T,FILE * fp[2]){
```

```
      int i,j;
      student s;
      for (i=0;i<T.count;i++){
        if (T.Element[i].deleted=='*')
        {
          for (j=i;j<T.count;j++){
            T.Element[j]=T.Element[j+1];            //数据记录移位
            GetRecord(fp[1],s,T.Element[j].pos);    //读取记录
            PutRecord(fp[1],s,j);                   //重新写入
            T.Element[j].pos=j;
          }
          T.count--;                                //表长减1
        }
        Write(fp[0],T);                             //重建索引表
      }
    }
//功能：修改学生成绩
//参数：T为索引文件表,fp为指向索引文件和数据文件的指针数组
void Modify(Table &T,FILE * fp[]){
  int i;
  student s;
  for (i=0;i<T.count;i++){
    GetRecord(fp[1],s,T.Element[i].pos);            //读取记录
    if (T.Element[i].deleted!='*'){                 //没有作删除标记的才能修改
      InputScore(s);                                //修改记录
      PutRecord(fp[1],s,T.Element[i].pos);          //重新写入
    }
  }
}


void   main(){
  int choose;
  char ID[10];
  FILE * fp[2];
  Table IT;
  InitTable(IT);                                    //初始化表
  Use(FILENAME,fp);                                 //打开文件
  Read(fp[0],IT);                                   //读取数据文件
  while(TRUE){
    choose=Menu(FILENAME,0,8);                      //菜单
    switch(choose){
      case 0:Write(fp[0],IT);Close(fp);exit(0);break;
      case 1:AppendData(IT,fp[1]);break;
      case 2:Modify(IT,fp);break;
      case 3:FindData(IT,fp[1]);break;
      case 4:ListData(IT,fp[1]);break;
      case 5:Write(fp[0],IT);break;
```

```
        case 6:Delete(IT);break;
        case 7:ZAP(IT,fp);
    }
  }
}
```

小   结

1. 本章重点

（1）文件的打开与关闭。

（2）文件的读/写。

（3）文本文件与二进制文件，顺序存取与随机存取。

2. 相关知识点提示

文件是指存储在外部介质上一组相关数据的集合。数据以多个文件的形式存放在外部介质上，操作系统以文件为单位对数据进行管理。C 语言使用的磁盘文件系统有两类：一类称为缓冲文件系统，即标准文件系统；另一类称为非缓冲文件系统。

在 C 语言中，对文件的读/写都是用库函数来实现的。要对磁盘文件进行操作必须先打开，后读写，最后关闭。文件的打开和关闭用函数 fopen 和 fclose 实现。常用的读/写函数有字符读/写函数、字符串读/写函数、数据块读/写函数和格式化读/写函数，这些函数在头文件 stdio.h 中。

一般文件的读/写都是顺序读/写，就是从文件的开头开始，依次读取数据。实际问题中，有时要从指定位置开始，也就是随机读/写，这就要用到文件的位置指针。文件的位置指针指出了文件下一个读/写位置，每读/写一次后，指针自动指向下一个位置。程序员可以通过文件位置指针移动函数实现文件的定位读/写。

习   题

一、选择题

1. 若要打开文本文件 A：user\abc.txt 进行读、写操作，下面符合此要求的函数是（   ）。

A. fopen("A:\user\abc.txt","r");

B. fopen("A:\\user\\abc.txt","r+");

C. fopen("A:\user\abc.txt","rb");

D. fopen("A:\\user\\abc.txt","w");

2. 若 fp 已正确定义并指向某个文件,当未遇到该文件结束标志时函数 feof(fp)的值为(   )。

    A. 0   B. 1   C. −1   D. 一个非 0 值

3. 以下程序执行后,文件 test.txt 中的内容是(   )。

```c
void fun(char * fname.,char * st){
  FILE * myf;
  int i;
  myf=fopen(fname,"w");
  for(i=0;i<strlen(st); i++)
    fputc(st[i],myf);
  fclose(myf);
}
int main(){
  …
  fun("test","new world"; fun("test","hello,"0;)
  …
}
```

    A. hello,   B. new worldhello,

    C. new world   D. hello,rld

4. 以下程序的输出结果是(   )。

```c
int main() {
  FILE * fp; int i=20,j=30,k,n;
  fp=fopen("d1.dat""w");
  fprintf(fp,"%d\n",i);fprintf(fp,"%d\n",j);
  fclose(fp);
  fp=fopen("d1.dat", "r");
  fp=fscanf(fp,"%d%d",&k,&n);  printf("%d%d\n",k,n);
  fclose(fp);
}
```

    A. 20 30   B. 20 50   C. 30 50   D. 30 20

二、填空题

1. 以下程序段打开文件后,先利用函数 fseek 将文件位置指针定位在文件末尾,然后调用函数 ftell 返回当前文件位置指针的具体位置,从而确定文件长度,请填空。

```c
FILE * myf;
long f1;
myf=_____ ("test.t","rb");
fseek(myf,0,SEEK_END); f1=ftel(myf);
fclose(myf);
printf("%d\n",f1);
```

2. 以下面程序段把从终端读入的 10 个整数以二进制方式写入一个名为 bi.dat 的新

文件中,请填空。

```
FILE * fp;
int main() {
int i,j;
  if((fp=fopen(_____, "wb"))==NULL) exit(0);
  for(i=0; i<10; i++){
    scanf("%d",&j);
    fwrite(&j,sizeof(int),1,_____);
  }
  fclose(fp);
}
```

3. 以下程序用来统计文件中的字符个数,请填空。

```
int main(){
  FILE * fp; long num=0L;
  if((fp=fopen("fname.dat","r"))==NULL) {
    pirntf("Open error\n");  exit(0);}
    while(_____)  {
      fgetc(fp); num++;
    }
    printf("num=%1d\n",num-1);
    fclose(fp);
}
```

4. 以下程序的功能是,接收用户从键盘输入的文件名以及一串字符(用♯结束输入),然后存放到此文件中形成文本文件,并将字符的个数追加到文件尾部,请填空。

```
int main(){
  FILE * fp;
  char ch,fname[32];
  int count=0;
  printf("Input the filename : ");
  scanf("%s",fname);
  if((fp=fopen(_____ ,"w+"))==NULL) {
   printf("Can't open file: %s \n",fname); exit(0);
  }
  printf("Enter data: \n");
  while((ch=getchar())!="#"){
    fputc(ch,fp);  count++;
  }
  fprintf(_____ ,"\n%d\n", count);
  fclose(fp);
}
```

5. 以下程序的功能是,接收用户从键盘输入的字符串,把该字符串中的小写字母转换为大写字母,输出到文件 test.txt 中,然后从该文件读出字符串并显示出来,请填空。

```
void main() {
  FILE * fp;
  char str[100];
  int i=0;
  if((fp=fopen("text.txt", _____))==NULL) {
    printf("can't open this file.\n");
     exit(0);
  }
  printf("input astring:\n");
  gest(str);
  while(str[i]) {
    if(str[i]>='a'&&str[i]<='z')
      str[i]=_____;
    fputc(str[i],fp);
    i++;
  }
  fclose(fp);
  fp=fopen("test.txt",_____);
  fgets(str,100,fp);
  printf("%s\n",str);
  fclose(fp);
}
```

第 11 章　C 语言的高级应用

【技能目标】　理解利用 C 语言实现实时控制程序的编程方法。

【知识目标】　使用 C 语言开发计算机控制程序,可以利用 C 语言结构化编程技术以及直接访问内存的特征,使控制程序的编写变得简单容易、程序的可维护性好。本章主要包括以下内容。

(1) 位运算。

(2) C 语言与汇编语言的混合编程。

通过本章的学习,要求达到以下目标。

(1) 熟悉二进制位运算。

(2) 理解高级语言与 C 语言程序设计的基本方法。

(3) 理解 C51 程序设计的基本方法。

【关键词】　位(bit),汇编语言(assembly language)。

11.1　位运算及应用

在计算机内部,程序的运行、数据的存储及运算都是以二进制形式进行的。一个字节由 8 个二进制位组成。本节讲的位运算,是指进行二进制位的运算。位运算是 C 语言的一种强大的运算,它使 C 语言具有某些低级语言的功能,使程序可以进行二进制的运算,所以 C 语言也被称为面向机器的高级语言,在单片机、嵌入式系统中广泛用到位运算的知识。位运算也可以在其他方面有广泛的用途,如利用位运算进行数据的加密与解密等。

11.1.1　位运算

表 11-1 列出了 C 语言的位运算符。位运算符的操作对象为整型或字符型数据。下面一一列举说明。

1. 按位与(&)

运算符 & 将其两边数据对应的各个二进制位分别进行与运算,即两者都为 1 时结果为 1,否则为 0。

表 11-1　C 语言的位运算符

位运算符	含　义	运算对象数	举　　例
&	按位与	2	a & b,a 和 b 的各位按位进行与运算
|	按位或	2	a | b,a 和 b 的各位按位进行或运算
~	按位取反	1	~a,对 a 的全部二进制位取反
^	按位异或	2	a^b,a 和 b 的各位按位进行异或运算
<<	左移	2	a<<2,a 的各位全部左移 2 位,右边补 0
>>	右移	2	a>>2,a 的各位全部右移 2 位,左边补 0

运算规则：$0\&0=0$、$0\&1=0$、$1\&0=0$、$1\&1=1$。

例如：

　　a=1 0 1 1 1 0 1 0
　　b=0 1 1 0 1 1 1 0
a&b=0 0 1 0 1 0 1 0

可以发现,任何一位和 1 进行与运算时,结果保持原值,和 0 进行与运算时,结果皆为 0。

注意：不可将按位与运算符 & 和逻辑与运算符 && 相混淆。运算符 && 的运算对象以数据类型的值为单位,当 && 两边操作数为非 0 值时,表达式的运算结果为 1；但 & 运算符是以二进制位为单位,运算时需要将 & 两边的操作数转换成二进制数,对应的二进制位进行与运算。

可以运用与运算的这种性质,实现下面的功能。

(1) 将某数清 0。如果想使某数为 0,只要用 0 和其进行按位与运算即可。当然,也可以将某数中的某些位清 0。例如,要将 unsigned int a 的第 2 位置 0,让 a 与 0xfb 按位与即可。

(2) 提取数据中的某些位,屏蔽掉另外一些位。例如,有 a=01111011,若想取 a 的低 4 位数,只须使 a 与 0x0f 进行按位与运算即可。

(3) 用按位与操作实现宏 is_odd,它判断某个整数是否为奇数：

```
#define is_odd(x) (1&(unsigned)(x))
```

【例 11-1】　输入一个数,判断此数是否为奇数。

```
#define is_odd(x) (1&(unsigned)(x))
#include <stdio.h>
void main(){
  unsigned num;
  printf("输入一个整数");
  scanf("%d",&num);
  if (is_odd(num))
    printf("%d 是奇数\n",num);
  else
    printf("%d 是偶数\n",num);
}
```

程序执行结果：

```
输入一个整数13
13是奇数
```

程序说明：程序中 1&(unsigned)(x)语句将 x 与 1 进行按位与运算，因为偶数的二进制表示的最低位是 0，所以按位与后结果为 0，而奇数的二进制表示的最低位为 1，所以和 1 进行按位与后为 1。

2. 按位或(|)

运算符|将两个操作数对应的二进制位分别进行或运算，参与运算的两个位中只要有一个为 1 时结果就为 1，两者都为 0 时结果才为 0。

运算规则：0|0=0、0|1=1、1|0=0、1|1=1。

例如：

 a=1 0 0 1 1 0 1 0

 b=0 1 0 1 0 1 1 0

a|b=1 1 0 1 1 1 1 0

可以发现，任何一位和 0 进行或运算时，其结果就等同于这一位。

按位或运算用来对一个数据的某些二进制位置 1。例如，x|MASK 的运算结果是将 x 中相应于 MASK 为 1 的那些位置 1(MASK 为常量)。设 x=5，MASK=03，则 x|MASK=00000101|00000011=00000111。

3. 按位异或(^)

运算符^的作用是判断两个相应位的值是否"相异"(不同)，若为异，则结果为 1，否则为 0。

运算规则：0^0=0、0^1=1、1^0=1、1^1=0。

例如：

 a=1 0 0 1 1 0 1 0

 b=0 1 0 1 0 1 1 0

a^b=1 1 0 0 1 1 0 0

由异或运算的性质可以得出以下一些应用。

(1) 让数据的某些位取反，即 0 变为 1，1 变为 0，一些位保持不变。例如：

 a=0 1 1 0 1 0 1 0

 b=0 0 0 0 1 1 1 1

a^b=0 1 1 0 0 1 0 1

可以看出结果中高 4 位和 a 运算后保持不变，低 4 位取反，即想让某些位不变就用 0 去异或，要取反的位用 1 去异或。

(2) 按位异或操作可以用来检查两个变量是否相同。例如：

```
if(x^y)...        /* x 和 y 不同 */
```

（3）实现两个数据的交换。

例如,要将 a 和 b 的值进行交换,可以用下面的语句。

```
a=a^b;
b=b^a;        /* b=b^a=b^(a^b)=(b^b)^a=0^a=a,有 b=a */
a=a^b;        /* a=a^b=(a^b)^a=(a^a)^b=0^b=b,有 a=b */
```

4. 按位取反(～)

运算符~是一个一元运算符,能对一个二进制数的每一位都取反,即 0 变为 1,1 变为 0。例如:

a＝1 0 0 1 1 0 1 0

~a＝0 1 1 0 0 1 0 1

~运算符的优先级别比算术运算符、关系运算符、逻辑运算符和其他运算符都高,例如,对表达式~a&b,先进行~a 运算,然后进行 & 运算。

按位取反操作可用于某些依赖于具体计算机字长的应用中,从而使结果代码是可移植的。

例如,以下语句用来将字 x 的低三位清 0:

x=x&0xfff8;

但这个操作只能应用于 16 位字长的计算机。如果计算机的字长为 32 位,结果将会不同。

一个可移植的方法是 x = x&~07;。这种表示方法与机器字长无关,也无需额外开销,因为~0x07 是常量表达式,在编译时求值。当字长为 16 位时,~0x07 = 1111 1111 1111 1000(二进制)。而当字长为 32 位时,~0x07 = 1111 1111 1111 1111 1111 1111 1111 1000(二进制)。

想一想: printf("~0=%x\n",~0);语句会输出什么? 在 8 位机、16 位机、32 位机下的结果会不会相同?

5. 左移运算符(＜＜)

运算符＜＜的功能是将一个数的各个二进制位全部向左平移若干位,左边移出的部分予以忽略,右边空出的位置补零。例如:

a＝0 0 0 1 1 0 1 0

a＜＜2＝0 1 1 0 1 0 0 0

一个数据,每左移 1 位相当于乘以 2,左移 2 位相当于乘以 4,但此结论只适用于该数左移时被移出的高位中不包含 1 的情况。

左移比乘法运算快得多,有些 C 编译程序自动将乘以 2 的运算用左移一位来实现。将乘以 2^n 的运算处理为左移 n 位。

6. 右移运算符(＞＞)

右移运算符＞＞的功能是将一个数的各个二进制位全部向右平移若干位,右边移出的部分予以忽略,左边空出的位置对于无符号数补 0。对于有符号数,若原符号位为 0,则补 0;若原符号位为 1,则全补 1。也就是右移后保持这个数的正负符号不变。

例如,若变量 a 被定义成 unsigned char,即无符号型,则有

　　　　a＝1 0 0 1 1 0 1 0

a＞＞2＝0 0 1 0 0 1 1 0

若变量 a 被定义成 char,即有符号型,则有

　　　　a＝1 0 0 1 1 0 1 0

a＞＞2＝1 1 1 0 0 1 1 0

一个数据每右移 1 位相当于除以 2,右移 2 位相当于除以 4,以此类推。

在右移时,需要注意符号位问题。对于无符号数,右移时左边高位移入 0;对于有符号的值,如果原来符号位为 0(该数为正),则左边也是移入 0。如果符号位原来为 1(负数),则左边移入 0 还是 1,要取决于所使用的计算机系统。有的系统移入 0,有的系统移入 1。移入 0 的称为逻辑右移,即简单右移;移入 1 的称为算术右移。

进行算术右移可以将数值除 2,算术左移可以将数值乘 2。

【例 11-2】　设计一个函数,它返回整型变量 x 自右向左第 p 位开始的连续 n 位所构成的整数值。

分析:题目要求如图 11-1 所示,求阴影部分 n 位二进制数构成的整数值。

图 11-1　例 11-2 示例图

实现上述目的操作步骤如下。

(1) 将阴影部分的 n 位右移到最右端,可用 x＞＞(p＋1－n)实现。

(2) 设置一个低 n 位全为 1,其余全为 0 的数。可用~(~0＜＜n)实现。

注意该表达式的计算过程:

```
              0:0000...000000
             ~0:1111...111111
设n=4,则~0<<n:1111...110000
      ~(~0<<n):0000...001111
```

(3) 计算 x＞＞(p＋1－n)&~(~0＜＜n)。

(4) 假设 x 为 unsigned int,则 x 的二进制位数为 sizeof(x)＊8,则 p＜0 或 p＞＝sizeof(x)＊8 是错误的。显然 n 的取值范围是 n＞0&&n＜＝p＋1。

根据以上的分析,设计的程序如下。

```c
#include <stdio.h>
#define ERROR (-1)
#define ByteLen 8
#define uint unsigned
int getbit(uint x,uint p,uint n){
```

```
        if(p<0||p>=sizeof(x) * ByteLen||n<0||n>p+1)
          return (ERROR);
      return((x>>(p+1-n))&~ (~ 0<<n));
    }
    void main(){
      uint x=0xabcd;
      uint y;
      y=getbit(x,8,4);
      printf("x=%x,y=getbit(x,8,4), y=%d\n",x,y);
    }
```

程序运行结果：

```
x=abcd,y=getbit(x,8,4), y=14
```

7. 复合位运算符

位运算符与赋值运算符结合可组成新的赋值运算符。例如：

```
a&=b;                   /* 相当于 a=a&b */
a|=b;                   /* 相当于 a=a|b */
a^=b;                   /* 相当于 a=a^b */
a>>=b;                  /* 相当于 a=a>>b */
a<<=b;                  /* 相当于 a=a<<b */
```

【例 11-3 】　从键盘输入一个正整数,然后按二进制位输出。

```
#include <stdio.h>
#include <conio.h>
void main(){
  int num,mask,len,i;
  len=8 * sizeof(int);            //求 int 型字节数,并转换成二进制位数
  mask=1<<(len-1);                //构造 1 个最高位为 1,其余各位为 0 的屏蔽码
  printf("输入一个正整数");
  scanf("%d",&num);
  printf("%d=",num);
  for (i=1;i<=len;i++){
    putchar(num&mask?'1':'0');    //输出最高位
    num<<=1;                      //将次高位移到最高位
    if (i%4==0) putchar(',');     //四位一组,用逗号分开
  }
  printf("\bB\n");                //退一格,用 B 覆盖最后一个逗号
}
```

程序运行结果：

```
输入一个正整数234
234=0000,0000,0000,0000,0000,0000,1110,1010B
```

程序说明：程序中通过从高位到低位对每一位的测试来判定是 0 还是 1,然后输入字

符 0 或 1。测试位时利用表达式 num&mask，mask 是屏蔽码（最高位为 1，其余各位为 0）。

8. 不同长度的数据进行位运算

如果两个数据长度不同，则在进行位运算时系统会将两者自动按右端对齐。

例如，a&b，这里 a 是 int 型，b 是 long 型，如图 11-2 所示。

如果长度短的数是正数，则左侧用 0 补满。如果长度短的数是负数，则左侧用 1 补满。在进行位运算时，建议采用无符号整数，尽量不用带符号的数。

图 11-2　不同长度数位的运算

11.1.2　位域（位段）

有些信息在存储时，并不需要占用一个完整的字节，而只须占几个或一个二进制位。例如，在存放一个开关量时，只有 0 和 1 两种状态，用一位二进位即可。为了节省存储空间，并使处理简便，C 语言又提供了一种数据结构，称为位域或位段。

位域是指把一个字节中的二进位划分为几个不同的区域，并说明每个区域的位数。每个域有一个域名，允许在程序中按域名进行操作。这样就可以把几个不同的对象用一个字节的二进制位域来表示。

1. 位域的定义和位域变量的说明

位域的定义与结构体的定义相仿，其一般形式如下。

struct 位域结构体 { 位域列表 };

其中位域列表的形式如下：

数据类型 位域名：位域长度；

例如：

```
struct bs {
  int a:8;
  int b:2;
  int c:6;
};
```

位域变量的定义与结构体变量定义的方式相同。可采用先定义后声明，同时定义声明或者直接声明三种方式。例如：

```
struct bs{
  int a:8;
  int b:2;
```

```
    int c:6;
}data;
```

其中,data 为 bs 变量,共占两个字节。其中位域 a 占 8 位,位域 b 占 2 位,位域 c 占 6 位。

对于位域的定义尚有以下 3 点说明。

(1) 一个位域必须存储在同一个字节中,不能跨两个字节。如果一个字节所剩空间不够存放另一位域时,应从下一单元起存放该位域。也可以有意使某位域从下一单元开始。例如:

```
struct bs {
    unsigned a:4
    unsigned :0          /*空域*/
    unsigned b:4          /*从下一单元开始存放*/
    unsigned c:4
}
```

在这个位域定义中,a 占第一字节的 4 位,后 4 位填 0 表示不使用,b 从第二字节开始,占用 4 位,c 占用 4 位。

(2) 由于位域不允许跨两个字节,因此位域的长度不能大于一个字节的长度,也就是说不能超过 8 位二进位。

(3) 域可以无位域名,这时它只用来作填充或调整位置。无名的位域是不能使用的。例如:

```
struct k {
    int a:1
    int :2              /*该2位不能使用*/
    int b:3
    int c:2
};
```

从以上分析可以看出,位域在本质上就是一种结构体类型,不过其成员是按二进位分配的。

2. 位域的使用

位域的使用和结构成员的使用相同,其一般形式如下。

位域变量名.位域名

位域允许用各种格式输出。

【例 11-4】 观察程序运行的结果。

```
void main(){
    struct bs{
        unsigned a:1;
        unsigned b:3;
```

```
    unsigned c:4;
  }bit, * pbit;
  bit.a=1;
  bit.b=7;
  bit.c=15;
  printf("%d,%d,%d\n",bit.a,bit.b,bit.c);
  pbit=&bit;
  pbit->a=0;
  pbit->b&=3;
  pbit->c|=1;
  printf("%d,%d,%d\n",pbit->a,pbit->b,pbit->c);
}
```

程序运行结果:

```
1,7,15
0,3,15
```

程序说明:

(1) 程序中定义了位域结构体 bs,三个位域为 a、b、c。声明了 bs 类型的变量 bit 和指向 bs 类型的指针变量 pbit。这表示位域也是可以使用指针的。

(2) 语句 bit.a＝1;bit.b＝7;bit.c＝15;分别给三个位域赋值(应注意赋值不能超过该位域的允许范围)。

(3) 语句 printf("％d,％d,％d\n",bit.a,bit.b,bit.c);以整数格式输出三个域的内容。

(4) 语句 pbit＝&bit;把位域变量 bit 的地址送给指针变量 pbit。

(5) 语句 pbit—>a=0;用指针方式给位域 a 重新赋值为 0。语句 pbit—>b&＝3 使用了复合的位运算符 &＝,相当于 pbit—>b=pbit—>b&3。

位域 b 中原有的值为 7,与 3 作按位与运算的结果为 3(111&011＝011),十进制值为 3)。同样,程序第 16 行中使用了复合位运算符|＝,相当于 pbit—>c=pbit—>c|1,其结果为 15。

(6) 语句 printf("％d,％d,％d\n",pbit—>a,pbit—>b,pbit—>c);用指针方式输出了这 3 个域的值。

11.1.3　任务 11-1　文件的加密与解密

1. 任务分析

本任务实现将指定的文件加密后生成新文件,再将加密后的文件解密生成新文件。加密时,将文件内容逐字符读出与密钥按位异或,然后写入新文件。解密的方法与加密相同。在加密和解密时如果与密钥异或后其值为 0,则将其值＋1 或－1,防止与结束标记相同。

2. 任务实施

根据任务分析,编写以下代码。

```c
#include <stdio.h>
#include <stdlib.h>
//功能:将指定的文件加密后生成一个新的文件
//参数:input 为待加密的文件,output 为加密后生成的文件,key 为密钥
void encode(char * input,char * output,char key){
  int ch;
  FILE * fp1, * fp2;
  if((fp1=fopen(input,"r"))!=NULL){
    if ((fp2=fopen(output,"w"))==NULL){
      printf("不能打开文件\n");
      exit(0);
    }
    do{
      ch=getc(fp1);
      if (ch==EOF) break;
      ch=ch^key;
      if (ch==EOF)
          ch++;
      putc(ch,fp2);
    }while(1);
    fclose(fp1);
    fclose(fp2);
  }
}
//功能:将指定的文件解密后生成一个新的文件
//参数:input 为待解密的文件名,output 为解密后生成的文件,key 为密钥
void decode(char * input,char * output,char key){
  int ch;
  FILE * fp1, * fp2;
  if((fp1=fopen(input,"r"))!=NULL){
    if ((fp2=fopen(output,"w"))==NULL){
    printf("不能打开文件\n");
    exit(0);
  }
  do{
    ch=getc(fp1);
    if (ch==EOF) break;
    ch=ch^key;
    if (ch==EOF)
        ch--;
        putc(ch,fp2);
  }while(1);
```

```
    fclose(fp1);
    fclose(fp2);
  }
}
void main(){
  char s[80],infile[80],outfile[80],key;
  while(1){
    printf("加密[E],解密[D],退出[Q]\n");
  gets(s);
  *s=toupper(*s);//将字符转换为大写
  switch(*s){
    case 'E': printf("输入加密源文件名:\n");
        gets(infile);
        printf("输入加密目标文件名:\n");
        gets(outfile);
        printf("密钥:");
        scanf("%d",&key);
        encode(infile,outfile,key);
        break;
    case 'D': printf("输入解密源文件名:\n");
        gets(infile);
        printf("输入解密目标文件名:\n");
        gets(outfile);
        printf("密钥:");
        scanf("%d",&key);
        decode(infile,outfile,key);
        break;
    case 'Q':exit(0);
    default:break;
    }
  }
}
```

11.2　高级语言与汇编语言的混合编程

对于一项软件工程而言,首要目标是保证达到软件所需质量,其次是尽可能降低开发成本。高级语言和汇编语言在语言表达能力、表达的方便程度、编程效率和运行效率方面各有特点,这就需要它们相互"取长补短",即混合编程,以便获得最大的综合效益。高级语言与汇编语言的混合编程通常发生在下列情况。

(1) 需要访问机器的硬件特征,这些特征用高级语言表达比较困难。

(2) 某些程序段需要频繁运行,单次运行速度的提高可显著提高整个系统的效率。

(3) 有现成的汇编语言程序段可用。

通常有两种方法可以实现 C 程序调用汇编程序。一种方法是在 C 程序中直接使用汇编语句,即嵌入式汇编;另一种方法是用两种程序分别编写独立的模块,将汇编源代码汇编生成目标代码 OBJ 文件,将 C 源程序和 OBJ 文件组建项目文件,然后进行编译和链接,生成可执行文件.EXE。

11.2.1 Visual C++ 汇编程序环境设置

可以通过配置 Visual C++ 的编程环境,实现在 Visual C++ 环境下完成 C 语言与汇编的混合编程。其配置步骤如下。

(1) 首先,从官网(http://www.masm32.com/)下载最新的安装包,之后,以管理员身份进行安装。安装程序在指定磁盘创建 masm32 文件夹,并在本地进行编译安装。

安装成功后,如果自身所带的 ml.exe 编译器版本很旧,可以从新版本的 Visual C++ 中复制新的 ml.exe,一般在 VC\bin 目录下,复制 ml.exe 并覆盖 masm32 文件夹中旧的 ml.exe。下面假设安装在 C 盘。

(2) 设置环境变量。设置系统属性,如图 11-3 所示。编辑环境变量:include、lib、path,如果有该条目,则在该条目的最前面添加,如果没有,则新建。

图 11-3　设置环境变量

在 include 项中添加 C:\masm32\include。

在 lib 中添加 C:\masm32\lib。

在 path 中添加 C:\masm32\bin。

之后,打开命令行窗口,输入 ml,按 Enter 键,如下所示。

```
D:\masmex>ml
Microsoft (R) Macro Assembler Version 6.14.8444
Copyright (C) Microsoft Corp 1981-1997.  All rights reserved

usage: ML [ options ] filelist [ /link linkoptions]
Run "ML /help" or "ML /?" for more info

D:\masmex>_
```

（3）编译并运行。利用记事本或其他文本编辑工具编写如下代码，保存文件为 D:\
masmex\hello.asm。

```
.386
.model flat,stdcall
option casemap:none
include windows.inc
include user32.inc
includelib user32.lib
include kernel32.inc
includelib kernel32.lib
.data
szCaption db 'A MessageBox!',0
szText db 'Hello World!',0
.code
start:
   invoke MessageBox,NULL,offset szText,offset szCaption,MB_OK
   invoke ExitProcess,NULL
end start
```

在命令行窗口中执行以下命令。

```
ml /c /coff hello.asm
link /subsystem:windows hello.obj
hello.exe
```

效果如图 11-4 所示。

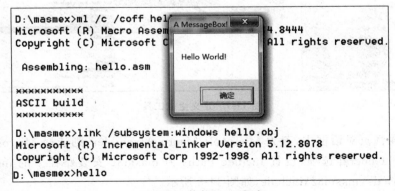

图 11-4　执行 hello 程序

（4）完成 masm 的环境配置。

393

(5) 在 Visual C++ 2010 中新建一个 C++ 空的控制台工程,并自定义 Visual C++工程生成规则,如图 11-5 所示。

图 11-5 定义工程生成规则

(6) 添加 asm 文件,如图 11-6 所示。添加 C++源文件,将文件的扩展名改为.asm。

图 11-6 添加.asm 源程序

(7) 在添加的.asm 文件上右击,选择"属性"命令。如图 11-7 所示,可以选择"自定义生成工具",或 Microsoft Macro Assembler。

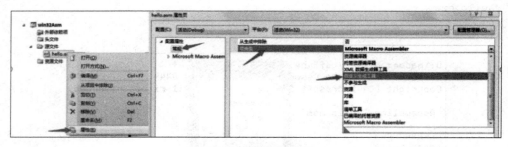

图 11-7 定义生成工具

(8) 在属性页对话框中,若为 Microsoft Macro Assembler,则选择 Microsoft Macro Assembler→ General 选项,设置 Include Paths 为 masm32 安装路径下的 include 文件夹。这里选择 d:\masm32\include,如图 11-8 所示。

也可以选择"自定义生成工具"选项,单击"应用"按钮,再次打开属性页。选择"自定义生成工具"→"常规"选项,如图 11-9 所示。

图 11-8　设置包含文件目录

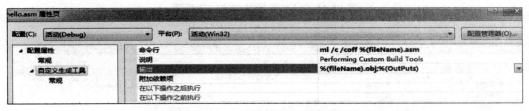

图 11-9　设置编译编译命令格式和输出文件夹

命令行：

```
ml /c /coff %(fileName).asm
```

输出：

```
%(fileName).obj;%(OutPuts)
```

（9）选择属性页对话框中的 Listing File 选项，设置 Assembled Code Listing File 为 $(ProjectName).lst，如图 11-10 所示。

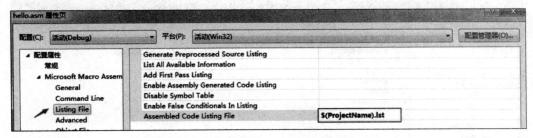

图 11-10　设置编译输出列表文件的文件夹

（10）右击项目名称，选择"属性"命令，弹出对话框。选择"链接器"→"输入"选项，在"附加依赖项"中设置包含的库，这里用的两个库是 kernel32.inc 和 user32.inc，如图 11-11 所示。

（11）在项目属性页对话框中选择"链接器"→"常规"选项，设置"附加库目录"为 D:\masm32\lib，如图 11-12 所示。

图 11-11　设置链接器的附加依赖项

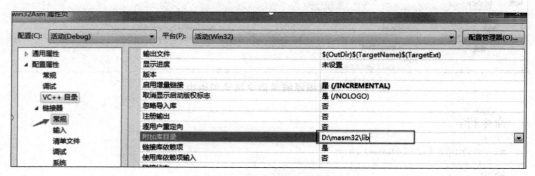

图 11-12　设置链接器的附加库目录

（12）在项目属性页对话框中选择"链接器"→"调试"选项,设置"生成调试信息"为"是",如图 11-13 所示。

图 11-13　设置生成调试信息

（13）在项目属性页对话框中选择"链接器"→"系统"选项,设置"子系统"为"控制台",如图 11-14 所示。

（14）将 hello.asm 的代码添加到项目中,编译并运行,如图 11-15 所示。

图 11-14　设置运行方式

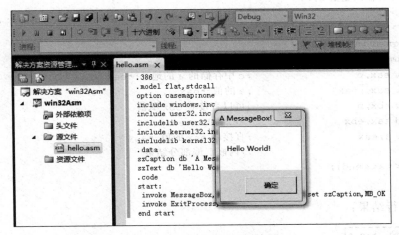

图 11-15　案例程序运行结果

11.2.2　在 C 程序中嵌入汇编语句

嵌入式汇编又称行内汇编,在 C 源程序中的汇编语句可以直接访问 C 程序中定义的常量、变量和函数,而不用考虑两者之间的接口,从而避免了汇编语言和 C 语言之间复杂的接口问题。

嵌入汇编语句采用 _ _asm 关键字,形式如下。

_ _asm{ 汇编语句 }

具体应用时通常采用以下两种方式。

第一种方式,用{}括起整个程序段,例如:

```
_ _asm{
    mov eax,5h
    mov ecx,7h
    add eax,ecx
}
```

第二种方式,在每条汇编语句前添加_ _asm 标记,例如:

```
_ _asm mov eax,5h
_ _asm mov ecx,7h
_ _asm add eax,ecx
```

在 C 程序中直接支持嵌入汇编语句,不需要独立的汇编系统和另外的链接步骤。

【例 11-5】 编程实现 a+b 运算。

```
#include <iostream.h>
  void main(){
  unsigned int a,b;
  cout<<"输入整数 a,b:"
  cin>>a;
  cin>>b;
  unsigned int * c=&a;
  _ _asm{                          //下面是内嵌汇编
    mov eax,c                      ;c 中存储的 a 的地址→eax
    mov eax,[eax]                  ;a 的值→eax
    mov ebx,b                      ;可以直接对 ebx 赋值
    add eax,ebx                    ;eax+ebx→eax
    mov a,eax                      ;直接将 eax 的值→a
  }                                //内嵌汇编部分结束
  cout<<a<<endl;
}
```

程序运行结果:

```
输入整数a,b:2 3
5
```

程序说明:

(1) c 是指向变量 a 的指针,语句 mov eax,c、move eax,[eax]等价于 mov eax,a。注意 mov eax,[c]是错误的。

(2) 语句 add eax,ebx 也可以写为 lea eax,[eax+ebx],实现 a+b。

【例 11-6】 嵌入汇编语句求 2^n,函数 power(int x)用汇编语句实现。

```
#include <stdio.h>
int power(int);
void main(){
  int x;
  printf("Try 2^x,enter the integer(0<x<32) for x:");
  scanf("%d",&x);
  printf("2^%d=%u\n",x,power(x));
}
int power(int x){          /*求 2^x*/
  _ _asm{
      mov eax,2             ;eax←2
      mov ecx,x             ;ecx←x
      dec ecx              ;ecx←ecx-1
```

```
        shl eax,cl              ;将 eax 逻辑左移 cl 次
        mov x,eax
    }
    return x;
}
```

程序运行结果：

```
Try 2^x,enter the integer(0<x<32) for x:8
2^8=256
```

程序说明：

（1）程序中利用逻辑左移实现计算 2^n 的值。

（2）注意函数 power 中变量 x 的作用域。

11.2.3　采用模块调用的方法

混合编程是指利用各类设计语言独立编写程序，并由相应的开发环境编译为扩展名为.obj 的目标文件，经过正确链接生成扩展名为.exe 的可执行文件。为确保各语言间目标代码的安全链接，须对其接口、参数传递、返回值处理、寄存器使用及变量引用做出约定。

1. 采用一致的调用协议

MASM 汇编语言利用"语言类型"确定调用协议和命名约定，支持的语言类型有 C、SYSCALL、STDCALL、Pascal、BASIC 和 FORTRAN。

C 语言具有三种调用协议：_cdecl、_stdcall 和_fastcall。C 语言与汇编语言混合编程通常利用堆栈进行参数传递，通常采用_cdecl 调用协议。

2. 入口参数和返回参数的约定

不论何种整数类型进行参数传递时都扩展成 32 位，C 语言中没有远、近调用之分，所有调用都是 32 位的偏移地址，所有的地址参数也都是 32 位偏移地址，在堆栈中占 4 个字节。图 11-16 所示为 C 语言调用协议的堆栈示意图。参数返回时，对于小于或等于 32 位的数据扩展为 32 位，存放在 EAX 寄存器中；4～8 个字节的返回值存放在 EDX、EAX 寄存器中；更大字节数的数据则将它们的地址指针存放在 EAX 中。

图 11-16　使用 C 语言调用协议时堆栈的内容

【例 11-7】　编程实现 C 程序和汇编代码通过堆栈传递参数。

C 程序部分：

```
#include <stdio.h>
extern "C" {int addsum (int,int);}        //外部引用声明
```

```
void main(){
    Int a=100,b=200;
    printf("d+%d=%d\n",a,b,addsum (a,b));
}
```

汇编程序部分(文件名为 addsum.asm):

```
.386p                          ;;用 32 位指令
.model flat,c                  ;;设为 flat 模式,选择 C 语言类型
PUBLIC addsum                  ;; 共享过程说明
.code
addsum proc
    push ebp                   ;;取堆栈指针
    mov ebp,esp
    mov eax,[ebp+8]            ;;取参数 100
    add eax,[ebp+12]           ;;加参数 200
    pop ebp                    ;;回复 ebp
    ret                        ;;返回结果
addsum endp
end
```

运行结果:

```
100+200=300
```

调试过程如下。

(1) 汇编 addnum.asm 文件。执行命令 D:\masm32\bin\ml /c /coff addnum.asm,在 D:\masm32\bin\下生成 addnum.obj 文件。

参数说明:/c 表示汇编程序只汇编,不链接;/coff 表示汇编程序只汇编生成符合 COFF(command object file format)格式的目标文件。

(2) 启动 Visual C++ 2010,新建一个 Win32 控制台应用程序 myadd,输入上面的 C 源程序。编译时有一个错误,须将刚生成的汇编模块 addnum.obj 插入该项目。方法:选择资源文件,右击,选择"添加"→"现有项"命令,如图 11-17 所示。在弹出的对话框中找到编译成功的 addnum.obj 文件,将添加到项目资源文件中。

图 11-17 添加目标文件

400

（3）编译并运行。

3. 声明公用函数名和变量名

对 C 程序和汇编程序使用的公用函数和变量应该进行声明，并且标识符应该一致，C 语言对标识符区分字母的大小写，而汇编语言不区分大小写。在 C 程序中，采用 extern "C"{ }对所调用的函数和变量给予说明。说明形式如下。

```
extern "C" {返回值数据类型 调用协议 函数名称(参数数据类型表);}    //对函数的说明
extern "C" {数据类型 变量名;}                              //对变量的说明
```

汇编程序中供外部使用的标识符应该标识为 public 属性，外部标识符应使用 extern 声明。

【例 11-8】 编写独立程序，实现经外部引用对 C 定义的 count 变量加 2 的功能。
参考代码如下。
C 程序部分：

```
# include <stdio.h>
extern "C" {int count=0;}        / * 全局变量定义 * /
extern "C" {void add2(void);}    / * 外部引用声明 * /
void main(){
  add2();                         / * 调用 add2 过程 * /
  printf("%d\n",count);           / * 输出共享变量 * /
}
```

汇编语言部分：

```
.386p                ;;用 32 位指令
.model flat,c        ;;设为 flat 模式并选择 C 语言类型
extern count:word    ;;外部引用声明
PUBLIC add2          ;;共享过程声明
.code                ;;代码段定义
add2 proc            ;;被调用过程定义
  inc count          ;;
  inc count          ;;引用变量+2
  ret                ;;过程返回
add2 endp            ;;过程结束
end                  ;;汇编结束
```

程序调试方法同例 11-7。也可以设置 ASM 的编译环境，直接在 Visual C++ 2010 环境中统一编译调试。

11.2.4　任务 11-2　C 语言与汇编语言混合编程的应用

1. 任务分析

用汇编程序实现对一组整数的排序，然后由 C 程序提供一组整数，通过调用汇编程

序对其进行排序,由 C 程序显示排序结果。

首先由 C 程序提供一组待排序的整数及其整数的个数,然后调用汇编程序对其进行排序,排序后的数组再由 C 程序进行显示。

可以采用两种方案:一种是将汇编程序嵌入 C 程序中,另一种是编写独立的汇编程序(调用模块)。

汇编程序可以采用冒泡法实现,汇编源程序文件为 sort.asm,其中使用一个局部变量[BP-4]作为交换标志,控制是否继续进行外层循环,运行的结果放在主程序提供的数组中。参数传递采用堆栈来实现,数组 b 的起始地址作为指针参数传到堆栈中,数组元素的个数 a 作为值参,也传到堆栈中。

2. 任务实施

方案一:将汇编程序嵌入 C 程序中。

```
#include <stdio.h>
#define array_size 10
void main(){
  int * p;
  int a,i,b[array_size];
  do {
    printf("\n 输入元素个数:");
    scanf("%d",&a);
  }while(a<=0);
  printf("\n 输入数据元素:\n",a);
  for (i=0;i<=a-1;i++)
    scanf("%d",&b[i]);
  p=&b[0];
  p--;
  __asm{
    mov esi,p
    mov ecx,array_size
    _outloop:
    mov edx,ecx
    _inloop:
    mov eax,[esi+ecx*4]        ;一个 int 占 4 字节
    mov ebx,[esi+edx*4]
    cmp eax, ebx
    jnb _noxchg;               ;不交换
    mov [esi+ecx*4],ebx
    mov [esi+edx*4],eax
    _noxchg:
    dec edx
    jnz _inloop
    loop _outloop
  }
  for (i=0;i<a;i++)
    printf("%d ",b[i]);
}
```

402

方案二：调用汇编程序。

汇编程序如下。

```
; 文件名：sort32.asm,模块名：cporc
;模块功能：对以 b 为起始地址,数组元素个数为 a 的整型数组按升序排序
;入口参数：a 为 dword(值参),b 为 dword(地址参数)
.386p
.model flat,c
public cprotc
.code
  cprotc proc
  la0:
    push ebp
    mov ebp,esp
    sub esp,4
    push esi
    mov ebx,[ebp+8]              ;取参数 b,得到数组 b 的起始地址
    mov ecx,[ebp+12]            ;取参数 a
  sorta:
    mov esi,0
    mov dword ptr [ebp-4],0     ;局部参数 0
    dec ecx
    jcxz finish
  comp:
    mov eax,[ebx+esi]
    cmp eax,[ebx+esi+4]        ;比较
    jle incs                    ;小于等于转 incs
    xchg eax,[ebx+esi+4]
    mov   [ebx+esi],eax
    mov dword ptr [ebp-4],1    ;局部参数 1
  incs:
    add esi,4
    loop comp
    test dword ptr [ebp-4],1   ;测试局部参数是否为 0
    jz finish                   ;是 0,转结束
    shr esi,1                   ;除以 4 为下次元素的个数
    shr esi,1
    mov ecx,esi
    jmp sorta
  finish:
    pop esi
    mov esp,ebp
    pop ebp
    ret
cprotc endp
    end
```

C 程序如下(程序文件名为 main.c)。

```
#include <stdio.h>
```

```
extern "C" {int cprotc(int *,int);}
void main(){
  int a,i,b[100];
  int j=0;
  do{
    printf("\n输入元素个数");
    scanf("%d",&a);
  }while(a<=0);
  printf("\n请输入%d个数据:\n",a);
    for (i=0;i<=a-1;i++)
     scanf("%d",&b[i]);
  cprotc(b,a);
  printf("排序结果:\n");
  for (i=0;i<=a-1;i++){
    printf("%6d",b[i]);j++;if (j%12==0) printf("\n");
  }
}
```

11.3 C51 程序设计

不同于一般形式的软件编程,单片机系统编程建立在特定的硬件平台上,势必要求其编程语言具备较强的硬件直接操作能力。无疑,汇编语言具备这样的特质。但是,归因于汇编语言开发过程的复杂性,它并不是单片机系统开发的一般选择,因此,C语言成为单片机系统开发的常用选择。

单片机的 C 语言采用 C51 编译器(简称 C51)。由 C51 产生的目标代码短,运行速度快,所需存储空间小,符合 ANSI C 标准,生成的代码遵循 Intel 目标文件格式,而且可与A51 汇编语言或 PL/M51 语言目标代码混合使用。在众多的 C51 编译器中,Keil C 语言编译/链接器 Keil μVision2 软件最受欢迎。

11.3.1 C51 编程基础

由于单片机目标机资源受限,不可能在其上建立庞大、复杂的开发环境,因而其开发环境和目标运行环境相互分离。因此,单片机应用软件的开发方式一般是,在宿主机(host,一般是 PC)上建立开发环境,进行应用程序的编码和交叉编译,然后宿主机同目标机(Target)建立连接,将应用程序下载到目标上进行交叉调试。经过调试和优化,最后将应用程序固化到目标机中实际运行,如图 11-18 所示。

图 11-18　目标机、宿主机开发模式

深入理解并应用 C51 对标准 ANSI C 的扩展是学习 C51 的关键之一,因为大多数扩展功能都是直接针对 8051 系列 CPU 硬件的,大致有以下 8 类。

(1) 8051 存储类型及存储区域。

(2) 存储模式。

(3) 存储器类型声明。

(4) 变量类型声明。

(5) 位变量与位寻址。

(6) 特殊功能寄存器(SFR)。

(7) C51 指针。

(8) 函数属性。

1. Keil C51 扩展关键字

C51 V4.0 以后版本有以下扩展关键字(共 19 个)。

_at_	idata	sfr16	alien	interrupt	small
bdata	large	_task_	Code	bit	pdata
using	reentrant	xdata	compact	sbit	data　sfr

2. 内存区域

(1) Program Area:由 code 说明,可有多达 64KB 的程序存储器。

(2) Internal Data Memory:内部数据存储器,可用以下关键字说明。

data:直接寻址区,为内部 RAM 的低 128 字节(00H~7FH)。

idata:间接寻址区,包括整个内部 RAM 区(00H~FFH)。

bdata:可位寻址区,为内部 RAM 的 20H~2FH 单元。

(3) External Data Memory:外部数据存储器,视使用情况可由以下关键字标识。

xdata:可指定多达 64KB 的外部直接寻址区,地址范围 0000H~0FFFFH。

pdata:能访问 1 页(25B)的外部 RAM,主要用于紧凑模式(compact model)。

(4) Special Function Register Memory:8051 提供 128B 的 SFR 寻址区,这区域可位寻址、字节寻址或字寻址,用以控制定时器、计数器、串口、I/O 及其他部件,可由以下几种关键字说明。

sfr:字节寻址,如 sfr P0=0x80,为 P0 端口,地址为 80H,"="后为 0H~FFH 之间的常数。

sfr16:字寻址,如 sfr16 T2=0xcc,指定 Timer2,端口地址 T2L=0xcc,T2H=0xCD。

sbit:位寻址,如 sbit EA=0xAF 指定第 0xAF 位为 EA,即中断允许,还可以有如下定义方法。

```
sbit   0V=PSW^2;        //定义 0V 为 PSW 的第 2 位
sbit   0V=0XD0^2;       //同上
bit    0V-=0xD2         //同上
```

3. 存储模式

存储模式决定了在没有明确指定存储类型时变量、函数参数等的默认存储区域,共3种。

1) Small 模式

所有默认变量参数均装入内部 RAM,优点是访问速度快;缺点是空间有限,只适用于小程序。

2) Compact 模式

所有默认变量均位于外部 RAM 区的一页(256B)中,具体哪一页可由 P2 端口指定,这在 STARTUP.A51 文件中有说明。也可用 pdata 指定,优点是空间较 Small 充裕,速度较 Small 慢,较 Large 要快,是一种中间状态。

3) Large 模式

所有默认变量可存放在多达 64KB 的外部数据存储区中,优点是空间大,可存变量多,缺点是速度较慢。

提示:存储模式在 C51 编译器选项中选择。

4. 存储类型声明

变量或参数的存储类型可由存储模式指定,也可由关键字直接指定。各类型分别用 code、data、idata、xdata、pdata 声明。例如:

```
data uar1
char code array[ ]="hello!";
unsigned char xdata arr[10][4][4];
```

5. 变量或数据类型

C51 提供以下几种扩展数据类型。

bit:位变量,值为 0 或 1。

sbit:从字节中定义的位变量,0 或 1。

sfr:sfr 字节地址,0~255。

sfr16:sfr 字地址,0~65535。

其余数据类型如 char、enum、short、int、long、float 等与 ANSI C 相同。

6. 位变量与声明

bit 变量可用于函数声明、函数返回值等,存储于内部数据存储区 20H~2FH 中。

🔔 **注意**:

(1) 用#pragma disable 声明的函数和用 usign 指定的函数,不能返回 bit 值。

(2) 一个 bit 变量不能声明为指针,如 bit *ptr 是错误的。

(3) 不能有 bit 数组,如 bit arr[5]是错误的。

可位寻址区为 20H~2FH,可如下定义。

```
int bdata i;
char bdata arr[3];
```

7. Keil C51 指针

C51 支持一般指针(generic pointer)和存储器指针(memory_specific pointer)。

1) 一般指针

一般指针的声明和使用均与 ANSI C 相同,但可以同时声明指针的存储类型,例如:

```
long * state;              /* long 型指针,state 本身依存储模式存放 */
char * xdata ptr;          /* ptr 为 char 指针,存放于外部数据存储器 */
```

以上 long、char 等指针指向的数据可存放于任何存储器中。

一般指针本身用 3 个字节存放,分别为存储器类型、高位偏移量、低位偏移量。

2) 存储器指针

存储器指针声明时即指定了存储类型,例如:

```
char data * str;           //str 指向 data 区中 char 数据
int xdata * pow;           //pow 指向外部数据存储区的 int 数据
```

这种指针存放时,只需一个字节或 2 个字节就够了,因为只需存放偏移量。

3) 指针转换

(1) 当存储器指针作为一个实参传递给需要一般指针的函数时,指针自动转换。

(2) 如果不说明外部函数原型,则存储器指针自动转换为一般指针,将导致错误,因而应用#include 说明所有函数原型。

(3) 可以强行改变指针类型。

8. Keil C51 函数

C51 的函数声明对 ANSI C 做了扩展,具体如下。

1) 中断函数声明

声明中断函数的一般形式如下。

```
void serial_ISR () interrupt 4[using 1]{
  /* ISR */
}
```

为提高代码的容错能力,在没用到的中断入口处生成 iret 语句定义没用到的中断。

```
/* define not used interrupt, so generate "IRET" in their entrance */
void extern0_ISR() interrupt 0{}     /* not used */
void timer0_ISR () interrupt 1{}     /* not used */
void extern1_ISR() interrupt 2{}     /* not used */
void timer1_ISR () interrupt 3{}     /* not used */
void serial_ISR () interrupt 4{}     /* not used */
```

2）通用存储工作区

通用存储工作区由 using x 声明,见上例。

3）指定存储模式

由 small、compact 及 large 关键字指定,例如:

```
void fun1(void) small {  }
```

提示:small 指定函数内部变量全部存放在内部数据存储区,对关键的、经常使用的、耗时多的代码可以这样声明,以提高运行速度。

4）♯pragma disable

在函数前声明,只对一个函数有效。该函数在被调用的过程中不可被中断。

5）递归或可重入函数指定

在主程序和中断中都可调用的函数容易产生问题。因为 C51 和 PC 不同,PC 使用堆栈传递参数,且静态变量以外的内部变量都在堆栈中;而 C51 一般使用寄存器传递参数,内部变量一般在内部数据存储区中,函数重入时会破坏上次调用的数据。可以用以下两种方法解决函数重入问题。

（1）在相应的函数前使用前述♯pragma disable 声明,即只允许主程序或中断之一调用该函数。

（2）将该函数说明为可重入的。例如:

```
void func(param...) reentrant;
```

Keil C51 编译后将生成一个可重入变量堆栈,此后可以模拟通过堆栈传递变量。

由于一般可重入函数由主程序和中断调用,所以通常中断使用与主程序不同的寄存器组。

另外,对可重入函数,在相应的函数前面加上♯pragma noaregs 声明,可以禁止编译器使用绝对寄存器寻址,可生成不依赖于寄存器的代码。

6）中断服务程序需要满足的要求

（1）不能返回值。

（2）不能向 ISR 传递参数。

（3）ISR 应该尽可能的短小。

9. C51 程序结构

C51 程序结构同 ANSI C 一样,是由若干个函数构成的,每个函数即是完成某个特殊任务的子程序段。组成一个程序的若干函数可以保存在一个或几个源文件中,最后再将它们链接在一起。

11.3.2　Keil C51 集成开发环境简介

Keil C51 它集编辑、编译、仿真于一体,支持汇编语言、C 语言的程序设计,界面友好,易学易用。它内嵌的仿真调试软件可以让用户采用模拟仿真和实时在线仿真两种方式对目标系统进行开发。仿真时,除了可以模拟单片机的 I/O 端口、定时器、中断外,甚至可以仿真单片机的串行通信。

　　Keil C51 集成开发环境的 Demo 版软件可以在 www.keil.com.cn 网站下载,双击 Setup.exe 文件进行安装。提示选择 Eval(评估)或 Full(完全)方式时,选择 Eval 方式安装,不需要注册码,但有 2KB 代码量的限制。如果用户购买了完全版的 Keil C51 软件,则选择 Full 方式安装,代码量无限制。

　　51 系列单片机使用 Keil 工具开发项目和其他软件工具开发项目极其相似,其基本步骤如下。

　　① 创建一个项目,从器件库中选择目标器件配置工具设置。

　　② 用 C 或汇编语言创建源程序。

　　③ 用项目管理器生成用户应用。

　　④ 修改源程序中的错误。

　　⑤ 测试连接应用。

　　(1) 启动 Keil C51 软件,如图 11-19 所示。

图 11-19　Keil μVision3 IDE 主界面

　　(2) 新建项目。选择 Keil C51 软件的 Project→New Project 命令,弹出一个名为 Create New Project 的对话框。如图 11-20 所示,先选择一个合适的文件夹准备来存放项目文件,如 E:\Project\LedFlash,其中 LedFlash 是新建的文件夹。

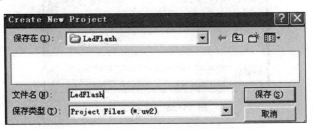

图 11-20　创建 Keil C51 项目

　　(3) 选择 CPU。紧接着,Keil C51 提示选择 CPU。8051 内核单片机最早是由 Intel 公司生产的,后来其他厂商如 Philips、Atmel、Winbond 等先后推出其兼容产品,并在 8051 的基础上扩展了许多增强功能。在这里可以选择 Atmel 公司的 89S52,如图 11-21 所示。

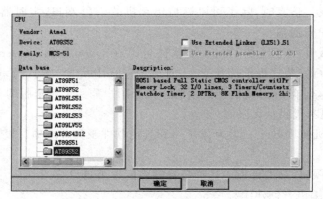

图 11-21　选择 CPU

（4）接下来弹出一个如图 11-22 所示的对话框。该对话框提示用户是否要把标准 8051 的启动代码添加到项目中。Keil C51 既支持 C 语言编程，也支持汇编语言编程。如果打算用汇编语言编写程序，则应当单击"否"按钮；如果打算用 C 语言编写程序，一般也单击"否"按钮。但是，如果用到了某些增强功能，需要初始化配置时，就需要单击"是"按钮。这里单击"否"按钮，即不添加启动代码。至此，一个空的 Keil C51 项目创建完毕。

图 11-22　选择是否要添加启动代码

（5）选择 File→New 命令，出现一个名为 Text n（其中 n 表示序号）的文档。

（6）接着选择 File→Save 命令，弹出 Save As 的对话框。将文件名改为 main.c，然后保存，如图 11-23 所示。注意：扩展名.c 不可省略。

图 11-23　保存文件

（7）添加源程序文件到项目中。现在，空的源程序文件 main.c 已经创建，但是这个文件与刚才新建的项目之间并没有内在联系，需要把它添加到项目中。单击 Keil C51 软件窗口左边项目工作窗格 Target 1 上的＋，将其展开。然后右击 Source Group 1 文件夹，弹出如图 11-24(a)所示的快捷菜单。选择 Add Files to Group 'Source Group 1'命令，弹出如图 11-24(b)所示的对话框，选择 main.c 文件，单击 Add 按钮。

（8）现在开始输入源程序。先最大化 main.c 源程序窗口，然后请按要求输入代码。

(a) 快捷菜单　　　　　(b) 选择文件

图 11-24　添加源程序到工程

（9）单击 Keil C51 工具栏中的图标，弹出 Options for Target 'Target 1'对话框。进入 Output 选项卡，选中 Create HEX File 项，然后单击"确定"按钮。

（10）单击工具栏中的按钮编译当前源程序。编译结果会显示在输出窗格中。如果是"0 Error(s),0 Warning(s)."就表示程序没有问题（至少在语法上不存在问题）。如果存在错误或警告，应仔细检查程序是否与参考程序清单一致。修改后，再编译，直到通过为止。

（11）编译后会生成 Intel HEX 格式的 LedFlash.hex 文件。该文件可以被专门的芯片烧录工具（编程器）载入并最终烧录到具体的芯片中。

11.3.3　任务 11-3　用 89S51 单片机控制 8 个 LED 发光管发光

1. 任务分析

用 89S51 单片机控制 8 个 LED 发光管发光，要求轮流发光，产生流水灯的流动效果。

2. 任务实施

1）硬件组成

本流水灯实际上就是一个带有 8 个发光二极管的单片机最小应用系统，即为由发光二极管、限流电阻、晶振、复位、电源等电路和必要的软件组成。其硬件连接图如图 11-25 所示。

从图 11-25 中可以看出，如果要让接在 P1.0 端口的 LED1 亮起来，那么只要把 P1.0 端口的电平变为低电平就可以了；相反，如果要接在 P1.0 端口的 LED1 熄灭，就要把 P1.0 端口的电平变为高电平。同理，接在 P1.1～P1.7 端口的其他 7 个 LED 的点亮和熄灭的方法同 LED1。因此，要实现流水灯功能，只要将发光二极管 LED1～LED8 依次点亮、熄灭，8 只 LED 灯便会一亮一暗地做"流水"运动了。在此还应注意一点，由于人眼的视觉暂留效应以及单片机执行每条指令的时间很短，在控制二极管亮灭时应该延迟一段时间，否则就看不到"流水"效果了。

2）软件编程

上述硬件原理图搭建完成，上电之后，还不能看到流水灯循环点亮的现象，还需要告诉单片机怎么进行工作，即编写程序控制单片机各端口电平的高低变化，实现发光二极管

图 11-25　硬件连接图(Proteus 绘制)

的一亮一灭。

如何实现 8 只 LED 灯从低位(P1.0)到高位(P1.7)依次点亮? 先让接 P1.0 的 LED 灯亮,其余 7 只灭,只须给 P1 端口赋值为 11111110b(二进制数),即 P1.0=0(低电平), P1.1~P1.7 为 1(高电平),延迟一小段时间,让人看清楚。接着给 P1 端口赋值 11111101b,这时接 P1.1 的 LED 灯点亮,其余 LED 灯熄灭,延迟一小段时间。以此类推,只要更改流水花样数据表的数据就可以随意添加或改变流水花样,真正实现随心所欲的流水灯效果。首先把要显示流水花样的一组组数据放在一个数组 display[]中,用下面的算法实现各种流水花样显示。

```
for(i=0; i<72; i++){
    P1=display[i];                  //把 display[]数值元素的值赋值给 P1 端口
    delayms(350);                   //延时 350 毫秒 */
}
```

综合上面分析,给出 C 语言程序如下:

```
#include <reg51.h>
#define uchar unsigned char    //为书写程序方便,用 uchar 代表 unsigned char
#define uint unsigned int      //为书写程序方便,用 uint 代表 unsigned int
uchar code display[72]={
  0xFE, 0xFD, 0xFB, 0xF7, 0xEF, 0xDF, 0xBF, 0x7F,    /* 显示效果① */
  0xBF, 0xDF, 0xEF, 0xF7, 0xFB, 0xFD, 0xFE, 0xFF,    /* 显示效果② */
  0xFE, 0xFC, 0xF8, 0xF0, 0xE0, 0xC0, 0x80, 0x00,    /* 显示效果③ */
  0x80, 0xC0, 0xE0, 0xF0, 0xF8, 0xFC, 0xFE, 0xFF,    /* 显示效果④ */
  0xFC, 0xF9, 0xF3, 0xE7, 0xCF, 0x9F, 0x3F, 0x9F,    /* 显示效果⑤ */
```

```
      0xCF,0xE7,0xF3,0xF9,0xFC,0xFF,0xE7,0xDB,        /* 显示效果⑥ * /
      0xBD,0x7E,0xBD,0xDB,0xE7,0xFF,0xE7,0xC3,        /* 显示效果⑦ * /
      0x81,0x00,0x81,0xC3,0xE7,0xFF,0xAA,0x55,        /* 显示效果⑧ * /
      0x18,0xFF,0xF0,0x0F,0x00,0xFF,0x00,0xFF };      /* 显示效果⑨ * /
void delayms(uint ms);                               /* 声明延时函数 * /
void main(void){
  uchar i;
  while(1){
    for(i=0; i<72; i++){
      P1=display[i];              //把 display[]数值元素的值赋值给 P1 端口
      delayms(350);              //延时 350 毫秒
    }
  }
}
void delayms(uint ms){          //延时子程序
  uchar k;
  while(ms--)
    for(k=0; k<120; k++);        //循环体为空
}
```

当上述程序之一编写好以后,需要使用 Keil C51 编译软件对其编译,得到单片机所能识别的十六进制代码文件,然后用 ISP 在线下载线将生成的.hex 格式文件烧写到 AT89S51 单片机中,最后连接好电路通电,就看到 LED1～LED8 的依次点亮的效果了。

为方便读者看到流水灯的效果,可使用 Proteus 软件按图 11-25 的硬件原理图画好电路图,再加载刚刚由 Keil C51 生成的.hex 文件,单击"运行"按钮,就可以直观地看到流水灯的效果了。有关 Proteus 软件的获得、使用,请参考相关资料,这里不作详细介绍。

小　　结

1. 本章重点

(1) 位运算。
(2) C 语言与汇编语言的混合编程。

2. 相关知识点提示

(1) 位运算符的运算对象为整型或字符型数据,运算包括与、或、非、异或。利用位运算可以实现对数据的屏蔽、置 0、置 1、取反等操作。

利用位域把一个字节中的二进位划分为几个不同的区域,经常用来保持同一控制对象的状态。

(2) 利用 C 语言与汇编语言的混合编程,可以以各自的特征提高编程效率和执行效率。混合编程的方式主要有两种:一种方法是在 C 程序中直接嵌入汇编程序;另一种方法是用两种语言分别编写独立的程序模块,然后进行模块调用。

（3）C51 产生的目标代码短,运行速度高,所需存储空间小,符合 ANSI C 标准。现在的单片机控制技术常常采用 C51 进行编程,以提高编程效率。

习　　题

一、选择题

1. 整型变量 x 和 y 的值相等,且为非 0 值,以下结果为零的表达式是(　　　)。

 A. x || y   B. x | y   C. x & y   D. x ^ y

2. 以下程序的输出结果是(　　　)。

```
int main(){
  char x=040;
  printf("%o\n",x<<1);
}
```

 A. 100   B. 80   C. 64   D. 32

3. 以下程序的输出结果是(　　　)。

```
int main(){
  unsigned char a,b,c;
  a=0x3;  b=a|0x8;  c=b<<1;
  printf("%d%d\n",b,c);
}
```

 A. −11　12   B. −6 −13   C. 12　24   D. 11 22

4. 设 char 型变量 x 中的值为 10100111,则表达式(2+x)^(～3) 的值是(　　　)。

 A. 10101001   B. 10101000   C. 11111101   D. 01010101

二、填空题

设二进制数 a 是 00101101,若想通过异或运算 a^b 使 a 的高 4 位取反,低 4 位不变,则二进制数 b 应是 _____。

三、编程题

用汇编语言编写 Display(data) 函数,其功能是在当前光标处显示字符串"data",然后编写一个 C 语言程序调用 Display 来显示字符串。

参 考 文 献

[1] 谭浩强.C 程序设计[M].4 版.北京：清华大学出版社,2010.

[2] 郑莉.C++语言程序设计[M].2 版.北京：清华大学出版社,2001.

[3] 李勇志.C 语言程序设计(等级考试版)[M].北京：清华大学出版社,2008.

[4] 贺亚茹.汇编语言程序设计[M].北京：科学出版社,2005.

[5] 马忠梅.单片机的 C 语言程序设计[M].4 版.北京：北京航空航天大学出版社,2007.

附录 A C 语言中的运算符

C 语言中的运算符如表 A-1 所示。

表 A-1 C 语言中的运算符

优先级	运 算 符	说 明
1	( )	圆括号
	[ ]	下标
	->	指向结构体成员
	.	结构体成员
2	!	逻辑非
	~	按位取反
	++	前缀增量
	--	前缀减量
	+	正号
	-	负号
	（类型）	类型转换
	*	指针
	&	地址与
	sizeof	长度
3	*	乘法
	/	除法
	%	取余
4	+	加法
	-	减法
5	<<	左移
	>>	右移
6	<	关系
	<=	
	>	
	>=	

续表

优先级	运 算 符	说 明
7	= =	等于
	! =	不等于
8	&	按位与
9	^	按位异或
10	|	按位或
11	& &	逻辑与
12	| |	逻辑或
13	? :	条件
14	= += -= *= /= %= &= ^= |= <<= >>=	赋值
15	,	逗号

附录 B　ASCII 表

　　ASCII(american standard code for information interchange,美国信息交换标准代码)是基于拉丁字母的一套计算机编码系统,主要用于显示现代英语和其他西欧语言,如表 B-1 所示。

表 B-1　ASCII 表

ASCII 值	字符	ASCII 值	字符	ASCII 值	字符	ASCII 值	字符
0	NUT	32	(space)	64	@	96	、
1	SOH	33	!	65	A	97	a
2	STX	34	"	66	B	98	b
3	ETX	35	#	67	C	99	c
4	EOT	36	$	68	D	100、	d
5	ENQ	37	%	69	E	101	e
6	ACK	38	&	70	F	102	f
7	BEL	39	'	71	G	103	g
8	BS	40	(	72	H	104	h
9	HT	41	)	73	I	105	i
10	LF	42	*	74	J	106	j
11	VT	43	+	75	K	107	k
12	FF	44	,	76	L	108	l
13	CR	45	—	77	M	109	m
14	SO	46	.	78	N	110	n
15	SI	47	/	79	O	111	o
16	DLE	48	0	80	P	112	p
17	DCI	49	1	81	Q	113	q
18	DC2	50	2	82	R	114	r
19	DC3	51	3	83	X	115	s
20	DC4	52	4	84	T	116	t
21	NAK	53	5	85	U	117	u
22	SYN	54	6	86	V	118	v
23	TB	55	7	87	W	119	w
24	CAN	56	8	88	X	120	x
25	EM	57	9	89	Y	121	y
26	SUB	58	:	90	Z	122	z
27	ESC	59	;	91	[	123	{
28	FS	60	<	92	\	124	|
29	GS	61	=	93	]	125	}
30	RS	62	>	94	^	126	~
31	US	63	?	95	—	127	DEL

附录 C　C 语言常见库函数

分类函数,所在函数库为 ctype.h,如表 C-1 所示。

表 C-1　分类函数

函　　数	说　　明
int isalpha(int ch)	若 ch 是字母('A'~'Z','a'~'z')返回非 0 值,否则返回 0
int isalnum(int ch)	若 ch 是字母('A'~'Z','a'~'z')或数字('0'~'9')返回非 0 值,否则返回 0
int isascii(int ch)	若 ch 是字符(ASCII 码中的 0~127)返回非 0 值,否则返回 0
int iscntrl(int ch)	若 ch 是作废字符(0x7F)或普通控制字符(0x00~0x1F)返回非 0 值,否则返回 0
int isdigit(int ch)	若 ch 是数字('0'~'9')返回非 0 值,否则返回 0
int islower(int ch)	若 ch 是小写字母('a'~'z')返回非 0 值,否则返回 0
int isprint(int ch)	若 ch 是可打印字符(含空格)(0x20~0x7E)返回非 0 值,否则返回 0
int ispunct(int ch)	若 ch 是标点字符(0x00~0x1F)返回非 0 值,否则返回 0
int isspace(int ch)	若 ch 是空格(' ')、水平制表符('\t')、回车符('\r')、走纸换行符('\f')、垂直制表符('\v')、换行符('\n')返回非 0 值,否则返回 0
int isupper(int ch)	若 ch 是大写字母('A'~'Z')返回非 0 值,否则返回 0
int isxdigit(int ch)	若 ch 是十六进制数('0'~'9','A'~'F','a'~'f')返回非 0 值,否则返回 0
int tolower(int ch)	若 ch 是大写字母('A'~'Z')返回相应的小写字母('a'~'z')
int toupper(int ch)	若 ch 是小写字母('a'~'z')返回相应的大写字母('A'~'Z')

数学函数,所在函数库为 math.h、stdlib.h、string.h、float.h,如表 C-2 所示。

表 C-2　数学函数

函　　数	说　　明
int abs(int i)	返回整型数 i 的绝对值
double fabs(double x)	返回双精度数 x 的绝对值
long labs(long n)	返回长整型数 n 的绝对值
double exp(double x)	返回 e^x 的值
double log(double x)	返回 $\log_e x$ 的值
double log10(double x)	返回 $\log_{10} x$ 的值

续表

函　　　数	说　　　明
double pow(double x,double y)	返回 x^y 的值
double pow10(int p)	返回 10^p 的值
double sqrt(double x)	返回 $\sqrt{x}$ 的值
double acos(double x)	返回 x 的反余弦 $\cos^{-1}(x)$ 值,x 为弧度
double asin(double x)	返回 x 的反正弦 $\sin^{-1}(x)$ 值,x 为弧度
double atan(double x)	返回 x 的反正切 $\tan^{-1}(x)$ 值,x 为弧度
Double atan2(double y,double x)	返回 y/x 的反正切 $\tan^{-1}(x)$ 值,y 的 x 为弧度
double cos(double x)	返回 x 的余弦 $\cos(x)$ 值,x 为弧度
double sin(double x)	返回 x 的正弦 $\sin(x)$ 值,x 为弧度
double tan(double x)	返回 x 的正切 $\tan(x)$ 值,x 为弧度
double cosh(double x)	返回 x 的双曲余弦 $\cosh(x)$ 值,x 为弧度
double sinh(double x)	返回 x 的双曲正弦 $\sinh(x)$ 值,x 为弧度
double tanh(double x)	返回 x 的双曲正切 $\tanh(x)$ 值,x 为弧度
double ceil(double x)	返回不小于 x 的最小整数
double floor(double x)	返回不大于 x 的最大整数
void srand(unsigned seed)	初始化随机数发生器
int rand()	产生一个随机数并返回这个数
double fmod(double x,double y)	返回 x/y 的余数
double frexp(double value,int *eptr)	将双精度数 value 分成尾数和阶
double atof(char *nptr)	将字符串 nptr 转换成浮点数并返回这个浮点数
double atoi(char *nptr)	将字符串 nptr 转换成整数并返回这个整数
double atol(char *nptr)	将字符串 nptr 转换成长整数并返回这个整数
char * ecvt(double value,int ndigit,int * decpt, int *sign)	将浮点数 value 转换成字符串并返回该字符串
Char * fcvt(double value,int ndigit,int * decpt, int *sign)	将浮点数 value 转换成字符串并返回该字符串
char *gcvt(double value,int ndigit,char *buf)	将数 value 转换成字符串并存于 buf 中,返回 buf 的指针
char *ultoa(unsigned long value,char *string,int radix)	将无符号整型数 value 转换成字符串并返回该字符串,radix 为转换时所用基数
char *ltoa(long value,char *string,int radix)	将长整型数 value 转换成字符串并返回该字符串,radix 为转换时所用基数

函　　数	说　　明
char *itoa(int value,char *string,int radix)	将整数 value 转换成字符串存入 string,radix 为转换时所用基数
double atof(char *nptr)	将字符串 nptr 转换成双精度数,并返回这个数,错误返回 0
int atoi(char *nptr)	将字符串 nptr 转换成整型数,并返回这个数,错误返回 0
long atol(char *nptr)	将字符串 nptr 转换成长整型数,并返回这个数,错误返回 0
double strtod(char *str,char **endptr)	将字符串 str 转换成双精度数,并返回这个数
long strtol(char *str,char **endptr,int base)	将字符串 str 转换成长整型数,并返回这个数

目录函数,所在函数库为 dir.h、dos.h,如表 C-3 所示。

表 C-3　目录函数

函　　数	说　　明
int chdir(char *path)	使指定的路径 path(如 C:\WPS)变成当前的工作文件夹,成功返回 0
int findfirst(char *pathname, struct ffblk *ffblk,int attrib)	查找指定的文件,成功返回 0,pathname 为指定的文件夹和文件名,如 C:\WPS\TXT
void fumerge(char *path,char *drive,char *dir,char *name,char *ext)	通过盘符 drive(C:、A:等)、路径 dir(\TC、\BC\LIB 等)、文件名 name(TC、WPS 等)、扩展名 ext(.exe、.com 等)组成一个文件名存入 path 中
int fnsplit(char *path,char *drive, char *dir,char *name,char *ext)	将文件名 path 分解成盘符 drive(C:、A:等),路径 dir(\TC、\BC\LIB 等),文件名 name(TC、WPS 等),扩展名 ext(.exe、.com 等),并分别存入相应的变量中
int getcurdir(int drive,char *direc)	返回指定驱动器的当前工作路径名称。drive 指定驱动器(0=当前,1=A,2=B,3=C 等),direc 保存指定驱动器的当前工作路径,成功返回 0
char *getcwd(char *buf,iint n)	取当前工作路径并存入 buf 中,直到 n 个字节长为止,错误返回 NULL
int getdisk()	取当前正在使用的驱动器,返回一个整数(0=A,1=B,2=C 等)
int setdisk(int drive)	设置要使用的驱动器 drive(0=A,1=B,2=C 等),返回可使用的驱动器总数
int mkdir(char *pathname)	建立新的文件夹 pathname,成功返回 0
int rmdir(char *pathname)	删除文件夹 pathname,成功返回 0

进程函数,所在函数库为 stdlib.h、process.h,如表 C-4 所示。

表 C-4　进程函数

函　数	说　明
void abort()	通过调用具有出口代码 3 的_exit 写一个终止信息于 stderr,并异常终止程序。无返回值
void exit(int status)	终止当前程序,关闭所有文件,写缓冲区的输出(等待输出),并调用任何寄存器的出口函数,无返回值

转换函数,所在函数库为 math.h、stdlib.h、ctype.h、float.h,如表 C-5 所示。

表 C-5　转换子程序

函　数	说　明
char *ecvt(double value,int ndigit,int *decpt, int *sign)	将浮点数 value 转换成字符串并返回该字符串,没有小数点,末尾不补 0
char *fcvt(double value,int ndigit,int *decpt, int *sign)	将浮点数 value 转换成字符串并返回该字符串,没有小数点,末尾可补 0
char *gcvt(double value,int ndigit,char *buf)	将浮点数 value 转换成字符串并存于 buf 中,并返回 buf 的指针,包含小数点
char *ultoa(unsigned long value,char *string, int radix)	将无符号整型数 value 转换成字符串并返回该字符串,radix 为转换时所用的基数
char *ltoa(long value,char *string,int radix)	将长整型数 value 转换成字符串并返回该字符串,radix 为转换时所用基数
char *itoa(int value,char *string,int radix)	将整型数 value 转换成字符串存入 string,radix 为转换时所用的基数
double atof(char *nptr)	将字符串 nptr 转换成双精度数,并返回这个数,错误返回 0
int atoi(char *nptr)	将字符串 nptr 转换成整型数,并返回这个数,错误返回 0
long atol(char *nptr)	将字符串 nptr 转换成长整型数,并返回这个数,错误返回 0
double strtod(char *str,char **endptr)	将字符串 str 转换成双精度数,并返回这个数
Long strtol(char *str,char **endptr,int base)	将字符串 str 转换成长整型数,并返回这个数
int toascii(int c)	返回 c 相应的 ASCII 码
int tolower(int ch)	若 ch 是大写字母('A'~'Z')则返回相应的小写字母('a'~'z')
int toupper(int ch)	若 ch 是小写字母('a'~'z')则返回相应的大写字母('A'~'Z')

输入/输出函数,所在函数库为 io.h、conio.h、stat.h、dos.h、stdio.h、signal.h,如表 C-6 所示。

表 C-6　输入输出子程序

函　　数	说　　明
int fgetchar()	从控制台(键盘)读一个字符,显示在屏幕上
int getch()	从控制台(键盘)读一个字符,不显示在屏幕上
int putch()	向控制台(键盘)写一个字符
int getchar()	从控制台(键盘)读一个字符,显示在屏幕上
int putchar()	向控制台(键盘)写一个字符
int getche()	从控制台(键盘)读一个字符,显示在屏幕上
char *cgets(char *string)	从控制台(键盘)读入字符串存于 string 中
int scanf(char *format[,argument]...)	从控制台读入一个字符串,分别对各个参数进行赋值,使用 BIOS 进行输出
int puts(char *string)	发送一个字符串 string 给控制台(显示器),使用 BIOS 进行输出
void cputs(char *string)	发送一个字符串 string 给控制台(显示器),直接对控制台操作,如为显示器则直接写屏
int printf(char *format[,argument]...)	发送格式化字符串输出给控制台(显示器),使用 BIOS 进行输出
int rename(char *oldname,char *newname)	将文件 oldname 的名称改为 newname
int open(char *pathname,int access[,int permiss])	打开文件
int creat(char *filename,int permiss)	创建新文件 filename,并设定读写性。permiss 为文件读写性,可以为以下值:S_IWRITE(允许写)、S_IREAD(允许读)、S_IREAD|S_IWRITE(允许读和写)
int read(int handle,void *buf,int nbyte)	从文件句柄为 handle 的文件中读 nbyte 个字符存入 buf 中
long filelength(int handle)	返回文件长度,handle 为文件句柄
int setmode(int handle,unsigned mode)	用来设定文件句柄为 handle 的文件的打开方式
int getftime(int handle,struct ftime *ftime)	读取文件句柄为 handle 的文件的时间,并将文件时间存于 ftime 结构体中,成功返回 0
int setftime(int handle,struct ftime *ftime)	重写文件句柄为 handle 的文件时间
long tell(int handle)	返回文件号为 handle 的文件指针,以字节表示
int lock (int handle, long offset, long length)	对文件共享作封锁
Int unlock (int handle, long offset, long length)	打开对文件共享的封锁

续表

函　　数	说　　明
int close(int handle)	关闭 handle 代表的文件,handle 是从_creat、creat、creatnew、creattemp、dup、dup2、_open、open 中的一个处调用获得的文件句柄,处理成功返回 0,否则返回－1,可用于 UNIX 系统
FILE *fopen(char *filename,char *type)	打开文件 filename,打开方式为 type,并返回这个文件指针。type 可为以下字符串加上后缀:r(读),w(写),a(添加),r＋(读/写),w＋(读/写),a＋(读/添加)。可加的后缀为 t、b,加 b 表示文件以二进制形式进行操作,t 没必要使用
int getc(FILE *stream)	从流 stream 中读一个字符,并返回这个字符
int putc(int ch,FILE *stream)	向流 stream 写入一个字符 ch
int getw(FILE *stream)	从流 stream 读入一个整数,错误返回 EOF
int putw(int w,FILE *stream)	向流 stream 写入一个整数
int fgetc(FILE *stream)	从流 stream 处读一个字符,并返回这个字符
int fputc(int ch,FILE *stream)	将字符 ch 写入流 stream 中
char *fgets(char *string,int n,FILE *stream)	从流 stream 中读 n 个字符存入 string 中
Int fputs(char *string,FILE *stream)	将字符串 string 写入流 stream 中
int fread(void *ptr,int size,int nitems,FILE *stream)	从流 stream 中读入 nitems 个长度为 size 的字符串存入 ptr 中
int fwrite(void *ptr,int size,int nitems,FILE *stream)	向流 stream 中写入 nitems 个长度为 size 的字符串,字符串在 ptr 中
int fscanf(FILE *stream,char *format[,argument]...)	以格式化形式从流 stream 中读入一个字符串
int fprintf(FILE *stream,char *format[,argument]...)	以格式化形式将一个字符串写给指定的流 stream
int fseek(FILE *stream,long offset,int fromwhere)	把文件指针移到 fromwhere 所指位置的向后 offset 个字节处,fromwhere 可以为以下值:SEEK_SET(文件首部)、SEEK_CUR(当前位置)、SEEK_END(文件末尾)
long ftell(FILE *stream)	返回 stream 中的当前文件指针位置,以字节表示
int rewind(FILE *stream)	将文件指针 stream 移到文件首部
int feof(FILE *stream)	检测流 stream 中的文件指针是否在结束位置
int fileno(FILE *stream)	取流 stream 中的文件句柄,并返回文件句柄
int ferror(FILE *stream)	检测流 stream 中是否有读/写错误,如有错误就返回 1
void clearerr(FILE *stream)	清除流 stream 中的读/写错误

函　　数	说　　明
void setbuf(FILE *stream,char *buf)	给流 stream 指定一个缓冲区 buf
int fclose(FILE *stream)	关闭流 stream,可以是文件或设备(如 LPT1)
int fcloseall()	关闭除 stdin 或 stdout 外的所有流
int fflush(FILE *stream)	关闭流 stream,并对缓冲区作处理,即对读的流,将流中的内容读入缓冲区;对写的流,将缓冲区中的内容写入流。成功返回 0
int fflushall()	关闭所有流,并对流各自的缓冲区作处理,即对读的流,将流中的内容读入缓冲区;对写的流,将缓冲区中的内容写入流。成功返回 0
int access(char *filename,int amode)	检查文件 filename 并返回文件的属性,将属性存于 amode 中。amode 由以下位的组合构成:06(可以读、写),04(可以读),02(可以写),01(执行),00(文件存在)。如果 filename 是一个文件夹,函数将只确定文件夹是否存在,函数执行成功返回 0,否则返回－1

字符串函数,所在函数库为 string.h,如表 C-7 所示。

表 C-7　字符串操作函数

函　　数	说　　明
char *stpcpy(char *dest,const char *src)	将字符串 src 复制到 dest
char *strcat(char *dest,const char *src)	将字符串 src 添加到 dest 末尾
char *strchr(const char *s,int c)	检索并返回字符 c 在字符串 s 中第一次出现的位置
int strcmp(const char *s1,const char *s2)	比较字符串 s1 与 s2 的大小,并返回 s1-s2
char *strcpy(char *dest,const char *src)	将字符串 src 复制到 dest
char *strdup(const char *s)	将字符串 s 复制到最近建立的单元
int stricmp(const char *s1,const char *s2)	比较字符串 s1 和 s2,并返回 s1-s2
char *strlwr(char *s)	将字符串 s 中的大写字母全部转换成小写字母,并返回转换后的字符串
char *strncat(char *dest,const char *src,size_t maxlen)	将字符串 src 中最多 maxlen 个字符复制到字符串 dest 中
int strncmp(const char *s1,const char *s2,size_t maxlen)	比较字符串 s1 与 s2 中的前 maxlen 个字符
char *strncpy(char *dest,const char *src,size_t maxlen)	复制 src 中的前 maxlen 个字符到 dest 中
int strnicmp(const char *s1,const char *s2,size_t maxlen)	比较字符串 s1 与 s2 中的前 maxlen 个字符

函　　数	说　　明
char *strnset(char *s,int ch,size_t n)	将字符串 s 的前 n 个字符置于 ch 中
char *strpbrk(const char *s1,const char *s2)	扫描字符串 s1,并返回在 s1 和 s2 中均有的字符个数
char *strrchr(const char *s,int c)	扫描最后出现一个给定字符 c 的字符串 s
char *strrev(char *s)	将字符串 s 中的字符全部颠倒顺序重新排列,并返回排列后的字符串
char *strset(char *s,int ch)	将一个字符串 s 中的所有字符置于一个给定的字符 ch
char *strstr(const char *s1,const char *s2)	扫描字符串 s2,并返回第一次出现 s1 的位置
char *strtok(char *s1,const char *s2)	检索字符串 s1,该字符串 s1 是由字符串 s2 中定义的定界符所分隔
char *strupr(char *s)	将字符串 s 中的小写字母全部转换成大写字母,并返回转换后的字符串

存储分配子程序,所在函数库为 dos.h、alloc.h、malloc.h、stdlib.h、process.h,如表 C-8 所示。

表 C-8　存储分配子程序

函　　数	说　　明
unsigned long coreleft( )	返回未用的存储区的长度,以字节为单位
void *calloc(unsigned nelem,unsigned elsize)	分配 nelem 个长度为 elsize 的内存空间,并返回所分配内存的指针
void *malloc(unsigned size)	分配 size 个字节的内存空间,并返回所分配内存的指针
void free(void *ptr)	释放先前所分配的内存,所要释放的内存的指针为 ptr
void *realloc(void *ptr,unsigned newsize)	改变已分配内存的大小,ptr 为已分配有内存区域的指针,newsize 为新的长度,返回分配好的内存指针

日期时间函数,所在函数库为 time.h、dos.h,如表 C-9 所示。

表 C-9　日期时间函数

函　　数	说　　明
char *ctime(long *clock)	本函数把 clock 所指的时间(如由函数 time 返回的时间)转换成下列格式的字符串:Mon Nov 21 11:31:54 1983\n\0
double difftime(time_t time2,time_t time1)	计算 time2 和 time1 之间的时间差距(以秒为单位)

函　　数	说　　明
struct tm *gmtime(long *clock)	把时间 clock(如由函数 time 返回的时间)转换成格林尼治时间,并以 tm 结构体形式返回。struct tm　{ int tm_sec;／* 秒,0～59 * /　int tm_min;　/* 分,0～59 * /　int tm_hour;／* 时,0～23 * /　int tm_mday;／* 天数,1～31 * /　int tm_mon;／* 月数,0～11 * /int tm_year;／* 自 1900 的年数 * /　int tm_wday;／* 自星期日的天数 0～6 * /　int tm_yday;／* 自 1 月 1 日起的天数,0～365 * /int tm_isdst;／* 是否采用夏时制,采用为正数 * /}
void getdate(struct date *dateblk)	将计算机的日期写入结构体 dateblk 中以供用户使用。date Struct date {　int da_year;／* 自 1900 的年数 * /char da_day;／* 天数 * /　char da_mon;／* 月数 1＝Jan * /　}
void setdate(struct date *dateblk)	将计算机的日期改成由结构体 dateblk 指定的日期
void gettime(struct time *timep)	将计算机的时间写入结构体 timep 中,以供用户使用。struct time {　unsigned char ti_min;　/* 分钟 * /unsigned char ti_hour;／* 小时 * /unsigned char ti_hund;unsigned char ti_sec;　/* 秒 * /}
void settime(struct time * timep)	将计算机的时间改为由结构体 timep 指定的时间
long time(long *tloc)	将自格林尼治时间 1970 年 1 月 1 日 0 时 0 分至现在所经过的秒数
int stime(long *tp)	将 tp 指定的时间(例如,由 time 所返回的时间)写入计算机